AF316121

FLORE FRANÇOISE

OU

DESCRIPTION SUCCINCTE

DE

TOUTES LES PLANTES

Qui croiſſent naturellement EN FRANCE,

Diſpoſée ſelon une nouvelle méthode d'Analyſe, & à laquelle on a joint la citation de leurs vertus les moins équivoques en Médecine, & de leur utilité dans les Arts.

Par M. le Chevalier DE LAMARCK.

Tome Premier.

A PARIS,

DE L'IMPRIMERIE ROYALE.

M. DCCLXXVIII.

Naturam invisere tecum

Dulce mihi . . . .
Et præferre facem & gressus firmare labantes.

Anti-Lucr. Lib. III.

EXTRAIT DES REGISTRES
D E
L'ACADÉMIE ROYALE DES SCIENCES.

Du 6 Février 1779.

M.^{RS} DUHAMEL & GUETTARD ayant rendu compte de l'Ouvrage de M. le Chevalier de Lamarck, intitulé : *Flore Françoise ;* l'Académie a jugé cet Ouvrage digne de paroître avec son Approbation ; en foi de quoi j'ai signé le présent certificat. Le 10 Février 1779.

Signé Le Marquis DE CONDORCET,
Secrétaire perpétuel de l'Académie Royale des Sciences.

** Extrait du Rapport fait par Mrs Duhamel & Guettard, de l'Ouvrage de M. de Lamarck, intitulé :* Flore Françoise.

NOUS Commissaires, M. Duhamel & moi, avons été nommés par l'Académie, pour examiner un Ouvrage de M. le Chevalier de Lamarck, intitulé : *Flore Françoise,* ou *Description succincte de toutes les Plantes qui croissent naturellement en France,*

---

* J'ai cru devoir faire connoître au Public, l'idée que Mrs Duhamel & Guettard ont donnée à l'Académie de mon Ouvrage, dans le rapport qu'ils en ont fait. J'ai seulement supprimé quelques détails, qui renfermoient le précis & l'analyse des principes, que l'on trouvera exposés au long & développés dans l'Ouvrage même.

Tome I.

*disposée selon une nouvelle méthode d'Analyse, &
à laquelle on a joint la citation de leurs vertus les
moins équivoques en Médecine, & de leur utilité
dans les Arts.*

Cet Ouvrage est divisé en trois volumes *in-8.°* :
le premier renferme le Discours préliminaire, &
des Principes élémentaires de Botanique. Les deux
autres, une Méthode analytique des Plantes, dont
M. de Lamarck fait mention dans son Ouvrage.

Le Discours préliminaire est divisé en quatre
parties. Dans la première, M. de Lamarck parle de
l'état actuel de la Botanique. Dans la seconde, il
examine d'une façon plus particulière les moyens
qu'on a employés jusqu'ici pour faciliter l'étude de
la Botanique. La troisième traite de la meilleure
manière de voir & de travailler en Botanique. Les
principes de la nouvelle méthode imaginée par
l'Auteur, sont détaillés dans la quatrième.

La première, celle où il s'agit de l'état actuel
de la Botanique, renferme deux articles. Dans le
premier, l'Auteur examine si les Botanistes con-
viennent des noms que l'on a donnés à certaines
parties des Plantes ; & dans le second, s'il existe
réellement des familles que l'on puisse isoler les unes
des autres, &c.

La seconde partie du Discours préliminaire est
divisée, comme la première, en deux articles. Il
s'agit dans le premier, des différens arrangemens
qui ont été imaginés pour faire connoître les
Plantes ; & dans le second, des systèmes & des
méthodes, &c.

La troisième partie du Discours préliminaire est,
comme on l'a dit, employée à examiner quelle est
la meilleure manière de voir & de travailler en
Botanique. Il résulte de ce qui est dit dans cette
partie, 1.° que ce n'est pas en faisant de grandes

généralités de Plantes, mais au contraire, en les
divisant & sous-divisant, qu'on pourra parvenir
facilement à les connoître, &c.

La quatrième partie du Discours, qui renferme
les moyens que l'Auteur a employés pour faciliter
l'étude de la Botanique, est divisée en deux articles.
L'Auteur s'occupe dans le premier, d'une méthode
artificielle, dont l'objet unique est de faire connoître le nom des Plantes observées; dans le second,
il traite de l'ordre naturel.

« Le but d'un ordre naturel, dit M. de Lamarck,
est d'enchaîner toutes nos idées, de nous faire «
saisir tous les points communs par lesquels les «
êtres se tiennent les uns aux autres, de n'offrir «
aucun objet à nos regards, sans nous montrer «
en même temps tout ce qui existe en-deçà & «
au-delà, &c. »

L'idée que nous avons tâché de donner du Discours préliminaire de M. de Lamarck, est, nous
l'avouons, bien succincte; il faut en faire la lecture,
pour en sentir l'ordre, la clarté & la précision.

A la suite de ce Discours, sont placés les Principes de Botanique. M. de Lamarck réduit ces
Principes à la connoissance exacte de toutes les
parties des Plantes; ce qui l'a engagé à donner une
explication des termes employés dans la Botanique.
Il y a joint de temps en temps des observations
propres à jeter des lumières sur l'objet dont il s'agit,
& qui est désigné par le terme dont il donne l'explication, &c.

Le second & le troisième volumes, renferment
la Méthode analytique, que M. de Lamarck emploie
pour reconnoître les Plantes déjà connues, & déterminer quels sont les noms qu'elles portent dans
les Auteurs, &c.

Ceux qui voudront sentir l'étendue du travail

qu'il a fallu entreprendre pour exécuter ce que M. de Lamarck a fait dans son Ouvrage, doivent consulter cet Ouvrage, qui n'est cependant, si l'on peut parler ainsi, qu'une exquisse de celui que M. de Lamarck se propose de donner au Public dans quelques années, & pour lequel il a déjà, comme il le dit dans son Livre, beaucoup de matériaux de recueillis. Cet Ouvrage qu'il annonce, doit être intitulé : *Théâtre universel de Botanique.* Il sera fait sur le plan de sa Flore Françoise. Nous croyons que l'Académie ne peut qu'applaudir au projet de M. de Lamarck, que l'engager à l'exécuter, & que la Flore Françoise mérite de paroître avec son approbation. Cet Ouvrage annonce dans M. de Lamarck, beaucoup de connoissances en Botanique, un esprit d'ordre, d'analyse & de précision ; & la Flore Françoise est exécutée de façon à ne pas laisser douter que le Théâtre universel de Botanique sera un excellent Ouvrage. Ce qui rend cette prévention encore mieux fondée, c'est que M. de Lamarck est déjà connu de l'Académie, par un Mémoire sur les vapeurs de l'atmosphère, qu'elle a d'autant plus accueilli, que les observations renfermées dans ce Mémoire, ont paru à l'Académie de nature à être suivies, & qu'elle a engagé M. de Lamarck à se livrer à ce travail, & à lui faire part de ses nouvelles observations. *Signé* DUHAMEL & GUETTARD.

Je certifie cet Extrait conforme au rapport de M.^{rs} *les Commissaires de l'Académie.*

   Signé le Marquis DE CONDORCET.

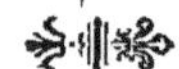

DISCOURS

DISCOURS PRÉLIMINAIRE.

Parmi les différentes parties qu'embrasse l'étude de l'Histoire Naturelle, cette étude si noble, si intéressante, & qui depuis un siècle a fait des progrès si rapides, aucune n'a été aussi généralement cultivée que la Botanique, c'est-à-dire la science dont l'objet est la connoissance des végétaux. Les secours multipliés que les Plantes offrent à l'homme, soit en fournissant aux besoins les plus essentiels de la vie, soit en calmant la violence des maladies qui menacent d'en abréger le cours, soit en enrichissant de leurs tributs les Arts les plus utiles à la société; la facilité d'ailleurs de se procurer ces productions de la terre qui naissent de tous côtés sous nos pas, avec une profusion qui répare sans cesse leur durée passagère : l'attrait enfin qu'inspire par soi-même ce point de vue si gracieux de la Nature, cette diversité de scènes qui semblent s'être

Tome I. 　　　　　　　　　　　　　*a*

partagé toutes les saisons de l'année pour les embellir tour-à-tour, & toutes les parties du Globe pour en varier l'aspect, tout invite en effet le Naturaliste à tourner particulièrement son attention vers cette branche aussi utile qu'agréable des connoissances humaines.

Mais cette science qui offre à la curiosité des aiguillons si puissans, est peut-être en même temps la plus difficile de toutes; & indépendamment des causes particulières qui en ont compliqué l'étude, & dont je parlerai plus bas, les obstacles qui naissent du fond même de la science, semblent se multiplier à proportion des motifs qui doivent exciter l'avidité d'observer & de connoître.

Il ne faut pour sentir cette vérité, que jeter un coup d'œil sur le jardin immense de la Nature. Nous serons frappés d'abord de cette multitude de végétaux répandus de toutes parts avec une sorte de prodigalité, & nous verrons toutes les parties du Globe plus ou moins fécondes depuis la cime des plus hautes montagnes jusqu'au fond des fleuves & de l'Océan. Si nous observons ensuite de plus près & avec plus d'attention, nous verrons par-tout la variété le difputer à la profufion ; nous verrons d'une part des nuances de grandeur , de port, de figure & de couleur multipliées à l'infini ; de l'autre les végétaux les plus difparates placés les uns à côté des autres , fouvent même confondant leurs tiges entrelaffées. En comparant les grandeurs , nous verrons encore les extrêmes fe toucher , & les mouffes les plus délicates croître au pied & fur le tronc même de ces arbres qui élèvent avec majefté leur tête dans les airs. Enfin comme fi toutes les faifons exiftoient à la fois, à côté de quelques feuilles naiffantes , fe préfentera fouvent une tige ornée de fleurs nouvellement épanouies , tandis qu'un peu plus loin des graines prêtes à s'échapper de leur enveloppe defféchée , nous offriront à la fois & les fignes d'un dé-périffement prochain , & les gages multipliés de la reproduction qui doit fuivre.

La première impreffion que cette vue fera fur nous, fera fans doute un fentiment d'ad-miration pour cette Puiffance fouverainement libre & indépendante qui fe joue dans cette immenfe variété d'êtres, où l'uniformité &

la fymétrie auroient femblé plutôt annoncer la marche gênée & timide d'une caufe limitée.

Mais l'efprit de l'homme eft borné, & fe trouve comme accablé fous cette multitude prodigieufe d'individus de toute efpèce, dont les modèles fe rangent fans confufion dans une Intelligence infinie, parmi ceux de toutes les créatures poffibles. Auffi n'a-t-on trouvé jufqu'ici d'autre moyen pour parvenir à bien connoître le tableau de l'Univers, que de le divifer, d'y tracer par-tout des lignes de féparation, & de déplacer même par l'imagination, les parties qui le compofent, pour les foumettre à des arrangemens méthodiques & proportionnés aux limites de nos conceptions. De-là ces diftributions de plantes par claffes, par familles, par genres, &c. de-là en un mot ces nombreux fyftèmes qui ont tant exercé la fagacité de l'efprit humain, mais qui ne font au fond qu'un aveu de fa foibleffe déguifé fous un appareil impofant & fcientifique.

Ces divifions euffent été fans doute de la plus grande utilité, fi on les eût réduites à leur véritable ufage, en ne les employant que comme des moyens artificiels propres à suppléer aux bornes de notre esprit, & à nous aider dans l'étude immense de la Nature. Mais le grand mal est que les Naturalistes ont presque toujours perdu de vue leur objet, qu'ils ont mis, si j'ose ainsi parler, sur le compte de la Nature ce qui étoit leur propre ouvrage, & ont prétendu juger par leurs divisions factices & arbitraires, des loix essentielles auxquelles tous les êtres sont soumis, & des vrais rapports qui peuvent servir à les rapprocher. En un mot, séduits par une erreur considérable de métaphysique qui a retardé leurs progrès & fait perdre à leur travail la plus grande partie de sa valeur, ils ont toujours confondu le moyen qui peut perfectionner & agrandir nos vues pour nous faire juger des productions de la Nature, & établir entr'elles une juste comparaison, avec celui qui doit servir seulement à nous les indiquer & à nous en apprendre les noms, qui ne sont que de pures conventions nécessaires, à la vérité, pour nous entendre, mais absolument étrangères à la marche de la Nature.

C'est pour faire connoître, & j'ose dire

démontrer la différence effentielle de ces deux moyens, la néceffité abfolue de ne jamais les confondre, en un mot celle de les employer l'un & l'autre, mais toujours féparément, que je me propofe d'examiner certaines opinions qui ont été regardées jufqu'ici comme des loix en Botanique; opinions qui me paroiffent très-défectueufes, & même contraires aux progrès de nos connoiffances dans cette partie intéreffante de l'Hiftoire Naturelle.

Pour mettre dans un plus grand jour ce que j'ai à dire fur cette matière, je diviferai ce Difcours en quatre parties.

Dans la première, je parlerai de l'état actuel de la fcience que j'entreprends de traiter, & je ferai voir que les difficultés que l'on éprouve par-tout en l'étudiant font rebutantes & prefque infurmontables.

La feconde fera deftinée à un examen plus particulier des moyens que l'on a employés jufqu'ici pour faciliter l'étude de la Botanique. Je ferai voir que l'infuffifance de ces moyens & l'incertitude qui en réfulte de toutes parts font les fuites néceffaires des opinions mal fondées par lefquelles les Botaniftes fe font laiffés dominer.

La troisième partie traitera de la meilleure manière de voir & de travailler en Botanique. J'y exposerai les objets qu'il est indispensable de se proposer dans cette Science, & le véritable point de vue sous lequel on doit les envisager.

Enfin dans la quatrième partie, je détaillerai les principes de la nouvelle méthode que j'ai imaginée, & j'établirai les raisons qui me paroissent lui assurer une préférence marquée sur toutes celles qui ont paru jusqu'ici, comme étant plus simple, plus facile & plus propre à conduire avec certitude à la connoissance des plantes. Cette partie sera terminée par l'exposition des principes auxquels on doit s'attacher dans la formation d'un ordre naturel.

PREMIÈRE PARTIE.

De l'état actuel de la Botanique, & des difficultés qu'on éprouve dans l'étude de cette Science.

JE suis bien éloigné de vouloir déprimer tant d'hommes célèbres qui se sont occupés

de la Botanique. Personne ne rend plus sincèrement que moi justice à leurs lumières, & ne
sent mieux le prix de leurs travaux : personne
sur-tout ne souscrira plus volontiers aux éloges
que les Savans ont accordés à M. de Tournefort, qui a su le premier ramener la Botanique
à ces principes simples & lumineux qui mettent de l'ordre dans nos idées, & distinguent
la science de la simple nomenclature.

Après lui, le Chevalier Linné profitant
des découvertes & des fautes de son illustre
prédécesseur, s'est frayé une route nouvelle,
& a enrichi la Botanique de cette foule
d'observations aussi neuves qu'ingénieuses,
& de ces rapports étonnans & variés qui
naissent de la considération des sexes dans les
plantes.

Mais si les travaux de ces grands hommes
& de tant d'autres Naturalistes ont considérablement reculé les bornes de nos connoissances dans cette partie, il me paroît qu'ils
n'ont pas également contribué à en faciliter
l'étude. La Botanique dans l'état où elle est,
se trouve comme surchargée d'une multitude
d'obstacles que les Naturalistes ont ajoutés à

ceux que la multitude & la variété des individus préfentent déjà par eux-mêmes.

Parmi les caufes qui contribuent le plus
à faire naître ces obftacles, on doit placer les
variations perpétuelles dans les principes conf-
titutifs; les termes fcientifiques trop nombreux
& trop rarement définis dont on a hériffé la
nomenclature; les fyftèmes multipliés, mais
tous infuffifans qu'on a vus fe fuccéder les uns
aux autres, & dont les loix font prefque
toujours en contradiction avec la Nature; le
trop grand nombre d'exceptions dans les
caractères génériques; & enfin les définitions
vagues que l'on a faites des parties les plus
effentielles des plantes, & d'après lefquelles
il eft impoffible de fixer d'une manière précife
la notion de ces mêmes parties.

Voilà fans doute des reproches très-graves
& qui exigent des preuves convaincantes;
mais j'ofe me flatter que quiconque lira avec
un efprit libre de préjugés les détails dans
lefquels je vais entrer fur ces différens objets,
y verra que ce n'eft pas la féduction de mes
propres principes qui m'a fait attaquer toutes
les opinions qui les combattent, mais plutôt

l'expérience que j'ai des vices essentiels de tous les systèmes qui, après m'avoir fait long-temps souhaiter qu'un autre pût mieux faire, m'a engagé dans des tentatives pour réaliser par moi-même ce desir.

ARTICLE PREMIER.

Du peu de fixation des noms que l'on a donnés à certaines parties des Plantes, & de la mauvaise déterminaison de plusieurs expressions employées pour exprimer leurs caractères.

S'IL y a dans les plantes des parties dont la définition doive avoir été soignée par les Botanistes, ce sont sans doute celles qui servent comme de base à leurs différens sys-tèmes, & qui devoient les conduire aux caractères les moins variables, & en même temps les plus propres à leur fournir un grand nombre de divisions. Prenons pour exemple la corolle & les étamines, d'après lesquelles M. de Tournefort, d'une part, & le Chevalier Linné de l'autre, ont établi leurs grandes divisions, & formé leurs classes.

Il eſt aiſé de s'apercevoir d'abord que la corolle eſt une partie ſi mal déterminée que preſque par-tout on eſt embarraſſé pour reconnoître ſon exiſtence; les uns donnant ce nom dans certaines plantes à des parties de la fleur, que d'autres regardent ſimplement comme ſon calice, tandis que dans d'autres plantes ceux-là même donnent le nom de calice à des parties de la fleur que ceux-ci prennent pour la corolle.

C'eſt ainſi que M. de Tournefort prend pour corolle dans le *juncus*, *l'amaranthus*, le *kali*, le *tamnus*, &c. les parties que M. Linné nomme *calice*, & que d'un autre côté le premier Auteur donne le nom de *calice* dans le *rumex*, le *buxus*, *l'empetrum*, &c. à des parties que M. Linné prend pour corolle. On démontre actuellement au Jardin royal de Paris, ſous le nom de *calice*, dans toutes les *liliacées*, les *ellébores*, les *nielles*, les *aconits*, &c. des parties que M.ʳˢ de Tournefort & Linné appellent très-décidément *corolle*.

Il y a plus, il ne faut qu'ouvrir les ouvrages de M. Linné, pour y apercevoir que dans un grand nombre de cas, il laiſſe au choix de son Lecteur d'appeler *calice* ou *corolle* une même partie de la plante. C'est ainsi que, selon lui, dans le *laurus*, le *phytolacca*, le *medeola*, le *melanthium*, &c. les fleurs n'ont pas de calice, à moins, dit-il, qu'on ne prenne pour tel, la corolle qui les environne ; & que dans d'autres plantes, comme le *polygonum*, le *chrysosplenium*, le *thesium*, &c. la corolle est nulle, à moins, dit-il encore, qu'on ne regarde comme telle le calice de leurs fleurs : preuve bien évidente qu'il n'attache point lui-même aux termes de *corolle* & de *calice* des idées fixes & précises qui puissent fournir un moyen sûr de reconnoître l'existence de l'un ou de l'autre.

Les étamines sont dans le même cas ; tantôt les filamens stériles ne sont comptés pour rien, lorsqu'il s'agit de déterminer leur nombre : ainsi le *gratiola* est placé dans la diandrie, & l'*herniaria* dans la pentandrie ; & tantôt au contraire, ces mêmes filamens font nombre avec les étamines ; ainsi l'*albuca* se trouve placé dans l'hexandrie, & l'*anacardium* dans la décandrie (*a*).

____

(*a*) M. Murrai a replacé avec raison ce dernier genre dans l'ennéandrie. *Murr. Syst. veget.*

Quelquefois le nombre des étamines est fixé par celui des anthères, sans avoir égard aux filamens, comme dans le *monniera*, le *fumaria*, &c. d'autres fois, ce font les filamens qui déterminent les étamines; & le nombre des anthères est négligé, comme dans le *dianthera*, le *theobroma*, le *stemodia*, &c.

On trouve très-souvent dans les fleurs de certaines plantes, des parties très-différentes les unes des autres par leur nature, mais qui peuvent fournir d'excellens caractères pour distinguer ces plantes. Ce font tantôt des appendices ou des prolongemens finguliers de la corolle, en forme de cornet ou d'éperon postérieur; tantôt des raînures, des fossettes ou des enfoncemens fur les pétales, ou fur l'ovaire; tantôt des écailles, des folioles, ou des cornets intérieurs; tantôt des glandes, des filets ou des poils; & tantôt enfin, des portions même de la corolle qui s'avancent un peu plus que d'autres.

Toutes ces parties qui n'ont aucune ressemblance, aucun rapport entr'elles, ont reçu, malgré cela, le nom vague de nectaire : il faut l'avouer, cette manière de trancher d'un mot la difficulté, est très-commode pour l'Auteur qui fait un système : mais dans quel embarras ne jette-t-elle pas ceux qui, d'après de pareilles notions, entreprennent d'étudier la Nature !

En effet, on trouve souvent plusieurs de ces nectaires, très-différens, réunis dans la même fleur ; & alors comment déterminer lequel doit conserver son nom aux dépens des autres !

C'est ainsi que le prolongement en forme d'éperon, que l'on observe derrière les fleurs de violette, de capucine, &c. conserve sans difficulté le nom de nectaire, tandis qu'on le refuse à un pareil éperon dans les orchis, pour l'accorder au pétale inférieur de leur corolle.

Les divisions, soit de la corolle, soit du calice, sont encore si mal déterminées, qu'on ne sait très-souvent si l'on doit regarder ces enveloppes comme étant d'une seule ou de plusieurs pièces dans telle ou telle plante que l'on observe. La corolle des mauves est monopétale selon M. de Tournefort, & polypétale selon M. Linné. D'un autre côté, ces deux Auteurs s'accordent à regarder la corolle de la tulipe & celle du lys, comme compofées de fix pétales très-diftin_cts_; & ces corolles font démontrées au Jardin royal, comme n'étant qu'un calice monophyle à fix divifions.

Il feroit trop long de rapporter toutes les déterminations embarraffantes des noms que l'on a donnés aux différentes parties des plantes; mais ce n'eft point affez d'avoir montré l'incertitude & l'obfcurité répandues de toutes parts fur ces premières notions faites pour éclairer l'entrée de la Botanique. Nous allons voir les difficultés fe multiplier à mefure que nous pénétrerons plus avant dans cette fcience. C'eft ce qui fera la matière d'une difcuffion importante fur la formation vicieufe des genres & des familles par les Botaniftes, & fur le peu de foin qu'ils ont pris de diftinguer entre le caractère conftant qui détermine l'efpèce, & la nuance locale qui donne la fimple variété.

ARTICLE II.

Des Familles, des Genres, des Espèces & des Variétés

Il y a des plantes qui diffèrent entièrement & dans toutes leurs parties : il y en a d'autres qui diffèrent seulement dans beaucoup de leurs parties : d'autres ensuite ne diffèrent que dans quelques-unes de leurs parties ; & enfin il y en a qui ne diffèrent absolument dans aucunes de leurs parties.

Voilà ce qui est bien certain & bien connu ; mais en rapprochant les plantes en raison de leurs ressemblances, & en les éloignant à mesure qu'elles diffèrent, peut-on former des groupes particuliers séparés par des limites bien marquées & bien circonscrites ! Peut-on après cela diviser, & même sous-diviser, ces groupes considérables, & en former d'autres moins composés, mais toujours déterminés par des caractères saillans, sans rompre aucun rapport essentiel ! En un mot, existe-t-il bien réellement des familles que l'on puisse isoler les unes des autres ! existe-t-il des genres dont les limites ne soient jamais confondues !

Enfin

Enfin peut-on diftinguer fans équivoque, les efpèces, des variétés, & celles-ci des individus ?

Ce font-là fans doute les problèmes les plus intéreffans de la Botanique ; mais il y a beaucoup d'apparence qu'on ne pourra de long-temps en trouver la folution affirmative.

On a cependant agi comme fi ces queftion n'exiftoient point, ou n'étoient point propo- fables ; on a regardé comme certain, ce qu pouvoit à peine être fuppofé ; & en confé- quence on a effayé de former des familles du premier ordre, auxquelles on a donné le nom de genre : on s'eft enfuite retourné de mille manières pour faire avec les genres des familles du fecond ordre, que l'on a nommées *familles naturelles ;* on a même été jufqu'au point de vouloir réunir plufieurs de ces pré- tendues familles, pour former des claffes, c'eft-à-dire des divifions générales que l'on regardoit auffi comme naturelles ; mais la Nature qui ne fe plie nulle part à ces règles que l'on prétend établir fur la marche de fes productions, forme tantôt des interruptions fubites ou des retours frappans dans fes rapports, tantôt des nuances imperceptibles qui refusent toute espèce de division : la Nature en un mot rejette les classes & les familles, & contrarie presque par-tout les genres même les moins composés.

Les loix qui constituent ces familles & ces genres, sont sans cesse sujettes à des exceptions destructives *(b)*; à mesure que l'on examine plus attentivement, on est forcé de former de nouveaux genres aux dépens de ceux que l'on avoit formés d'abord; réduction qui deviendra de jour en jour plus nécessaire à mesure que les observations se multiplieront, ou que nous découvrirons de nouvelles plantes dont les caractères mi-partis mettront des entraves à toutes nos règles; & nous finirons, sans doute, par n'avoir dans chaque genre qu'une seule espèce, multipliée souvent en autant de variétés que d'individus *(c)*.

(b) L'*alyssum spinosum*, le *chicus eryshales*, l'*arctium carduelis*, l'*œsculus pavia*, le *peplis tetrandra*, le *convallaria bifolia*, le *linum radiola*, le *tordylium authriscus*, &c. &c. n'ont pas le caractère de leur genre.

(c) Des observations nouvelles ont engagé M. Linné à retirer du genre des plantains, le *littorella lacustris*; de celui

Je fais combien ces principes s'éloignent des idées reçues, & même combien de noms illuftres on pourroit m'oppofer. Mais fi les autorités doivent être appréciées plutôt que comptées, quel avantage n'eft-ce pas pour moi de pouvoir citer en ma faveur un témoignage d'un auffi grand poids que celui de M. de Buffon! Voici comme il s'exprime en parlant des différens fyftèmes imaginés par les Naturaliftes.

« Prenons pour exemple la Botanique, cette belle partie de l'Hiftoire Naturelle, qui « par fon utilité a mérité de tout temps d'être « la plus cultivée; & rappelons à l'examen « les principes de toutes les méthodes que « les Botaniftes nous ont données; nous ver- « rons avec quelque furprife qu'ils ont eu « tous en vue de comprendre dans leurs mé- «

---

de l'*actæa*, le *cimicifuga fœtida*; de celui du *campanula*, le *canarina campanula*; de celui du *gentiana*, le *chlora perfoliata*; de celui du *glycine*, l'*abrus precatorius*, &c. S'il redoubloit encore d'attention, peut-être retrancheroit-il de leur genre l'*æfculus pavia*, le *valeriana fibirica*, le *gratiola monnieria*, l'*adonis capenfis*, le *gentiana heteroclita*, le *barleria prionitis*, & tant d'autres qui refufent de fe foumettre aux loix de leur claffe, de leur fection & de leur genre.

b ij

» thodes généralement toutes les espèces de
» plantes, & qu'aucun d'eux n'a parfaitement
» réussi ; il se trouve toujours dans chacune
» de ces méthodes un certain nombre de
» plantes anomales dont l'espèce est moyenne
» entre deux genres, & sur laquelle il ne
» leur a pas été possible de prononcer juste,
» parce qu'il n'y a pas plus de raison de rap-
» porter cette espèce à l'un plutôt qu'à l'autre
» de ces deux genres : en effet, se proposer
» de faire une méthode parfaite, c'est se
» proposer un travail impossible ; il faudroit
» un ouvrage qui représentât exactement tous
» ceux de la Nature ; & au contraire, tous
» les jours il arrive qu'avec toutes les mé-
» thodes connues, & avec tous les secours
» qu'on peut tirer de la Botanique la plus
» éclairée, on trouve des espèces qui ne
» peuvent se rapporter à aucun des genres
» compris dans ces méthodes, &c. *(d)*. »

Il eût été cependant bien avantageux pour
faciliter l'étude de la Botanique, d'avoir des
genres bien faits & déterminés par des carac-

(d) Hist. Nat. I.er Discours, *page 18 & suiv.*

tères certains & à l'abri de toute équivoque,
afin de n'être pas obligé de donner à chaque
plante un nom particulier, ce qui surchar-
geroit infiniment la mémoire; & afin de faciliter l'analyse, qui me paroît être le seul
moyen que l'on puisse employer pour parvenir à la connoissance d'une plante ou de tout
autre objet appartenant à l'Histoire Naturelle.
Mais il falloit pour cela regarder ces genres
comme artificiels, & n'avoir aucun égard aux
rapports des plantes en les formant; car on
sait que l'on peut souvent rapprocher un très-
grand nombre de plantes par des rapports assez
marqués, sans pouvoir les circonscrire par
des caractères déterminés & tranchans.

Malheureusement les choses, même encore
à présent, sont vues sous un aspect tout-à-
fait différent. La formation des genres par les
Botanistes modernes doit être plutôt regardée
comme une recherche sur les rapports des
plantes, que comme un moyen de les connoître & de les indiquer sans erreur.

De pareils genres ne peuvent être qu'infiniment arbitraires, parce que la Nature, comme
je l'ai observé, marche tantôt par des rapports

b iij

ſi extraordinaires, que l'on déſeſpère de pouvoir lier enſemble les individus que l'on veut
comparer en vertu de ces rapports, & tantôt
par des nuances ſi délicates de variétés, qu'il
paroît impoſſible de les ſaiſir ; d'où il arrive
qu'au milieu de cette multitude de points
communs & de routes qui ſemblent ſe fuir,
on ne trouve ſans ceſſe qu'incertitudes & difficultés ; & on ne ſait pour l'ordinaire à quel
genre rapporter telle ou telle plante que l'on
obſerve. Auſſi comme chaque Auteur place
cette plante à ſon gré, ou en raiſon du ſyſtème qu'il a formé, quelle confuſion ne
voit-on pas naître de tant de principes différens qui la font voltiger ſans ceſſe de genre
en genre, lui donnant chaque fois un nouveau nom, & qui finiſſent très-ſouvent par lui
conſtituer un genre propre à elle ſeule *(e)!*

Qui ignore les révolutions nombreuſes que
la plupart des ombellifères ont éprouvées de la
part des Auteurs qui ont écrit ſur les plantes !
On pourroit preſque compter le nombre des
ſynonymes de chacune d'elles, par celui des

(e) Parmi les douze cents vingt-huit genres qu'a formés
M. Linné, il s'en trouve quatre cents qui ne renferment qu'une
ſeule eſpèce.

Botanistes qui ont fait des systèmes. Le *siler alterum pratense* de Dodonée, a été rangé parmi les *seseli* par G. Bauhin, replacé ensuite avec les angéliques par M. de Tournefort, & réuni après cela au *peucedanum* par M. Linné; mais comme ses semences n'ont pas tout-à-fait le caractère du *peucedanum*, des Botanistes plus modernes en font un *ligusticum*, d'où peut-être d'autres le retireront encore pour le replace railleurs. Le *daucus montanus apii folio major* de Bauhin, est nommé *cervaria* par Rivin, *oreoselinum* par Tournefort, *athamanta* par le Chevalier Linné, & M. Scopoli le rapporte au *selinum*.

Les plantes ombellifères ne sont pas les seules qui fournissent des exemples de ces transports multipliés, & de la mauvaise détermination des genres.

En effet, la plupart des composées sont dans le même cas; les *cnicus, carduus, serratula, carthamus, atractylis*, &c. sont fort mal distingués les uns des autres. On aura souvent de la peine à saisir la différence qui fait que le *serratula arvensis* n'est point un *carduus*, puisque le calice alongé du *carduus pycnocephalus*, du *carduus crispus*, &c. ne les a pas fait rapporter au *serratula*. On ne sait sur - tout pourquoi le *carduus serratuloides* n'est point un *serratula*, ainsi que tant d'autres dont le calice un peu alongé n'est presque point épineux. On pourra aussi prendre le *carduus Syriacus*, le *C. stellatus*, le *C. eriophorus*, & bien d'autres pour des *cnicus*, tandis que le *cnicus erysithales* sort du caractère de son genre : enfin beaucoup d'espèces de *centaurea* seront pareillement confondues avec les *carthamus*, *cnicus*, &c, non pas par les Botanistes que l'usage de se communiquer entr'eux, a mis au fait des conventions reçues, mais par ceux qui se trouvant réduits à consulter les règles même, n'auront pas occasion d'être avertis des exceptions nombreuses auxquelles elles sont sujettes.

J'aurois pu, pour prouver ce que je viens de dire, faire un très-grand nombre de citations, sur-tout si j'avois voulu rappeler les limites incertaines & trop souvent violées des genres qui comprennent les plantes à demi-fleurons, tels que sont ceux des *hiera-cium*, *crepis*, *sonchus*, *lactuca*, *scorzonera*, &c.

tels encore ceux des *alyſſon, draba, cochlearia, lepidium, thlaſpi*, &c. tels enfin ceux de beaucoup de labiées, graminées, &c. &c. Mais ce que j'ai dit eſt plus que ſuffiſant pour faire voir combien l'idée de conſerver des rapports a gêné les Botaniſtes dans la formation des genres, & combien l'opiniâtreté avec laquelle ils ont tout ſacrifié à ce préjugé, jette d'irrégularités dans leurs principes, & porte atteinte à la ſtabilité de leurs règles, qui ſe perd dans la multitude des exceptions: ils n'ont pas ſenti qu'il y auroit eu bien moins d'inconvénient à ſe mettre peu en peine des rapports, pour former des loix ſaillantes, des diviſions nettes & circonſcrites, démenties à la vérité par la marche libre & infiniment variée de la Nature, mais bien plus propres à nous conduire avec certitude à la connoiſſance de chaque individu.

Il me ſera facile de montrer que tout ce que je viens de dire à l'égard des familles & des genres, a auſſi parfaitement lieu pour les eſpèces, & que l'étude de la Botanique à cet égard eſt encore embarraſſée de mille incertitudes & de difficultés inſurmontables;

car, au lieu de chercher à diftinguer les efpèces
par des caractères tranchans, toujours confir-
més par la conftance dans la reproduction,
& fans jamais employer le plus ou le moins,
prefque tous les Botaniftes à préfent multi-
plient infiniment les efpèces aux dépens de
leurs variétés; ils ne connoiffent plus de
bornes à ce defir de créer de nouveaux êtres;
la moindre nuance dans la grandeur, dans
la couleur ou dans la confiftance de deux
individus, leur fuffit pour former deux efpèces
particulières. Ils ne font pas attention que les
femences d'une même plante portées dans
deux endroits différens, expofées & cultivées
dans des circonftances tout-à-fait contraires,
produiront néceffairement, au bout de quelques années, deux plantes qui différeront
beaucoup par leur afpect extérieur; c'eft-à-
dire que l'une pourra être vigoureufe, fucculente, d'un vert plus foncé, plus garnie dans
toutes fes parties, &c. tandis que l'autre fera
maigre, dure, blanchâtre, moins élevée, quelquefois même un peu penchée, moins glabre
& moins garnie de feuilles ou de fleurs; mais ce
fera toujours du plus ou du moins, & les

caractères ne feront point vraiment tranchans. Cependant fi l'on fait de ces deux plantes deux efpèces différentes, & qu'on les place comme telles dans le catalogue des efpèces de leur genre, que va devenir la Botanique fondée fur de pareils principes! quel cahos, & comment fe reconnoître! fur-tout fi, à l'exemple de M. de Tournefort, on entame une fois les variétés des anémones, des tulipes, des narciffes, des oreilles-d'ours, des pommiers & poiriers, &c. &c. nous verrons continuellement naître & difparoître tour-à-tour des milliers d'efpèces qui jetteront de la confufion dans nos connoiffances, & rendront nos travaux beaucoup plus pénibles, fans que nous puiffions efpérer d'en recueillir aucun fruit.

En effet, les deux plantes dont je parlois dans l'inftant, cultivées par la fuite dans un même jardin pour l'ufage des démonftrations, partageront alors des circonftances à-peu-près femblables dans leur culture, leur expofi-tion, &c. Ainfi leurs différences difparoîtront infenfiblement, & nos catalogues feuls con-ferveront une efpèce que la Nature auroit perdue, fi elle n'eût été plutôt notre ouvrage que le fien.

Il eft donc conftant, par tout ce que je viens de dire, que quoique les travaux des Naturaliftes modernes aient doublé & même triplé la collection des plantes obfervées juf-qu'à ce jour, & que leurs obfervations aient prodigieufement enrichi cette partie de l'Hif-toire Naturelle ; avec tout cela le peu d'efforts qu'ils ont faits pour faciliter la connoiffance de leurs découvertes ; la foibleffe & l'infuffi-fance des moyens qu'ils ont employés pour donner de la ftabilité aux principes qu'ils ont admis ; la mauvaife déterminaifon des carac-tères génériques & fpécifiques, & en un mot les fyftèmes nombreux tous plus ingénieux qu'utiles, confirment parfaitement ce que j'a-vois annoncé fur les obftacles infurmontables que l'on trouve à chaque pas dans l'étude d'une fcience auffi importante.

D'ailleurs les fyftèmes ou les méthodes artificielles, qui devroient toujours nous conduire par une voie également aifée & certaine à la dénomination des plantes que nous cherchons à connoître où à nous rap-

peler, font, outre leur infuffifance, fi difficiles à faifir & à concevoir, que l'on ne peut
guère parvenir à en avoir la clef fans s'être
rompu dans l'habitude d'obferver les plantes,
& par conféquent fans en connoître déjà un
grand nombre. De-là il arrive que la plupart
de ceux qui étudient les fyftèmes fe bornent à
les vérifier fur les individus qu'ils connoiffent
déjà, ou s'expofent à tomber dans des méprifes
groffières, & ne tirent d'autre fruit de ces
recherches fcientifiques dans lefquelles ils s'en-
gagent, que de s'égarer avec plus de confiance.

Ainfi cette étude précieufe, appliquée autrefois avec tant de fuccès au profit de l'é-
conomie animale par des hommes célèbres, à
qui, fans le fecours des méthodes & des fyftèmes, un coup d'œil très-exercé & des obfervations exactes fuffifoient au milieu du petit
nombre d'individus connus alors, cette étude,
dis-je, devenue immenfe de nos jours, n'eft
prefque plus compatible avec tant d'autres
objets indifpenfables auxquels s'étend l'art de
guérir. L'impoffibilité de fe rendre habile en
peu de temps, étouffe l'ardeur de s'inftruire,
retarde les progrès de la fcience, & nous

prive de mille tentatives heureuses, de mille
découvertes intéressantes auxquelles des connoissances plus certaines, plus faciles à acqué-
rir, plus généralement répandues ne manque-
roient pas de donner naissance. La difficulté
des systèmes épaissit le voile qui nous cache
les secrets de la Nature, & l'étude approfondie de la Botanique, n'est plus que le
partage d'un petit nombre de Naturalistes,
que leur aisance met à portée de se livrer
tout entiers à une inclination louable, à la
vérité, mais stérile pour le bien de l'huma-
nité, & qui presque toujours annonce plutôt
l'amateur qui cherche à occuper son loisir,
que le citoyen jaloux de se rendre utile.

SECONDE PARTIE.

*De l'insuffisance des moyens que l'on a
employés pour faciliter l'étude
de la Botanique.*

LA Botanique ne consiste pas, comme bien
des gens se l'imaginent, dans l'habitude de
considérer telle ou telle plante, & d'appliquer à l'idée qu'on se forme de son port un

nom quelconque, indiqué par une étiquette ou par un Profeſſeur. Cette façon d'étudier les plantes, qui eſt peut-être la plus commune, pourroit ſuffire juſqu'à un certain point, ſi le règne végétal ſe trouvoit réduit à un nombre borné d'individus qui euſſent entr'eux des différences tranchantes. Mais la prodigieuſe quantité des plantes, les reſſemblances fréquentes d'une eſpèce avec l'autre dans le port extérieur & le plus grand nombre des parties, compliquent extrêmement le travail de l'Obſervateur obligé de repaſſer ſans ceſſe ſur les mêmes traces, pour ſe familiariſer avec les objets, & expoſent l'œil même le plus exercé, à des erreurs ſouvent inévitables. Et quels dangers ne réſulteront pas d'une pareille étude, ſi, d'après des connoiſſances ſi vagues, on oſe faire uſage des vertus des plantes ! Que n'aura-t-on pas à craindre de ces mépriſes, peut-être plus ordinaires qu'on ne le penſe, & dont le moindre inconvénient eſt d'être indifférentes, & de laiſſer ſubſiſter dans toute leur violence des maux qui exigent ſouvent les ſecours les plus prompts & les plus actifs !

Les vrais principes de la Botanique con-
fiſtent donc dans l'étude approfondie des
caractères conſtans qui diſtinguent les plantes
les unes des autres, dans l'obſervation exacte
de tout ce qu'elles ont de commun & de
particulier, & dans la recherche de tout ce
qu'elles offrent d'intéreſſant pour l'Hiſtoire
Naturelle ou la Médecine.

On a ſenti que pour remplir ces différentes
vues, pour ſuppléer aux bornes trop reſſer-
rées de la mémoire, ſe reconnoître au milieu
de la multitude immenſe des végétaux, &
être plus à portée de tranſmettre aux généra-
tions futures le dépôt précieux des connoiſſances acquiſes en ce genre, il falloit un ordre
général, une diſtribution méthodique, où le
tableau particulier de chaque individu eût une
place marquée & facile à retrouver, d'après
l'inſpection même de l'individu. Or ce ſont
les tentatives faites par les Botaniſtes pour
exécuter ce vaſte projet, que j'entreprends
ici de ſoumettre à l'examen, & dont j'eſpère
démontrer le peu de ſuccès relativement à
l'objet qu'ils ſe ſont propoſé.

ARTICLE

ARTICLE PREMIER.

Des différens arrangemens qui ont été imaginés
pour faire connoître les Plantes.

Le befoin fut, pour ainfi dire, le premier
guide qui conduifit l'homme à la connoiffance du règne végétal. Les alimens que les
plantes lui offrirent, les remèdes que des
effais heureux lui découvrirent dans plufieurs
d'entr'elles, les lui firent regarder avec plus
ou moins d'intérêt à raifon de l'utilité plus
ou moins marquée qu'il retiroit de chacune.
Il les nomma d'après leurs vertus ou propriétés, & ramenant de même à fon propre
avantage la divifion qu'il en fit, il les diftribua
felon les différens fervices qu'elles lui ren-
doient, & les divers genres de maladie contre
lefquels elles lui offroient des reffources; en
forte que les premiers ouvrages fur cette
matière furent proprement des Traités de
Botanique ufuelle.

On remarqua enfuite que certaines plantes
affectionnoient des climats particuliers; que
dans le même climat, les lieux aquatiques, les
terreins fecs ou montagneux, les bois & les

Tome I. c

champs préfentoient chacun une fcène à part, qui fe renouveloit à peu-près d'une faifon à l'autre. Quelques Obfervateurs diftribuèrent les plantes d'après ce point de vue général de la Nature, & leurs Traités furent comme l'hiftoire de leurs voyages.

On fentit dans la fuite, que ni les propriétés des plantes, qui ne fe manifeftent en quelque forte que par la deftruction même de l'individu, ni des circonftances purement locales ne pouvoient fournir aucune diftribution exacte & méthodique. On imagina donc des divifions fondées fur ce que les plantes préfentoient de plus frappant aux yeux, fur leur grandeur, leur confiftance, leur durée. On employa la confidération des racines, des tiges, des feuilles, quelquefois même celle de la fleur & du fruit. Ces ébauches, d'abord très-imparfaites, fe perfectionnèrent peu-à-peu, & préparèrent, comme par degrés, l'heureufe révolution qui s'eft faite depuis environ un fiècle dans la Botanique.

C'eft alors que des hommes célèbres, convaincus de l'infuffifance de tous les caractères

employés par ceux qui les avoient précédés,
tournèrent toute leur attention du côté des
parties de la fructification, & crurent même
apercevoir l'indication de la Nature dans l'importance de ces organes destinés à la reproduction
des individus. Ils rassemblèrent les différentes
plantes qui leur parurent avoir plusieurs de
ces caractères communs entr'elles, & formèrent,
comme je l'ai déjà dit, de petites familles
détachées, connues sous le nom de *genres*. La
moindre différence qui parut constante dans
les plantes qui composoient un genre servit
à former les espèces, & les différences acci-
dentelles & peu constantes firent ou du moins
dûrent faire les variétés.

Mais ce travail plus ou moins heureusement exécuté ne suffisoit pas; la multiplicité
des genres exigeoit à son tour un arrangement & une distribution particulière qui pût
nous conduire plus facilement jusqu'à chacun
d'eux. Aussi en rassembla-t-on plusieurs dont
on forma des grouppes qui furent nommés
ordres, sections, ou, selon d'autres, *familles
naturelles*. Enfin on crut devoir encore réunir
les ordres & les sections, & on en composa

des divisions plus générales auxquelles on donna le nom de *claſſes*.

L'enſemble ou la totalité des claſſes reçut la dénomination de *ſyſtème* ou de *méthode*, ſelon la nature des principes conſtitutifs poſés par les Auteurs qui ſe ſont occupés de ce travail. Et tel a été le dernier réſultat des efforts que l'on a faits de ſiècle en ſiècle pour faciliter l'étude & la connoiſſance des plantes. C'eſt auſſi à ce point de vue que je m'arrête, pour eſſayer de faire voir combien il nous laiſſe encore de choſes à deſirer, & combien les mains ſavantes, qui ſe ſont efforcé de poſer la borne de nos progrès en ce genre, ſont reſtées en-deçà du terme où il eût été poſſible d'arriver.

A R T I C L E I I.

Des ſyſtèmes & des méthodes.

Un ſyſtème, en Botanique, eſt, ſelon l'acception commune, un arrangement, un ordre général, fondé par-tout ſur les mêmes principes. Il réſulte de cette définition, que dans un ſyſtème, on ne doit faire uſage que d'une feule partie, quelle qu'elle foit, ou du moins d'un très-petit nombre de parties qui aient entr'elles une analogie marquée. Ainfi un ordre fondé uniquement fur la confidération du fruit, ou des organes fexuels, ou de la corolle, ou même des feuilles, doit être regardé comme un fyftème.

Une méthode, au contraire, eft un arrangement fondé fur des principes moins fixes, moins déterminés, & dont on peut s'écarter toutes les fois que cela eft néceffaire ou avantageux pour remplir l'objet que l'on fe propofe.

Or il eft aifé de s'apercevoir qu'un fyftème, qui fourniroit affez de divifions pour conduire par une voie également fûre & facile à la connoiffance de toutes les plantes dont il renfermeroit la defcription, mériteroit d'être préféré à une méthode, quelque bien faite que celle-ci pût être. Car un pareil fyftème auroit fur la méthode l'avantage important d'offrir des vues générales, ramenées toutes au principe fondamental comme à leur centre commun, & qu'il feroit aifé de faifir & de graver dans fa mémoire : au lieu qu'une méthode que l'on fuppofe s'écarter fouvent des principes fur lefquels elle eft établie, c'eft-à-dire, faire ufage de caractères pris dans toutes fortes de parties différentes, pourroit, à la vérité, conduire avec fûreté jufqu'à la plante que l'on cherche à connoître, mais ne préfentèroit à l'efprit qu'un enfemble mal lié, que des divifions difparates & peu propres à être retenues par cœur.

Il refte maintenant à examiner s'il eft poffible de faire un fyftème qui rempliffe véritablement fon objet. Or je me fuis convaincu par les différentes tentatives que j'ai faites, & plus encore par des réflexions qui me paroiffent décifives & fans replique, qu'une pareille entreprife eft abfolument impraticable, & fera toujours l'écueil des talens même les plus décidés.

Premièrement, il eft certain qu'aucun des caractères que l'on pourroit choifir pour être la bafe du fyftème, n'eft affez fécond pour fournir feul un nombre fuffifant de divifions, avantage qu'il eft cependant très-important de fe procurer, pour n'avoir point à choifir dans chaque divifion entre une trop grande multitude d'objets à la fois. Mais en fecond lieu, il eft facile de démontrer que tous les caractères, dans quelque partie qu'on les prenne, font fufceptibles de varier ou d'être conftans, felon les plantes dans lefquelles on les obferve : c'eft ce qui fait, pour le dire en paffant, que les principes qui établiffent des caractères du premier, du fecond ou du troifième ordre, font fi fouvent démentis par la Nature. Mais je m'arrête à une confidération plus générale ; & je vais effayer de montrer par plufieurs exemples, qu'il ne peut y avoir aucun fyftème dont le fondement ne foit ruineux.

Suppofons d'abord que l'on veuille former un ordre général d'après la confidération unique du calice ; il fe trouvera que cette partie eft d'une forme très-avantageufe dans les mauves & beaucoup d'autres efpèces de plantes. Mais bientôt le caractère deviendra inconftant, équivoque, ou même s'évanouira dans prefque toutes les ombellifères, les vaïériannes, les protées, &c.

La même difficulté a lieu pour la corolla prife féparément ; on fait l'inconftance de cette partie dans le *peplis*, le *fagina*, le *farothra*.

quelques efpèces de *lepidium*, &c. quoiqu'elle
foit très-fixe & très-conftante dans mille autres
plantes qui en font ornées. Les étamines &
les piftils, employés dans la même vue, ne
réuffiront pas mieux. Rien de plus incertain
que le nombre des premières dans l'*alfine*,
le *blitum*, quelques efpèces de *gallium*, le
laurier, l'*euphorbia*, &c. & des feconds,
dans les *fedum*, le *pœnia*, l'*helleborus*, le
polygonum, &c. En vain fe flatteroit-on de
tirer un meilleur parti du fruit ; outre qu'une
diftribution fondée uniquement fur la confidération de cet organe tardif feroit très-in-
commode, & tiendroit trop long-temps
l'Obfervateur en fufpens ; elle offriroit de
plus des exceptions & des variations perpétuelles, & le *campanula*, le *gentiana*, le
valeriana, le *clufia*, &c. prendroient à chaque
inftant, le fyftème en défaut par le nombre
inconftant des loges qui renferment les femences, & par les circonftances fréquentes
qui modifient la figure des femences elles-
mêmes.

Le fyftème fexuel fait le plus grand honneur
à la fagacité & au génie de fon illuftre Auteur.

Quelle adreſſe à profiter en même-temps du nombre, de la poſition & de la grandeur reſpective des étamines, pour multiplier les diviſions ſans s'écarter du principe ! quel heureux rapprochement ménagé entre les claſſes & les ordres par le rapport intime qui ſe trouve entre les étamines, d'où ſe tirent les premières, & les piſtils qui déterminent la plupart des ſeconds ! quelle ſubordination dans les parties qui fourniſſent les caractères des diviſions inférieures ! quelle attention à n'employer, autant qu'il eſt poſſible, que des parties qui exiſtent toutes à la fois dans la plante, & cela dans la circonſtance où elle offre aux yeux le point le plus flatteur & le plus intéreſſant de ſon développement ! voilà ce qui ſéduit au premier examen. Mais que l'on parcoure un jardin de Botanique, le ſyſtème à la main, on ſentira bientôt combien il perd dans l'application, & ces principes, dont on avoit d'abord admiré la fécondité, décèleront par-tout leur inſuffiſance, dès qu'on les rapprochera du plan immenſe & mer-veilleuſement gradué, ſur lequel la Nature a travaillé.

On ne doit point reprocher à cet Ouvrage, les féparations extraordinaires de beaucoup de genres, dont les rapports font très-prochains, comme ceux du *chenopodium* & de l'*atriplex*, du *poterium* & du *fanguiforba*, de la moitié des liliacées, & de la plupart des graminées. La réunion des rapports n'eft point fon objet; ce n'eft point un ordre naturel, & l'Auteur ne l'a jamais donné pour tel. Bornons-nous donc à le confidérer comme un moyen arti-ficiel, deftiné à nous faire connoître, d'une manière fûre & facile, toutes les efpèces de plantes auxquelles il s'étend.

Sans parler de mille exceptions auxquelles les Tables du *Syftema Naturæ* ne fuppléent point d'une manière fuffifante, la didynamie angiofpermie contient un nombre confidérable de genres, dans lefquels la différence de grandeur entre les étamines eft fouvent in-fenfible, & les plantes qui appartiennent à ces genres, font alors vainement cherchées dans la tetrandrie. Beaucoup de plantes de la tetradynamie font dans le même cas, & feroient par erreur rapportées à l'hexandrie.

La monadelphie & la diadelphie font encore

deux sources perpétuelles de méprises. Une infinité de genres compris dans ces deux classes, ont les étamines libres, ou si elles sont réunies, c'est avec une nuance si délicate, que l'on est souvent embarrassé pour fixer le point auquel doit commencer ou finir la réunion. Tel est le cas de beaucoup de *geranium*, de l'*hermannia*, & de tant d'autres plantes qne l'on négligera de rapporter à la monadephie, tandis que l'on y cherchera par erreur plusieurs liliacées, telles que le *fritillaria imperialis*, le *galanthus*, &c. ainsi que beaucoup de pentandriques.

La réunion des anthères est certainement aussi marquée dans plusieurs *solanum*, dans le *dodecatheon*, le *cyclamen*, le *primula*, &c. que dans le *viola* & l'*impatiens*, qui font partie de la syngénésie. Plus de la moitié des légumineuses s'accordent fort mal avec le titre de la diadelphie ; & enfin la monæcie, la diæcie & la polygamie fournissent une infinité de doubles emplois qui ne font point indiqués.

Je suppose en effet que j'examine les fleurs d'un pied hermaphrodite du *panax*, du *nyssa*, du *aiospyros*, &c. il est certain que si je n'ai pas en même temps occasion d'observer le pied qui porte des fleurs unisexuelles ou mélangées, l'idée ne me viendra pas de faire mes recherches dans la polygamie. Je m'efforcerai au contraire de trouver ma plante dans la pentandrie, l'octandrie ou la décandrie. Si d'un autre côté cette même plante ne portoit que des fleurs toutes mâles ou toutes femelles, la privation de l'autre individu m'empêcheroit de me déterminer entre la polygamie & la diœcie ; & enfin quand je devinerois qu'elle doit être placée dans la diœcie, si c'est un individu femelle, je serai encore arrêté sans pouvoir fixer la section qui est fondée sur le nombre des étamines.

Combien d'ailleurs de plantes, soit dioiques, soit polygamiques, dont les fleurs mâles ne sont prises pour telles que parce que très-souvent leur fruit avorte, mais qui ont néanmoins des pistils très-sensibles !

Mais quand même on seroit parvenu à déterminer la classe à laquelle appartient une plante que l'on a dessein de connoître, il se présente souvent dans la recherche de l'ordre ou dans celle du genre, de nouvelles difficultés qui tiennnent encore à la nature foncièrement vicieuse du système.

Imaginons, par exemple, qu'ayant cueilli un pied du *solanum dulcamara*, j'aie recours au système pour trouver le nom de ma plante; le premier travail qu'exige cette recherche est un choix à faire sur vingt-quatre divisions présentées toutes à la fois; & en supposant que la réunion des étamines ne m'égare pas, je me déciderai pour la pentandrie : trouvant ensuite un second choix à faire sur six autres divisions présentées également à la fois, l'inspection du style solitaire me conduira, si l'on veut, sans difficulté à la monogynie.

Mais ici le système nous transporte tout-à-coup au milieu de cent trente genres, parmi lesquels il faut pour ainsi dire deviner quel est celui qui convient à notre plante. Il est vrai que le célèbre Auteur de cet ouvrage a fait imprimer ailleurs quelques sous-divisions particulières pour nous conduire un peu plus loin; mais il a eu soin de ne les placer que dans des espèces de tables situées à l'entrée des classes, afin de ne pas dégrader son système

qui, quoique plus utile, se seroit alors rap-
proché de la méthode, puisque les caractères
de ces sous-divisions sont empruntés de toutes
sortes de parties.

Il est cependant bien singulier de pouvoir
dire que le système sexuel soit encore, malgré
ses défauts, très-supérieur à tant de méthodes
que l'on a imaginées jusqu'ici, quoique les
Auteurs de ces dernières eussent bien plus
de ressources pour parvenir à leur but, puisqu'ils n'étoient point gênés par l'unité de
principe, & que la facilité de multiplier &
de varier à leur gré les données, devoit
naturellement les conduire à des solutions
plus complètes.

Il ne sera pas difficile de remonter à la
cause qui a gâté & altéré toutes les méthodes,
si l'on considère en premier lieu, que les
Botanistes, qui se sont appliqués à cette espèce
de travail, au lieu de tendre uniquement &
directement à leur but, ont été arrêtés par
des considérations qui leur devenoient tout-à-
fait étrangères. En effet, ils ont tous aspiré
à l'honneur du système, & se sont gênés sur
le choix des moyens, dans la crainte de ne

point affez fimplifier les principes fur lefquels ils établiffoient leurs méthodes. En conféquence, ils ont fait le moins de divifions qu'il leur a été poffible, & ont mieux aimé les appuyer fur des caractères équivoques, que d'en emprunter de toutes les parties des plantes qui pouvoient leur en fournir d'affez marqués, ce qui eût été cependant fe rapprocher de la vraie Botanique, & multiplier les traits de reffemblance entre leur ouvrage & celui de la Nature.

Ce préjugé n'eft pas le feul, dont les méthodes aient eu à fouffrir. On fe fit une loi févère de ne point féparer les plantes qui avoient des rapports communs; comme fi le moyen, qui conduit par des divifions nombreufes jufqu'aux plantes qu'il doit indiquer, pouvoit être un ordre naturel, & comme s'il étoit poffible de faire une feule divifion fans rompre quelque part des rapports marqués.

Il ne faut qu'ouvrir l'Ouvrage de M. de Tournefort, pour y reconnoître, fi j'ofe le dire, l'abus qu'il a fait de fon efprit, en fe retournant de mille manières, pour éviter de prétendus inconvéniens, dont il n'a pu cependant garantir fa méthode.

En effet, ce fut par le defir de conferver les rapports, que pour caractérifer fa neuvième claffe, il abandonna la confidération de la corolle, & n'employa que celle du fruit. Il auroit pu cependant s'apercevoir que dans le peu de divifions qu'il avoit faites, il avoit déjà rompu trop d'affinités, pour tenir encore à fon opinion. Car combien de plantes, dont les rapports font très-frappans, fe trouvent féparées par fa première diftribution, qui met d'un côté les fous-arbriffeaux & les herbes, & de l'autre, les arbriffeaux & les arbres, quoique d'ailleurs cette diftribution foit très-peu circonfcrite, & devienne embarraffante dans bien des cas, lorfqu'on arrive à la nuance par laquelle les tiges ligneufes femblent fe confondre avec les tiges herbacées? En un mot, pouvoit-il ignorer que les titres de fa première & feconde claffes, le forçoient de féparer le *convolvulus* du *quamoclit*, le *gen-tiana* du *centaurium minus*, &c. fans qu'il eût cependant pourvu à la fûreté du prin-cipe & à la netteté de ces deux divifions,

puifqu'elles

puifqu'elles renferment le *veronica*, l'*hyoſcyamus*, l'*echium*, &c. qui feroient vainement cherchés dans la claſſe qui indique pour caractère une corolle monopétale & irrégulière ! C'eſt ainſi qu'une marche gênée, & pour ainſi dire in-conféquente, défigure cette méthode ſi digne d'ailleurs d'être applaudie, ſur-tout ſi l'on ſe tranſporte à l'époque où vivoit l'Auteur, & ſi l'on fait attention à l'eſpace qu'il a franchi tout d'un coup, & à ſes progrès rapides dans une ſcience, dont il a encore plus perfectionné l'étude par ſon génie, qu'étendu le règne par ſes ſavans Voyages.

TROISIÈME PARTIE.

De la meilleure manière de voir & de travailler en Botanique.

AVANT de faire connoître la méthode que j'ai ſubſtituée à tous les moyens défectueux, employés juſqu'ici pour nous conduire à la connoiſſance des plantes, je crois qu'il eſt eſſentiel de fixer le véritable point de vue, ſous lequel la Botanique doit être enviſagée,

Tome I. *d*

& d'examiner les reſſources que la Nature nous offre pour la connoître relativement aux bornes de nos facultés, & la manière de tirer de ces reſſources le parti le plus avantageux.

Il me paroît d'abord évident que tout ce que l'on peut propoſer de principes ſur la matière dont il s'agit, ſe réduit à deux objets indiſpenſables.

Le premier conſiſte à fournir le moyen le plus ſûr & le plus facile pour réſoudre, dans tous les cas particuliers, ce problème général. *Étant donnée une production du règne végétal, trouver le nom que les Botaniſtes lui ont aſſigné?*

Cette découverte, en effet, nous met à portée de conſulter tous les Ouvrages qui ont été écrits ſur les Plantes, de profiter de toutes les obſervations que l'on a faites ſur l'objet particulier que nous examinons, d'en connoître les propriétés, les uſages, & même de le comparer avec les êtres du même genre, auxquels il reſſemble davantage.

Mais quelque ſatisfaiſante que fût la manière dont cette première vue eût été remplie, l'ordre & la liaiſon des idées, ſi néceſſaire dans les Sciences, exigeroient que la Botanique fît un pas de plus. On fent en effet qu'il manqueroit à l'étude du règne végétal, un afpect fous lequel on pût le confidérer dans fon enfemble, & qui nous préfentât la fuite des affinités que l'on a obfervées dans les plantes, & la chaîne admirablement graduée qu'elles paroiffent former, du moins en une multitude d'endroits, lorfqu'on les rapproche en raifon de ces affinités. L'ordre dont je parle, réuniroit le double avantage de nous montrer d'une part la Nature en grand, & de nous donner de l'autre une idée nette de chaque être, en nous indiquant fes rapports avec tous les autres individus, & en le plaçant dans un point où il recevroit & renverroit la lumière de toutes parts.

Mais ici il fe préfente une queftion qui me paroît de la plus grande importance. Peut-on remplir à la fois les deux objets que je viens de citer ! c'eft-à-dire eft-il poffible que le moyen qui doit nous faire découvrir les noms que les Botaniftes ont donnés aux plantes que nous cherchons à connoître, puiffe en même temps nous offrir la gradation de tous les rapports particuliers qui lient les plantes entre elles?

Pour moi, je ne balance point à me décider pour la négative, & j'établis cette opinion fur deux propofitions dont il me semble que la vérité ne peut être contestée.

Premièrement on ne peut dans un ouvrage de Botanique, de quelque nature qu'il foit, nous conduire par la voie la plus courte & la plus facile à la connoiffance des plantes, dont cet Ouvrage renfermeroit les noms & les caractères, fi ce n'eft à l'aide d'un nombre de divifions, proportionné à celui des plantes qui y feroient indiquées.

Suppofons, en effet, qu'un Ouvrage contienne la defcription exacte de dix mille végétaux, & que quelqu'un ayant cueilli une plante qu'il fait être l'une des dix mille, fe propofe d'en découvrir le nom, il eft certain que fi l'Ouvrage n'offre aucune divifion, il faudra lire toutes les defcriptions l'une après l'autre, jufqu'à ce que l'on foit parvenu à celle de la plante obfervée, & l'on fent combien une pareille recherche devient pénible & ingrate dans une multitude de cas.

Mais si l'Ouvrage, dont je parle, contenoit deux grandes divisions, la première attention de l'Observateur, seroit d'examiner les titres de ces divisions, pour se déterminer en faveur de l'une ou de l'autre, d'après l'inspection de la plante; & le choix étant fait, il seroit encore obligé de faire ses recherches parmi cinq mille descriptions, au risque de les lire toutes, si sa plante se trouvoit la dernière. Il est inutile d'aller plus loin, pour faire voir que le travail, tout compensé, s'abrégeroit à proportion que les divisions seroient plus nombreuses; & c'est ici une de ces propositions, dont le simple développement suffit pour les démontrer.

J'ajoute maintenant que l'on ne peut en Botanique, ni probablement dans toutes les autres parties de l'Histoire Naturelle, faire une seule division nette & tranchante, qui ne rompe quelque part des rapports très-marqués, d'où il faudra conclure qu'un système ou une méthode qui renferme nécessairement un certain nombre de divisions, ne peut être un ordre naturel.

C'est principalement de l'observation que

l'on peut déduire la preuve de la proposition précédente. Or, j'ai fait des recherches sur tous les caractères possibles, & je puis assurer qu'il ne s'en est trouvé aucun qui ait soutenu l'épreuve.

La division tirée des feuilles séminales ou des cotyledons, qui paroît d'abord assez naturelle, offre cependant un grand nombre de séparations frappantes; elle écarte considérablement les *alisma* & le *sagittaria* du genre des *ranunculus* avec lequel ces plantes ont plus de rapport qu'avec les joncs & les graminées. Le *ranunculus glacialis* même se trouve alors rejeté très-loin de son genre, étant *monocotyledon*, comme j'ai eu occasion de l'observer il y a quelques années au Jardin du Roi. M. Linné indique les *melocactus* de M. de Tournefort comme *monocotyledons*, & les *opuntia* du même Auteur, comme *dicotyledons*, quoiqu'il croie devoir réunir ces plantes sous un même nom générique, tant leurs autres rapports sont sensibles. M. de Jussieu de son côté place au Jardin royal, dans la division des *monocotyledons*, l'*orobanche*, le *lathræa*, l'*utricularia* & le *pinguicula*, qu'il sépare des labiées

perſonnées pour les placer entre les fougères &
les mouſſes. Il range auſſi dans la même lignée
le genre du *menianthes* qui ſe trouve alors,
comme on voit, très-écarté de l'*hottonia*,
du *ſamolus* & du *lyſimachia*, qui ont cependant beaucoup plus de rapport avec lui que les
mouſſes & les fougères.

Que ſeroit-ce ſi la manière dont lèvent
les plantes, étoit auſſi connue des Botaniſtes
qu'elle peut l'être des Jardiniers par rapport
au petit nombre de végétaux que ces derniers
cultivent! Comment d'ailleurs être à portée
d'obſerver dans les champignons, les lichens,
les mouſſes, &c. cette première époque du
développement des germes?

Les diviſions empruntées des autres parties
de la plante, rompent encore un bien plus
grand nombre d'affinités. Veut-on, par exemple,
employer la conſidération du fruit! alors les
labiées, ainſi que les bourraches, ſeront re-
jetées fort loin des perſonnées, celles-ci
ayant leurs ſemences renfermées dans une
capſule, &c. Si l'on eſſayoit enſuite d'établir
ſes diviſions d'après la diſtinction de la baie
d'avec la capſule, on ſépareroit néceſſairement

le *folanum* du *capficum*, le *vaccinium* de l'andromeda, ainſi que beaucoup d'autres plantes
qui ſe trouvent d'ailleurs ſi bien liées. La
poſition du fruit, tantôt ſupérieur & tantôt
inférieur au réceptacle, détacheroit l'*agave*
de l'*aloès*, diviſeroit les ſaxifrages, &c. En
un mot, le nombre des loges, la forme des
ſemences, & tous les aſpects poſſibles ſous leſquels on peut conſidérer le fruit, donneroient
par-tout des coupes bizarres qui troubleroient
l'harmonie des autres parties.

On me diſpenſera, ſans doute, de citer
tant d'autres caractères, tels que la corolle
monopétale ou polypétale qui ſépare une
moitié des liliacées d'avec l'autre ; la corolle
régulière ou irrégulière qui diviſe les *geranium*,
écarte l'*iberis* des crucifères, l'*echium* des bora-
ginées, &c. les étamines définies ou indéfinies,
qui rompent la communication entre le *poterium* & le *ſanguiſorba*, entre le *ſedum* &
le *ſemper-vivum*, diviſent le *cleome*, le
lithrum, &c.

En un mot, pour que l'on pût faire une
ſeule diſtribution, ſans violer la loi des
rapports, il faudroit que les mêmes caractères

exiſtaſſent tous à la fois, & excluſivement, dans les mêmes groupes de plantes. Mais comme la Nature les a au contraire mélangés, & diverſement combinés, il arrive qu'à l'endroit où les uns ſe terminent, les autres ont encore un certain eſpace de la chaîne à parcourir, & que l'on ne peut ſaiſir nulle part aucun point commun de ſéparation.

C'eſt ici, ce me ſemble, le nœud de la difficulté; & la diſcuſſion dans laquelle je viens d'entrer, doit achever de dévoiler la cauſe des obſtacles étonnans que les Botaniſtes ont rencontrés par-tout dans la formation de leurs ſyſtèmes & de leurs méthodes. Ils ont tous cherché, du moins juſqu'à un certain point, à réunir les deux objets dont il s'agit ici, & ſe ſont efforcés mal-à-propos de ſaiſir en même temps la Nature par deux côtés différens, dont ils ne pouvoient tenir l'un, ſans que l'autre leur échappât.

Je termine cet article intéreſſant par une réflexion très-ſimple, qui vient à l'appui de tout ce que j'ai dit précédemment. Il en eſt des ſyſtèmes & des méthodes deſtinées à nous faire connoître les noms que l'on a donnés aux plantes, comme de ces noms eux-mêmes. Ni les uns, ni les autres ne font dans la Nature ; ce ne font que des moyens artificiels, dont on eft convenu pour s'entendre : tout eft ici l'ouvrage de l'homme. Au contraire, un ordre fait pour nous montrer la fuite de tous les rapports de reffemblance qui exiftent entre les plantes, confidérées dans toutes leurs parties, ne peut être arbitraire. Le plus ou le moins, à cet égard, a un fondement dans la chofe même. Pourquoi donc vouloir réunir dans un même plan, deux objets tout-à-fait indépendans l'un de l'autre ; fi ce n'eft que le premier nous fert comme de degrés pour arriver jufqu'au fecond, vers lequel il n'a point été donné à l'efprit humain de s'élever par un premier effor ?

QUATRIÈME PARTIE.

Des moyens employés dans cet Ouvrage, pour faciliter l'étude de la Botanique.

JE me propofe dans cette dernière Partie, de mettre le Lecteur à portée d'apprécier les efforts que j'ai faits pour exécuter le feul plan qui puiſſe, ſelon moi, ramener l'étude de la Botanique à ſes véritables principes. Les détails dans leſquels je ſuis obligé d'entrer à cet égard, feront la matière de deux ſections aſſez étendues, dont la première traitera de l'analyſe, qui eſt le moyen que j'ai choiſi pour conduire à la connoiſſance des plantes ; & l'autre ſera deſtinée à expoſer la marche qui me paroît la plus avantageuſe pour réuſſir dans la formation d'un ordre naturel.

ARTICLE PREMIER.

De l'analyſe, ou des principes d'une méthode artificielle, dont l'objet unique eſt de faire connoître le nom des Plantes obſervées.

UNE bonne méthode en Botanique, eſt pour ainſi dire, un guide éclairé qui voyage par-tout avec nous, que nous pouvons conſulter à chaque inſtant, qui plaît même d'autant plus, qu'il exige toujours des recherches de notre part, & déguiſe les leçons qu'il nous donne ſous l'apparence flatteuſe d'une découverte.

Il eſt certain que dans un Ouvrage de

cette nature, c'eſt à l'utilité qu'il faut principalement s'attacher, au point même de ſacrifier tout le reſte, s'il eſt néceſſaire, à cet objet eſſentiel. D'après cette conſidération, il me ſemble que tout Auteur qui compoſe une méthode, quels que ſoient les moyens qu'il emploie d'ailleurs, doit néceſſairement partir des deux principes ſuivans, comme de deux loix fondamentales ſuffiſamment démontrées par tout ce qui a été dit dans l'article précédent.

PREMIER PRINCIPE. Aucune partie des plantes priſe à l'excluſion des autres, ne fourniſſant ſeule aſſez de caractères pour remplir l'objet direct d'une diſtribution quelconque; il eſt néceſſaire de faire uſage de tous les caractères que les plantes peuvent offrir, & d'en emprunter indiſtinctement de toutes leurs parties, ayant ſeulement attention de rejeter, autant qu'il ſera poſſible, ceux dont l'obſervation ſeroit trop délicate.

SECOND PRINCIPE. Ayant reconnu qu'on ne peut faire une ſeule diviſion qui ne rompe quelque part des rapports très-marqués, on doit ſe mettre parfaitement à ſon aiſe ſur cet objet, s'occuper uniquement de la fûreté de la méthode, former des divifions tranchantes & circonfcrites par des définitions à l'abri de toute équivoque, fans avoir égard aux féparations frappantes que ces divifions peuvent occafionner.

Ces principes une fois établis, il eft à propos de donner une idée de la méthode que j'ai exécutée dans cet Ouvrage. Imaginons, pour plus de fimplicité, qu'il n'exifte dans la Nature, que les douze efpèces de plantes qui fuivent :

Hieracium murorum. Lin.
Anthemis cotula.
Polypodium filix mas.
Alfine media.
Salvia pratenfis.
Agaricus campeftris.
Pyrus communis.
Bryum murale.
Bellis perennis.
Anagallis arvenfis.
Boletus luteus.
Carduus marianus.

Suppofons qu'ayant obfervé ces plantes avec foin, je me propofe d'en faire l'analyfe ;

je choifirai d'abord deux caractères qui s'excluent dans la même efpèce, & dont le premier convienne à une partie de mes plantes, & le fecond appartienne à tout le refte. Ces deux caractères feront, par exemple, l'exiftence bien marquée des étamines & piftils d'une part; & de l'autre l'abfence, du moins apparente, de ces mêmes parties. Cette première divifion me fournira deux titres que je placerai à la tête de l'analyfe; & fi mes caractères font bien tranchans, je verrai mes plantes fe partager & fe ranger chacune fous le titre auquel elle appartiendra, ce qui me donnera deux groupes bien détachés, comme dans l'exemple fuivant:

Fleurs dont les étamines & piftils peuvent aifément fe diftinguer.	Fleurs nulles ou dont les étamines & piftils ne peuvent fe diftinguer.
Carduus marianus.	*Polypodium filix mas.*
Hieracium murorum.	*Agaricus campeftris.*
Anagallis arvenfis.	*Boletus luteus.*
Salvia pratenfis.	*Bryum murale.*
Bellis perennis.	
Alfine media.	
Pyrus communis.	
Anthemis cotula.	

Pour ne point trop embraſſer d'objets à la fois, je reprendrai d'abord le premier membre de diviſion qui eſt compoſé de huit plantes, & je le traiterai comme j'ai fait la totalité des douze plantes, à l'aide de deux nouveaux caractères tirés de la réunion ou de la non-réunion des fleurs dans un calice commun.

E X E M P L E.

Fleurs dont les étamines & piſtils peuvent aiſément se diſtinguer.

Fleurettes nombreuſes, réunies dans un calice commun.	Fleurs libres, & non réunies dans un calice commun.
Carduus marianus.	*Anagallis arvenſis.*
Hieracium murorum.	*Salvia pratenſis.*
Bellis perennis.	*Alſine media.*
Anthemis cotula.	*Pyrus communis.*

Le premier des titres précédens, auquel je me borne encore pour éviter la confuſion, me fournit une nouvelle diviſion fondée ſur la forme des fleurettes.

EXEMPLE.

Fleurettes nombreuses, réunies dans un calice commun.

Fleurettes de même sorte; elles sont toutes en cornet, ou toutes en languette.	Fleurettes de deux sortes; les unes en cornet, & les autres en languette.
Carduus marianus. *Hieracium murorum.*	*Bellis perennis.* *Anthemis cotula.*

Maintenant que mes plantes ne se trouvent plus que deux à deux, je puis les caractériser séparément, & les isoler à l'aide d'une dernière division.

PREMIER CAS.

Fleurettes de même sorte, toutes en cornet ou toutes en languette.

Fleurettes toutes en cornet.	Fleurettes toutes en languette.
Carduus marianus.	*Hieracium murorum.*

SECOND

SECOND CAS.

Fleurettes de deux sortes, les unes en cornet, & les autres en languette.

Réceptacle nu & sans paillettes.	Réceptacle chargé de paillettes.
Bellis perennis.	*Anthemis cotula.*

Je remonte par ordre aux différens membres de division que j'avois abandonnés; le premier qui s'offre est celui qui comprend des fleurs non réunies dans un calice commun. L'aspect de la corolle m'indique une nouvelle ligne de séparation.

EXEMPLE.

Fleurs libres & non réunies dans un calice commun.

Corolle monopétale ou d'une seule pièce.	Corolle polypétale, ou de plusieurs pièces.
Anagallis arvensis.	*Alsine media.*
Salvia pratensis.	*Pyrus communis.*

Je trouve encore dans la considération de la corolle un moyen de distinguer les deux plantes du premier titre.

Tome I. e

EXEMPLE.

Corolle monopétale.

Corolle régulière.	Corolle irrégulière.
Anagallis arvensis.	*Salvia pratensis.*

La différence du nombre des étamines terminera l'analyse par rapport au cas de la corolle polypétale.

EXEMPLE.

Corolle polypétale.

Dix étamines ou moins.	Onze étamines ou plus.
Alsine media.	*Pyrus communis.*

J'ai analysé maintenant toutes les plantes qui appartiennent au premier membre de la grande division, fondée sur la présence ou l'absence des étamines & des pistils. Je reprends le second membre; & comme il n'est composé que de quatre plantes, je n'aurai besoin que de trois opérations pour les séparer.

Première Opération.

Fleurs nulles, ou dont les étamines & pistils ne peuvent se distinguer.

Plantes qui ont des feuilles & dont la fructification est sensible, mais indistincte.	Plantes sans feuilles & dont la fructification n'est ni distincte, ni même sensible.
Polypodium filix mas. *Bryum murale.*	*Agaricus campestris.* *Boletus luteus.*

Seconde Opération

Relative au premier cas de la division précédente.

Plantes qui ont des feuilles & dont la fructification est sensible, mais indistincte.

Fructifications pulvéri-formes, disposées sur le dos des feuilles.	Fructifications anthéri-formes, pédonculées & terminant les tiges.
Polypodium filix mas.	*Brium murale.*

TROISIÈME OPÉRATION

Pour séparer les deux seules plantes qui restent.

*Plantes sans feuilles, & dont la fructification n'est
ni distincte, ni même sensible.*

Chapeau doublé de lames.	Chapeau doublé de pores ou de tuyaux.
Aganicus campestris.	*Boletus luteus.*

C'est par une suite de divisions semblables à celles que l'on vient de voir, que je suis parvenu à analyser l'ensemble de toutes les plantes qui croissent naturellement en France. Mais pour donner aussi une idée de la marche que doit suivre l'Observateur dans la recherche du nom des plantes, je vais présenter de nouveau le travail précédent, sous la forme qu'il doit avoir relativement à cet objet. J'en ferai ensuite l'application à un cas partiuclier.

ANALYSE.

| Fleurs dont les étamines & piſtils peuvent aiſément ſe diſtinguer. 1. | Fleurs dont les étamines & piſtils ſont nuls, ou ne peuvent ſe diſtinguer. 16. |

1.

Fleurs dont les étamines & piſtils peuvent aiſé-ment ſe diſtinguer... { Fleurettes nombreuſes, réunies dans un calice com-mun............. 2.
Fleurs libres & non réunies dans un calice commun.. 9

2.

Fleurettes nombreuſes, réunies dans un calice commun.......... { Fleurettes de même ſorte; elles ſont toutes en cornet, ou toutes en languette..... 3
Fleurettes de deux ſortes, les unes en cornet, & les autres en languette..... 6

3.

Fleurettes de même ſorte.......... { Fleurettes toutes en cornet............. 4
Fleurettes toutes en lan-guette............. 5

4.   Fleurettes toutes en cornet.

Carduus marianus.

5.   Fleurettes toutes en languette.

Hieracium murorum.

6.

Fleurettes de deux sortes. . . . . {
Réceptacle nu & sans paillettes. 7
Réceptacle chargé de paillettes. 8

---

7.   Réceptacle nu & sans paillettes.
Bellis perennis.

---

8.   Réceptacle chargé de paillettes.
Anthemis cotula.

---

9. *Fleurs libres & non réunies dans un calice commun.* . . . . {
Corolle monopétale. . 10
Corolle polypétale. . . 13

---

10. *Corolle monopétale.* . {
Corolle régulière. . . . 11
Corolle irrégulière. . . 12

---

11.   Corolle régulière.
Anagallis arvensis.

---

12.   Corolle irrégulière.
Salvia pratensis.

---

13. *Corolle polypétale.* . . {
Dix étamines ou moins. 14
Onze étamines ou plus. 15

---

14.   Dix étamines ou moins.
Alsine media.

---

15.   Onze étamines ou plus.
Pyrus communis.

16, *Fleurs nulles, ou dont les étamines & piftils ne peuvent fe diftinguer* . . . . {
Plantes qui ont des feuilles, & dont la fructification eft fenfible, mais indiftincte. 17

Plantes fans feuilles, & dont la fructification n'eft ni diftincte, ni fenfible. . . 20

17. *Plantes qui ont des feuilles, & dont la fructification eft fenfible, mais indiftincte* . . . . {
Fructifications pulvériformes, difpofées fur le dos des feuilles. 18

Fructifications anthériformes, pédonculées & terminant les tiges. 19

18. Fructifications pulvériformes, difpofées fur le dos des feuilles.

Polypodium filix mas.

19. Fructifications anthériformes, pédonculées & terminant les tiges.

Bryum murale.

20. *Plantes fans feuilles, & dont la fructification n'eft ni diftincte, ni fenfible* . . {
Chapeau doublé de lames. . . . . 21.

Chapeau doublé de pores ou de tuyaux. 22

21. Chapeau doublé de lames.

Agaricus campeftris.

22. Chapeau doublé de pores ou de tuyaux.

Boletus luteus.

e iv

Suppofons maintenant qu'un Obfervateur, ayant cueilli l'*alfine media,* ait recours à l'analyfe précédente pour trouver le nom de cette plante ; l'infpection des étamines & du piftil, qui s'aperçoivent très-diftinctement au milieu de la fleur, le décidera pour le premier titre de la première divifion : le n.° 1 , qui fe trouve au-deffous de ce titre, le renverra à celle des divifions inférieures qui porte ce même numéro ; c'eft elle qui fuit immédiatement. Derrière cette divifion , on retrouve l'indication du caractère choifi précédemment, & la divifion elle-même préfente deux nouveaux titres, entre lefquels il s'agit encore de fe déterminer. L'Obfervateur, ayant remarqué que les fleurs de la plante qu'il tient ne font point réunies dans un calice commun, adoptera le fecond titre qui porte le numéro 9. Cherchant enfuite ce même numéro à côté de quelqu'une des divifions fuivantes , il tombera fur celle qui offre un choix à faire entre la corolle monopétale & la corolle polypétale ; un coup-d'œil jeté fur la fleur, le décidera pour le fecond titre, & le numéro 13 , qui porte ce titre, le renverra un peu plus bas, où il trouvera une nouvelle diviſion fondée ſur le nombre des étamines. Quoique ce nombre ſoit variable dans l'*alſine*, il ne paſſe jamais 10, ce qui fixe le choix dans tous les cas pour le premier titre Enfin, le n.° 14, qui eſt à côté de ce titre, conduira l'Obſervateur au nom même de la plante qu'il cherchoit à connoître.

Je dois obſerver ici que la manière de procéder dans une analyſe ne peut être arbitraire, & qu'encore qu'il paroiſſe indifférent au premier coup-d'œil d'employer telle diviſion plutôt que telle autre, la marche, qui fera trouver le nom de la plante, doit cependant être combinée d'après certaines règles que je réduis à deux. La première eſt que l'on parvienne au but par la voie la plus ſûre. La ſeconde eſt que cette voie ſoit en même-temps la plus courte poſſible.

Ces deux règles étant la baſe de toute méthode analytique, doivent être par conſéquent combinées de façon qu'elles ſe croiſent le moins qu'il ſe pourra ; & dans le cas où l'une ne pourroit être obſervée qu'aux dépens de l'autre, ce feroit alors la ſeconde qu'il faudroit facrifier en partie à la première, qui ne fauroit être trop refpectée; c'eft fur quoi il me paroît néceffaire d'infifter, pour donner une jufte idée de mon travail.

La première loi, qui tend à la fûreté de l'analyfe, nous prefcrit de ménager les divifions avec tant d'art, que les définitions fur lefquelles feront établies ces divifions, foient toujours très - circonfcrites, & n'expriment que des caractères qui ne foient nullement fufceptibles de varier dans les plantes réunies fous un même titre.

Cette loi ne fouffriroit aucune difficulté dans l'exécution, fi nous avions des genres artificiels bien faits, & qui, à l'aide d'un caractère tranchant & choifi indépendamment de tout rapport prétendu naturel, raffemblaffent un certain nombre de plantes fous un même point de vue bien terminé, & dont les extrémités fuffent auffi fenfibles que le milieu. Mais, faute de ce fecours, j'ai été obligé en mille occafions de prendre un biais, pour éviter toutes les irrégularités des genres, & ne rien laiffer, s'il étoit poffible, à l'arbitraire.

Suppofons, par exemple, que je veuille analyfer les genres du *geranium*, du *ranunculus*, du *polygonum*, du *thefium* & du *trifolium*.

Si je commence par diftinguer entre les corolles régulières & les irrégulières, pour mettre à part le *trifolium*, je féparerai beaucoup d'efpèces de *geranium*, dont les corolles ne font pas tout-à-fait régulières. Si je diftingue, au contraire, entre les corolles monopétales & les polypétales, afin de détacher le *polygonum* & le *thefium*, je n'aurai plus rien de fixe par rapport aux *trifolium*, dans lefquels le caractère de la corolle polypétale eft équivoque. Si je me retourne d'une autre façon, & que j'établiffe ma divifion fur la différence des calices monophyles d'avec les polyphyles, pour me défaire encore du *trifolium*, je fépare de nouveau plufieurs efpèces de *geranium* qui ont le calice d'une feule pièce. Si enfin je me rejette fur le nombre des étamines, pour mettre de côté le *thefium* ou quelqu'autre des genres nommés ci-deffus, celui du *polygonum*, & même celui du *geranium*, fe trouveront démembrés.

Pour éviter les obstacles que présentent
de toutes parts ces divisions vagues & indé-
terminées, je commencerai par séparer les
fleurs qui ont une corolle & un calice, d'avec
celles qui n'ont qu'une de ces deux parties;
& alors j'aurai d'un côté les *geranium, ranunculus & trifolium*, & de l'autre les *polygonum
& thesium*. Je sous-diviserai ensuite, d'une
part, en séparant les fleurs qui ont des ovaires
nombreux de celles qui n'en ont qu'un seul,
& de l'autre, en employant la considération
de l'ovaire, tantôt supérieur, tantôt inférieur,
&c. comme dans l'exemple ci-dessous.

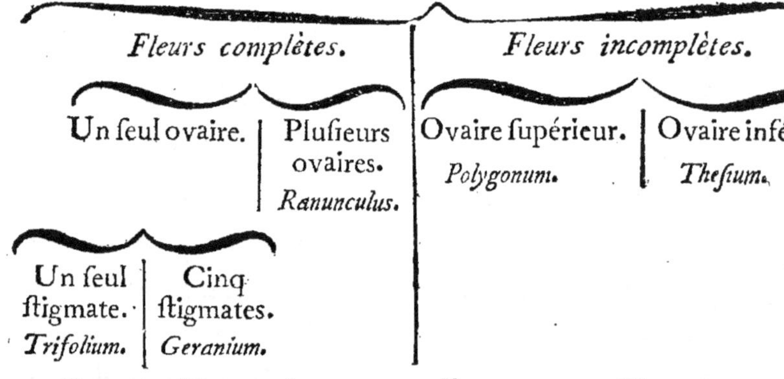

Quoiqu'il y ait beaucoup d'autres caractères
qui différencient ces genres, il n'y en a pas
qui les divisent plus simplement, plus nettement & plus également que ceux dont je

viens de faire ufage. Cependant quelqu'effort que j'aie fait, pour parer aux difficultés qui naiffent de l'irrégularité des genres, on verra bien que je n'ai pas toujours pu réuffir pleinement; mais j'ofe dire que ce n'eft ni ma faute, ni celle des principes que j'emploie, & je ne doute pas que je ne parvinffe à porter dans l'analyfe toute la fûreté dont elle eft fufceptible, fi j'avois acquis le droit d'opérer une révolution en Botanique, & de former de nouveaux genres à l'abri de toute variation.

La feconde règle, indiquée ci-deffus, exige que l'on arrive au but en général par la voie la plus courte, quand cet avantage peut fe concilier avec celui de la plus grande fûreté. Or le moyen pour y réuffir, eft de préférer toujours les divifions qui partagent l'enfemble des êtres le plus également poffible. On a pu voir, dans le modèle d'analyfe que j'ai donné au commencement de cet article, qu'à la réferve de la première divifion qui met huit plantes d'un côté & quatre de l'autre, ce qui étoit indifpenfable pour la certitude de la méthode, toutes les autres divifions répartiffent également les plantes auxquelles elles s'étendent.

Mais, si ayant à faire l'analyse de tout le règne végétal, je commençois par former la distribution suivante :

Fleurs dont les étamines très-sensibles, sont toujours composées d'anthères sessiles.	Fleurs dont les étamines lorsqu'elles sont sensibles, sont composées d'anthères pédiculées.

Il certain que, quelque défectueuse que fût d'ailleurs cette distribution, elle partageroit le règne végétal si inégalement, que presque toutes les plantes connues seroient comprises dans le second membre. Or, si ce même membre étoit sous-divisé plusieurs fois de suite avec la même inégalité, il en résulteroit qu'un petit nombre de plantes seroit indiqué par une voie très-abrégée, tandis qu'il s'en trouveroit une multitude d'autres auxquelles on n'arriveroit que par un travail considérable, & à travers un nombre infini de divisions accumulées. Et quoique l'on regagnât en quelque sorte d'un côté ce que l'on perdroit de l'autre ; cependant une pareille marche ne seroit pas en général la plus courte possible, outre que l'Observateur lui-même ne se sentiroit pas dédommagé par la brièveté du travail en certaines circonſtances, de la longueur rebutante des recherches qu'il ſeroit obligé de faire dans les autres cas.

Il eſt bon de prévenir ici une difficulté ; il paroît d'abord qu'une marche aſſujettie à l'analyſe, doit toujours être extrêmement longue en elle-même, ſur-tout ſi le nombre des plantes analyſées eſt conſidérable, comme ſeroit, par exemple, un nombre de quatre mille plantes. Car chaque diviſion n'ayant jamais que deux membres, il faudra, ce ſemble, parcourir un très-grand nombre de ces diviſions avant d'arriver à l'unité, c'eſt-à-dire, à un titre qui n'appartienne plus qu'à une ſeule plante.

Cette objection ne frappera que ceux qui ignorent la nature des progreſſions géométriques. En effet, ſi l'on diviſe continuellement par 2 la ſomme 4096, dès la onzième diviſion, on arrivera à l'unité ; & ſi l'on trouvoit que ce fût encore trop de onze diviſions à parcourir pour chaque plante, l'une portant l'autre, j'obſerverai que ce travail peut être abrégé au moins d'un tiers dans une multitude de cas. En effet, ſi l'on jette les yeux ſur notre analyſe, on verra d'abord que le

numéro placé à côté du premier membre
de chaque divifion, renvoie toujours à la
divifion qui fuit immédiatement. Ainfi, avec
un peu d'ufage, on pourra d'un coup-d'œil
parcourir quatre ou cinq divifions, ce qui,
dans certains cas, abrégera de beaucoup
l'opération. Par rapport aux numéros qui
appartiennent aux feconds membres des divifions, & qui fouvent renvoient affez loin,
il eft bien difficile qu'un Obfervateur, qui
fe feroit un peu familiarifé avec l'analyfe,
n'eût pas retenu par cœur les premiers de ces
numéros qui reviennent à chaque inftant,
ainfi que les divifions auxquelles ils répondent,
avantage qui le difpenferoit encore d'une
partie des recherches à faire pour arriver
au but.

On voit, par tout ce qui vient d'être
dit, que l'analyfe n'eft autre chofe qu'une
méthode continue *, mais dont l'ufage eft

---

* *Nota.* La méthode d'analyfe eft, à proprement parler,
une méthode de diffection. J'ai préféré la dénomination
d'analyfe, comme plus naturelle, outre qu'elle convient
jufqu'à un certain point à cet Ouvrage, dont le but eft de
defcendre de l'enfemble des plantes à chacune d'elles en
particulier.

d'autant

d'autant plus facile, que l'on n'a jamais à choifir qu'entre deux caractères, dont l'un appartient à la plante à l'exclufion de l'autre, & dont la coexiftence dans le même individu impliqueroit contradiction. C'eft ce qui diftingue ma méthode de toutes les autres, qui, fans parler du grand nombre d'objets entre lefquels elles laiffent le plus fouvent l'Obfervateur indécis & embarraffé, lui offrent un choix à faire parmi des caractères qui ordinairement fe rapprochent l'un de l'autre, ou font tout au plus difparates, mais rarement incompatibles.

Un autre avantage que l'analyfe a fur les fyftèmes & les méthodes qui ont paru jufqu'ici, c'eft que dans le cas où les caractères font tirés du nombre de certaines parties, telles que les pétales, les étamines, &c. nous avons eu foin d'épargner à l'Obfervateur la peine de compter exactement ces mêmes parties, ce qui fouffre quelquefois de la difficulté, fur-tout par rapport à des parties auffi délicates que les étamines. L'analyfe préfente prefque toujours une limite en-deçà & au-delà de laquelle fe trouvent les deux caractères entre lefquels il s'agit de choifir, comme

Tome I.   *f*

on peut le voir par le *n.° 13*, dans le modèle
exécuté ci-deſſus. Ou ſi enfin le nombre des
étamines eſt indiqué par quelques titres d'une
manière définie, c'eſt qu'alors il n'eſt pas aſſez
conſidérable pour échapper à un œil tant ſoit
peu exercé.

Quant aux noms que j'ai donnés aux
plantes qui ſe trouvent décrites dans le cours
de l'analyſe, je me ſuis ſervi le plus ſouvent
de ceux de M. Linné, que j'ai traduits en
françois, mon ouvrage étant écrit dans cette
langue: J'y ai joint le ſynonyme de M. de
Tournefort; & à l'aide de ces deux indica-
tions, on retrouvera, ſans beaucoup de peine,
les ſynonymes de tous les autres Auteurs qui
ont traité de la Botanique. Lorſque la formation vicieuſe d'un genre par M. Linné
m'a forcé d'abandonner ſa dénomination, j'en
ai formé une nouvelle d'après M. de Tournefort, ou quelqu'Auteur célèbre, & je ne
l'ai compoſée que du nom générique employé
par mon Auteur, & d'une épithète qui rend,
autant qu'il eſt poſſible, la principale idée
exprimée dans le reſte de ſa phraſe.

Je ne puis m'empêcher de faire ici quelques

obſervations ſur la nomenclature de la Botanique, qui eſt devenue la partie la plus difficile
de la ſcience, par les changemens continuels
que chaque Auteur s'eſt cru en droit de lui
faire ſubir. Les noms ne ſont, comme l'on
ſait, que les ſignes de nos idées; & ces ſignes
parfaitement arbitraires dans leur première
inſtitution, n'acquièrent de valeur réelle &
ſolide que par l'uſage conſtant qui en fixe
l'acception. Cette raiſon auroit dû, ce me
ſemble, engager les Botaniſtes à les reſpecter
un peu davantage.

L'invention des genres eſt d'un grand
ſecours pour ſoulager la mémoire, en diminuant la ſomme des termes employés pour
former les noms. Mais n'eſt-ce pas détruire
l'avantage que l'on peut retirer de ces dénominations communes à pluſieurs eſpèces, que
de convertir, comme a fait M. Linné, le
nom de *mays* en *zea*, celui de *ſyringa* en
phyladelphus, celui de *jalapa* en *mirabilis*,
celui d'*onagra* en *ænothera*, celui de *ſalicaria*
en *lythrum*, &c! Quel motif peut donc avoir
eu cet illuſtre Auteur de rajeunir des noms
ignorés, pour les ſubſtituer à ceux qu'un

long ufage avoit rendu familiers aux Botaniftes! & n'auroit-il pas dû fentir combien
les mots devenoient par-là nuifibles aux chofes
même, & combien c'étoit rendre l'étude de
la fcience pénible & rebutante, en la furchar-
geant d'une érudition déplacée, & en mettant
fouvent les Botaniftes dans le cas de ne plus
s'entendre les uns les autres!

De la formation des genres, naît la néceffité des noms génériques; & de la détermination des efpèces, réfulte l'utilité des noms
triviaux, qu'on doit plutôt appeler *noms fpécifiques*, & qui fervent aux premiers comme
d'adjectifs. On ne fauroit méconnoître ici
l'obligation que nous avons à M. Linné,
pour avoir établi ces dénominations fimples
qui fuppléent avec tant d'avantage aux longues
phrafes defcriptives dont il falloit autrefois
s'embarraffer la mémoire, & qui cependant
toujours infuffifantes pour nous donner une
jufte idée des efpèces, exigeoient encore le
fecours d'une defcription détaillée qu'il falloit
confulter.

Mais ces deux fortes de noms doivent être
foumis à des règles dont on ne peut s'ecarter

qu'au préjudice de la science dont ils tendent à faciliter l'étude.

En effet, les noms génériques doivent être le moins significatifs qu'il est possible, parce que très-souvent le caractère qu'ils exprime-roient pourroit ne pas convenir à toutes les espèces comprises dans le genre. Ainsi le nom de *potentilla*, que l'on prétend être un dérivé de *potentia* *, vaut mieux que celui de *quinquefolium*, parce que les plantes de ce genre n'ayant pas toutes leurs feuilles compofées de cinq folioles, ce dernier nom les repréfen-teroit mal, au lieu que celui de *potentilla*, dont l'étymologie est beaucoup moins ex-preffive, n'est pas cenfé convenir davantage à une espèce qu'à l'autre.

Les noms fpécifiques au contraire qui ont un objet déterminé, doivent toujours être fignificatifs, & exprimer, autant qu'il est pof-fible, quelque qualité fenfible, & fur-tout exclufive, des espèces qu'ils défignent. Ainfi, *menianthes trifolia*, *prunus fpinofa*, *ajuga*

---

* *Nota.* On a donné, dit-on, à l'argentine le nom de *potentilla*, à caufe des vertus puiffantes que l'on attribuoit à cette plante.

reptans, &c. nous offrent des noms spécifiques dont l'application est juste & naturelle. Au contraire, dans l'*euphorbia antiquorum*, l'*euphorbia officinarum*, l'*euphorbia spinosa*, les noms spécifiques, *antiquorum*, *officinarum*, *spinosa* sont très-défectueux. Les deux premiers supposent des connoissances que l'inspection de la plante ne donne pas, & le troisième convient à plusieurs espèces qui sont réellement épineuses; tandis que par un abus bien singulier du langage, l'espèce à laquelle on l'a attaché ne porte point d'épines. Il n'y a pas moins d'inconvénient à emprunter les noms spécifiques de ceux d'un pays ou d'un Savant, ou de quelqu'usage, ou d'une qualité quelquefois idéale. Cette considération auroit dû faire rejeter tant de dénominations vagues, telles que celles de *cortusa mathioli*, *gratiola monnieria*, *evonimus europæus*, *veronica hybrida*, *laurus nobilis*, &c.

Mais il me semble que rien n'empêche d'adopter pour noms génériques ceux des Hommes célèbres qui se sont distingués dans l'Histoire Naturelle, ou qui en ont fait fleurir l'étude par la protection qu'ils lui ont accordée. C'eſt une eſpèce d'hommage que l'on rend à leur mérite; & les Amateurs de la Botanique ne peuvent qu'être flattés de retrouver dans le ſymbole d'un objet qu'on leur fait connoître, le ſouvenir d'un nom précieux à la ſcience même.

ARTICLE II.

De l'Ordre naturel.

ON a pu voir par ce qui a été dit dans l'article précédent, que toutes les parties de l'analyſe ne ſont que comme des pièces de rapport que l'art aſſortit, & qui n'ont entre elles aucune liaiſon néceſſaire. L'eſprit de l'inventeur ne s'y occupe de l'enſemble des êtres, que pour deſcendre plus ſûrement aux détails; en ſorte qu'il reſſerre continuellement l'étendue de ſon plan, juſqu'à ce qu'il ſoit parvenu à détacher l'objet particulier qu'il veut faire connoître. Le but d'un ordre naturel au contraire eſt d'enchaîner toutes nos idées, de nous faire ſaiſir tous les points communs par leſquels les êtres ſe tiennent les uns aux autres, de n'offrir aucun objet à nos regards, ſans nous montrer en même

temps tout ce qui exiſte en-deçà & au-delà,
& de nous exercer par ce moyen à ces grandes
vues qui parcourent toute la ſphère d'un ſujet,
& qui ſont pour ainſi dire le coup-d'œil du
génie.

Auſſi a-t-on vu pluſieurs Hommes célèbres
ambitionner l'honneur de remplir une ſi belle
tâche. Mais ce que nous avons de mieux en
ce genre ſe reſſent encore des inconvéniens
d'une marche ſyſtématique, & me paroît
ſuſceptible d'un degré de perfection auquel
je me ſuis efforcé d'atteindre, à l'aide des
principes que je vais établir dans l'inſtant.

Il eſt certain d'abord que nous ne ſaiſirons
jamais le plan vaſte & magnifique qui a dirigé
l'Etre ſuprême dans la formation de cet
Univers. Nos conceptions les plus étendues
ſont renfermées dans les limites de quelques
orbes particuliers qui ſe trouvent plus à notre
portée que les autres; & pour aſſigner même
à chaque individu la place qu'il doit occuper
dans ſon orbe, il nous manque encore bien
des données, ſoit parce que ne connoiſſant
pas tous les êtres qui compoſent cet orbe,
nous ne pouvons fixer d'une manière aſſez

précife la loi des rapports, foit parce qu'il y
a dans le fond même de chaque être des
afpects qui nous échappent. Mais le véritable
plan de la Nature, embraffe à la fois l'immenfité de l'enfemble & celle des détails:
il confifte dans les relations qu'une Sageffe
infinie a ménagées entre les qualités tant
extérieures qu'intérieures de chaque individu,
& la deftination de cet individu confidéré,
foit en lui-même, foit à l'égard de l'Univers
entier auquel il tient par une infinité de fils
dont la plupart font imperceptibles pour
nous.

Au défaut de cette connoiffance qui nous
fera toujours interdite, il faut nous en tenir
à ce qui eft plus proportionné à nos lumières,
& borner nos recherches à arranger les individus relativement à notre manière de voir
& de comparer les objets, quand nous voulons
les rapprocher ou les éloigner les uns des
autres, felon qu'ils ont entr'eux plus ou
moins de reffemblance; c'eft-à-dire qu'ayant
déterminé une plante quelconque pour être
la première de l'ordre, on placera immédiatement après, celle de toutes les plantes connues

qui paroîtra avoir le plus de rapport avec elle; & on continuera la même gradation de nuances, jufqu'à ce qu'on foit parvenu à la plante qui différera le plus de la première, & qui par cette raifon formera comme le dernier anneau de la chaîne.

Ce principe eft fi fimple, qu'il fe préfente de lui-même à l'efprit de tout Naturalifte qui s'occupe de l'objet dont il s'agit ici. Cependant les Botaniftes jufqu'à ce jour ont manqué plus ou moins l'application qu'ils en ont faite à l'arrangement des plantes, parce qu'ils ont voulu foumettre cet arrangement à des loix particulières, parce qu'ils ont voulu commander à la Nature, la forcer de difpofer fes productions à peu-près comme un Général difpofe fon armée, par brigades, par régimens, par bataillons, par compagnies, &c. mais, encore une fois, les rapports admirablement nuancés que la Nature a établis entre la plupart des-végétaux, démentent par-tout de pareilles divifions; elle offre à nos regards & à nos fpéculations, une immenfe collection d'êtres, parmi lefquels chaque efpèce eft diftinguée des autres par une différence fenfible &

conftante; & la gradation de ces différences eft le fondement de l'ordre que nous propofons. Mais toutes les fois que l'on voudra divifer & fous-divifer par groupes, à l'aide d'une prétendue fubordination de caractères nets & faillans, les membres de ces divifions confidérés du côté des rapports, rentreront néceffairement les uns dans les autres.

Mais travailler d'après cette opinion, que la Nature franchit de toutes parts les limites que nous lui marquons fi gratuitement, n'eft-ce pas s'expofer à tomber dans l'excès contraire à celui que l'on veut éviter, & à introduire par-tout la confufion au lieu de l'ordre! Auffi n'ai-je point prétendu m'affranchir abfolument de toute efpèce de loi dans la difpofition des végétaux. L'ordre dont il eft ici queftion, au lieu d'être un amas confus de dénominations jetées au hafard, formera au contraire un enfemble foumis à des règles fixes, mais qui ne le diviferont pas, & ne tendront qu'à déterminer la place que doit occuper chaque efpèce dans la férie générale.

Pour expofer mes principes d'une manière claire & méthodique, il me femble que tout fe réduit à réfoudre, s'il fe peut, les trois problèmes fuivans.

1.° Déterminer la plante que l'on doit placer la première, & qui foit comme le point fixe d'où l'on partira pour graduer l'ordre entier, & arriver, par une fucceffion naturelle de rapports, jufqu'à la dernière limite du règne végétal.

2.° Établir les règles qui doivent diriger l'Obfervateur dans le rapprochement des efpèces.

3.° Trouver un moyen pour fe reconnoître dans un ordre où l'on n'admet aucune ligne de féparation.

Je ne me flatte point de réfoudre ces trois problèmes d'une manière complète ; je fais que les réfultats en pareille matière fe réduifent néceffairement à des approximations qui prêtent encore aux conjectures. Mais fi nos folutions ne nous mènent pas toujours précifément au but, elles nous aideront du moins à éviter les écarts frappans où nous entraîneroient des principes fondés fur la confidération d'un caractère ifolé.

PROBLÈME I.

Indiquer la Plante que l'on doit choifir pour commencer l'ordre.

POUR réfoudre ce problème, il faut pouvoir répondre au moins à l'une des deux queftions fuivantes.

Quelle eft la plante qui nous paroît là plus vivante, la mieux organifée, en un mot la plus parfaite ?

Quelle eft la plante que nous devons juger naturellement la moins complète dans fes organes, & qui femble s'éloigner le plus des autres plantes par fes différens afpects ?

Il eft beaucoup plus aifé de fatisfaire à la feconde queftion qu'à la première. La cryptogamie de M. Linné nous offre une forte de dégradation dans le règne végétal ; ce n'eft pas que le jeu des mêmes organes, & peut-être de plus grandes merveilles encore, n'aient lieu dans les points où nous ceffons de voir. Le microfcope nous a appris combien il exiftoit d'objets au - delà de la portée de nos yeux, & combien nous en devions con-cevoir au-delà de ce qu'il nous découvre lui-

même. La Nature travaille encore à notre
infu , fouvent même pour notre utilité,
derrière ce voile que le Créateur a oppofé
à notre curiofité. Mais , comme nous ne
pouvons juger que d'après ce que nous
connoiffons, il faudra commencer l'ordre par
quelqu'un de ces individus, qui , à raifon
du mécanifme imperceptible de leurs organes
effentiels , font à notre égard comme les
premières ébauches des productions végétales.
Ainfi il faudra fe déterminer pour un *agaric*.

Il eft vrai que l'ordre une fois formé,
on doit le renverfer, afin de remettre la
chaîne dans fa fituation naturelle, & préfenter
d'abord les plantes dans lefquelles l'organifation paroît être la plus active & la plus
complète.

PROBLÈME II.

*Mefurer les degrés de rapport qui peuvent
fervir à rapprocher les plantes.*

ON ne peut difconvenir d'abord qu'il n'y
ait un grand nombre de plantes qui fe rapprochent comme d'elles-mêmes, en vertu des
rapports marqués qu'elles préfentent de toutes

parts. Auſſi tous les Botaniſtes ſe ſont-ils réunis dans la diſpoſition reſpective de ces individus qui ont entre eux, pour ainſi dire, un air de famille, tels que les graminées, les labiées, les liliacées, les légumineuſes, les compoſées, les crucifères, &c. Tous s'accordent à reconnoître la gradation de nuances qui lie les *ſorbus* avec les *cratægus ;* ceux-ci avec les *meſpilus ;* ces derniers eux-mêmes avec les *pyrus,* &c. & ces portions de ſerie, flexibles en tous ſens, ſe ſont prêtées par la multiplicité des rapports à tous les principes divers qui ont ſervi de baſe aux ordres naturels.

J'adopterai donc les parties de ces ordres, ſur leſquelles les Botaniſtes ont prononcé d'une voix unanime ; d'autant plus qu'il n'eſt point néceſſaire pour cela d'adopter en même temps les principes d'aucun d'eux, & qu'il n'eſt beſoin que du flambeau ſeul d'obſervation pour nous guider ſûrement dans ces routes ouvertes par la Nature elle-même, & où elle a laiſſé par-tout des traces ſi ſenſibles de ſa marche.

Mais l'arrangement reſpectif de ces mêmes

fuites de plantes que nous avons défignées
ci-deffus, s'eft trouvé fufceptible de plufieurs
combinaifons différentes, & j'ofe le dire,
toutes également vicieufes, du moins dans le
principe dont on eft parti pour les rapprocher.
En effet, pour découvrir le paffage d'une
fuite à l'autre, il auroit fallu confidérer
l'enfemble des parties, & fe déterminer d'après
le plus grand nombre & la plus grande valeur
des reffemblances. Mais comme la plupart
des Botaniftes, dans la formation de leurs
ordres naturels, fe font attachés à des caractères ifolés, il arrive fouvent que les
extrémités des lignées voifines ne fe touchent
que par un feul point, & fe repouffent par
tous les autres.

Une autre fource de variations encore
plus frappantes, c'eft la difficulté de placer
certaines plantes anomales, qui, au premier
coup-d'œil, femblent fe refufer à toute efpèce
de comparaifon ; tels font les genres des
*morina, fraxinus, æfculus, vifcum, plantago,
parnaffia, tamarifcus, alchimilla, polygala,
adoxa, impatiens,* &c. Auffi les Botaniftes,
qui ont prétendu les ranger en raifon des loix
circonfcrites,

circonfcrites, auxquelles ils fe font aftreints, ont-ils tellement défiguré les portions de la chaîne générale, dans lefquelles ils ont fait entrer ces mêmes genres, que fi l'on ne voit pas d'abord le rang qu'ils devroient occuper, on s'aperçoit du moins évidemment qu'ils font déplacés.

Pour éviter ce double inconvénient des principes particuliers, j'ai effayé d'établir des règles applicables à l'enfemble même des organes, & à l'aide defquelles on pût procéder de la manière la plus uniforme & la plus avantageufe dans l'eftimation de ces rapports obfcurs qui ne donnent point affez de prife à l'obfervation.

Avant de paffer à l'expofition de ces règles, je conviens d'abord avec tous les Botaniftes, que dans la comparaifon des plantes, on doit avoir fpécialement égard aux parties de la fructification ; c'eft-à-dire au fruit, à la fleur & à leurs dépendances. Ce principe eft fondé en premier lieu fur la prééminence que l'on attache naturellement à ces organes qui renferment les gages de la génération future, & auxquels fe rapporte, comme à

Tome I. g

fon centre, le mécanifme fubalterne des autres parties qui ne femblent vivre que pour eux.

D'ailleurs ces mêmes organes fervent mieux que tous les autres à déterminer les plantes & à les caractérifer par des traits parlans; en forte que fans eux la plupart n'ont que des membres & un corps, & point de phyfionomie. Les idées même du vulgaire concourent ici avec les obfervations des Savans, du moins par rapport à la fleur. Cette partie que Pline appelle *plantarum gaudium*, eft celle qui fixe prefque feule nos regards: nous paffons, avec une forte de dédain, auprès des individus qui n'en font pont encore ornés : on diroit qu'ils ne commencent à exifter pour nous qu'avec cette parure fi riante, qui nous appelle & fouvent nous arrête auprès d'eux.

Il réfulte de ce principe, que deux plantes qui fe reffemblent parfaitement dans les parties de la fructification, mais qui diffèrent totalement pour les tiges, les feuilles & les racines, ont plus de rapport entr'elles que deux autres plantes qui fe rapprochent très-fenfiblement par ces dernières parties, mais dans lesquelles les parties de la fructification n'ont aucune reſſemblance. C'eſt ainſi que le *cacalia ſuave-olens* a une affinité plus marquée avec le *cacalia ficoides*, malgré la grande diverſité du port, que l'*antirrhinum linaria* n'en a avec l'*euphorbia cypariſſias*, quoique abſtraction faite de la fructification, on ſoit ſouvent tenté de prendre l'un pour l'autre.

Il s'agiroit maintenant d'évaluer les différentes parties de la fructification ; ſavoir, la ſemence, les étamines & piſtils, le péricarpe, la corolle & le calice, de manière à pouvoir déterminer les raiſons, & même les degrés de préférence que l'on doit donner à un rapport ſur l'autre, dans le cas où pluſieurs de ces parties comparées chacune à chacune dans pluſieurs individus, auroient entr'elles une reſſemblance parfaite. Pour y parvenir, j'ai adopté le principe ſuivant, que je ne regarde pas comme inconteſtable, mais ſeulement comme le plus plauſible de tous ceux qu'il me ſemble que l'on pourroit imaginer.

PRINCIPE.

UNE partie de la fructification, ou, ce qui revient au même, la reſſemblance tirée de cette partie, doit être cenſée avoir d'autant plus de valeur, que la partie elle-même exiſte dans un plus grand nombre d'individus. En effet, à raiſon d'une univerſalité plus générale, elle ſert à lier une plus grande quantité de plantes, & devient le fondement d'un rapport plus étendu. Il paroît donc convenable d'adopter une prédilection indiquée par la Nature elle-même.

CONSÉQUENCES.

1.° Une raiſon très-forte d'analogie nous porte à croire qu'aucune plante ne donne de ſemences, ſans qu'elles aient été précédées par des étamines & piſtils, qui ſont les parties eſſentielles de la fleur. D'où il faut conclure que la valeur de la ſemence eſt égale à celle des étamines & piſtils pris enſemble.

Je réunis ici ces deux organes comme s'ils n'en faiſoient qu'un, à cauſe du rapport intime & de la dépendance mutuelle de leurs fonctions.

2.° La valeur des étamines doit être censée égale à celle des piftils.

3.° Dans le nombre des plantes dont la fructification eft reconnue, il y en a environ un cinquième dont la femence n'a point de péricarpe. Ainfi cette dernière partie ne vaudra dans la comparaifon des rapports que les $\frac{4}{5}$ de la femence.

4.° Parmi les plantes, dont les fleurs fe diftinguent facilement, il y en a environ $\frac{1}{15}$ dont les étamines & piftils ne font point environnés d'une véritable *corolle* *. De plus, dans les $\frac{14}{15}$ qui reftent, il y a environ $\frac{1}{4}$ des plantes qui n'ont point de calice. Donc la fraction $\frac{14}{15}$ exprimera la valeur de la corolle ; & quant à celle du calice, elle fera exprimée par les $\frac{3}{4}$ de $\frac{14}{15}$, ou par la fraction $\frac{42}{60}$ égale à $\frac{7}{10}$.

Pour réfumer toutes ces valeurs, appelons 1, la valeur de la femence. Celle des étamines & piftils, pris enfemble, fera pareillement exprimée par l'unité, & nous aurons la gradation fuivante de valeurs, que l'on trouvera exprimée fur la colonne à droite, par les

---

* Voyez ce mot dans les Principes.

plus petits nombres entiers poffibles qui puiffent la repréfenter dans fa totalité.

Noms des parties de la fructification.	Valeurs en unités & parties de l'unité.	Valeurs en nombres entiers.
Dans la femence	1	30.
Dans les étamines & piftils	1	30.
Dans les étamines feules	$\frac{1}{2}$	15.
Dans les piftils feuls	$\frac{1}{2}$	15.
Dans le péricarpe	$\frac{4}{5}$	24.
Dans la corolle	$\frac{14}{15}$	28.
Dans le calice	$\frac{7}{10}$	21.

(accolade : Reffemblance)

D'après ces évaluations, il eft facile de comparer la reffemblance d'une même partie prife dans deux plantes différentes, avec la reffemblance d'une feconde partie confidérée dans les mêmes plantes ou dans deux autres. Si, par exemple, les péricarpes de deux plantes font entièrement femblables entre eux, & que les corolles des mêmes plantes foient également femblables entre elles, on voit que la reffemblance des péricarpes doit être à celle des corolles dans le rapport des fractions $\frac{4}{5}$ & $\frac{14}{15}$, ou des nombres entiers 24 & 28.

Les parties qui compofent le port, entreront

aussi dans la comparaison des plantes ; mais elles ne seront employées que subsidiairement, & lorsque les rapports, tirés du fruit & de la fleur, se balanceront mutuellement, & jetteront de l'incertitude sur les résultats. Alors, sans soumettre ces mêmes parties à aucun calcul, on se bornera à une simple préférence, fondée aussi sur leur universalité plus ou moins grande, d'après l'ordre suivant.

Racines.	Poils.
Feuilles.	Épines.
Tiges.	Glandes.
Stipules.	Viscosités.
Vrilles.	

Quant aux applications particulières que l'on peut faire des règles que nous venons d'exposer, pour comparer les plantes entre elles, il ne me paroît pas possible de rien déterminer à cet égard qui puisse se rapporter à tous les cas. On ne distingue ici bien nettement que les extrêmes. Les valeurs établies existent toutes entières dans les ressemblances parfaites ; elles s'évanouissent quand la ressemblance est nulle. Mais, entre ces deux limites, quelle immense succession

de nuances à parcourir ! nuances qui, femblables à celles que le mélange des couleurs
introduit dans la Peinture, font prefque
toujours compofées elles - mêmes d'autres
nuances partielles, & dans lefquelles il faudroit
démêler les modifications légères qui appartiennent à la forme des parties, à leur
grandeur, à leur difpofition, à leur nombre,
&c. Que feroit-ce fi l'on vouloit tenir
compte de tant d'autres différences inappré-
ciables, & qui cependant marquent toutes
dans le plan du Créateur ? de quelle nature
feroit la mefure qu'il faudroit porter fur cet
affemblage merveilleux de détails en tout
genre, où fe trouvent réunis & combinés
en mille & mille manières, la délicateffe des
reliefs, les reflets brillans du coloris, la grâce
des contours, la molleffe des draperies, le
croifé admirablement varié des tiffus, le mécanifme vivant des parties internes, &c. modèle
inimitable, fi foiblement copié par la main
de l'homme, & qui, infiniment fupérieur
en tout aux productions de ces arts imitatifs
que nous cultivons avec effort, annonce, par
la perfection même de l'ouvrage, un Ouvrier
à qui rien n'a coûté !

Ces considérations sont bien propres à nous faire sentir la foiblesse de nos lumières ; mais elles ne doivent pas nous décourager. Elles nous avertissent du moins que ce n'est qu'à force de voir, d'observer, de comparer les objets, d'apprécier les détails, de multiplier les aspects, que nous pourrons parvenir à rapprocher les individus les uns des autres de la manière la moins défectueuse.

Un exemple familier fera sentir encore mieux cette vérité. Que l'on présente à un homme du peuple, dont les vues sont resserrées pour l'ordinaire dans le cercle étroit des objets relatifs à sa profession, qu'on lui présente, dis-je, une pomme, une orange & une nefle ; qu'on lui demande ensuite laquelle de l'orange ou de la nefle lui paroît avoir le plus de rapport avec la pomme, il est à présumer que, séduit par la grosseur & la forme à peu-près sphérique de l'orange & de la pomme, il rejettera la nefle comme ayant avec la pomme moins de ressemblance que l'orange. Il n'est cependant aucun Observateur un peu exercé qui ne sente combien ce jugement seroit défectueux.

Ainsi l'aperçu de la ressemblance entre les

parties homogènes de deux plantes, fera toujours le réfultat de l'expérience de l'Obfervateur; mais les règles établies ci-deffus, ferviront du moins à déterminer la valeur de cette reffemblance, & à lui affurer la préférence fur celle des autres parties qui mériteroient moins de fixer l'attention.

Et pour citer encore ici les Auteurs qui ont compofé des ordres naturels, on fentira comment, à l'aide de ces mêmes règles, le frêne qu'ils rangent ordinairement à côté des lilas, troëne, &c. pourroit fe rapprocher des érables; comment la diftance confidérable qu'ils mettent entre le marronnier & le châtaignier pourroit difparoître en grande partie; comment enfin le *nymphæa* que M. Linné range dans le voifinage du *phytolacca* fe trouve plus naturèllement dans celui du *podophyllum*, où il a été placé par M. de Juffieu au Jardin royal des Plantes.

En effet, comparons le *nymphæa* avec le *phytolacca* d'une part, & avec le *podophyllum* de l'autre, & effayons d'appliquer ici les valeurs que nous avons établies, pour être à portée de noús décider entre les deux Savans illuftres que j'ai cités dans l'inftant.

au *podophyllum*, offre

Cal. Une demi-reſſemblance dans le calice, parce que, quoiqu'il ait à peu-près le même nombre de folioles de part & d'autre, il eſt perſiſtant dans le *nymphæa*, & caduc dans le *podophyllum*. . . . 10.

Cor. Une demi-reſſemblance dans la corolle, parce que les pétales ſont nombreux, comme de 9 à 15, & aſſez ſemblables de part & d'autre pour la forme. . . . . 14.

Étam. Une reſſemblance dans les étamines, parce que leur nombre eſt indéfini conſtamment au-delà de vingt. . . . . 15.

Piſt. Une reſſemblance dans le piſtil, parce que dans les deux genres, l'ovaire eſt ovale, non aplati, ſans ſtyle, mais chargé d'un ſtigmate large, en plateau, ou rabattu. . 15.

Péric. Une demi-reſſemblance dans le péricarpe, qui eſt une baie, uniloculaire dans le *podoph.* pluriloculaire dans le *nymphæa*, mais dont les loges de part & d'autre ſont polyſpermes. . . . . 12.

Sem. Une reſſemblance dans les ſemences, parce qu'elles ſont petites & arrondies dans l'un & l'autre genre. . . . . 30.

TOTAL. . . . . 96.

Le *nymphæa* comparé

au *phytolacca*, offre

Cal. Reſſemblance nulle dans le calice puiſqu'il n'exiſte pas.... 0

Cor. Point de reſſemblance dans la corolle, d'abord parce qu'elle eſt nue dans le *phyt.* & enſuite parce qu'elle n'a que cinq pétales.................... 0.

Étam. Point de reſſemblance dans les étamines, parce que leur nombre eſt ici limité, & jamais au-delà de vingt........... 0.

Piſt. Point de reſſemblance dans le piſtil, parce que dans le *phyt.* l'ovaire eſt très-aplati & ſtilifère.................... 0.

Péric. Une demi-reſſemblance dans le péricarpe, parce qu'il forme dans le *phyt.* une baie pluriloculaire, mais dont les loges ſont monoſpermes............ 12.

Sem. Point de reſſemblance dans les ſemences, parce qu'elles ſont réniformes d'une part, & arrondies de l'autre............ 0.

TOTAL............ 12.

Le *nymphæa* comparé

On voit, par cet exemple, combien le rapport du *nymphæa* avec le *phytolacca* eſt peu marqué en comparaiſon de celui que ce premier genre a avec le *podophyllum*, &

combien par conséquent le rapprochement formé par M. de Jussieu est conforme à la Nature.

M. Haller avertit, au commmencement de son Ouvrage, qu'il n'a point suivi le système de M. Linné, parce qu'il offroit des séparations trop frappantes *. Après cet aveu n'a-t-on pas lieu d'être supris de trouver dans ce premier Auteur, cette suite singulière par son irrégularité ! *mercurialis, laurus, hippophæ, zanichellia, empetrum, amaranthus,* &c. & un peu plus loin, *atriplex, lupulus, celtis, tamnus, xanthium, fagus, &c.* Hall. Helv. tom. II, pag. 292. Or il suffira d'appliquer encore à une pareille série, les valeurs déterminées ci-dessus, pour voir toutes ces pièces mal assorties, non - seulement se détacher & se fuir, mais de plus aller se ranger sans beaucoup d'effort à côté des plantes, parmi lesquelles la totalité de leurs rapports leur

---

* *Linnæanam (methodum) potuissem sequi, mihique multi laboris, facere compendium; numquam tamen potui a me obtinere, ut gramina divellerem, ut ex sexûs ratione simillimas plantas separarem, alias-ve classes naturales lacerarem.* Hall. Helv. Præf. xxij.

aſſignera une place plus convenable & plus naturelle.

PROBLÈME III.

Trouver un moyen pour ſe reconnoître dans un ordre où l'on n'admet aucune limite, ni diviſion quelconque.

IL eſt certain que dans une ſérie telle que nous l'offriroient les plantes rangées d'après les principes établis ci-deſſus, l'eſprit auroit beſoin d'être ſoulagé de temps en temps comme par des points de ralliement qui l'aidaſſent à ſe reconnoître au milieu de la multitude des objets. Cet avantage ſeroit même d'autant plus à deſirer, que la loi des rapports n'eſt point conſtante d'un terme à l'autre entre les individus que nous connoiſſons; & qu'en certains endroits, ces individus forment des portions de ſérie dans leſquelles les affinités, beaucoup plus ſenſibles qu'ailleurs, ont beſoin d'une indication qui les faſſe remarquer.

Juſqu'ici l'on n'a trouvé d'autre moyen pour indiquer les repos néceſſaires, que de

former l'ordre naturel à la manière des fyftèmes & des méthodes, c'eft-à-dire de divifer
& même de fous-divifer par-tout où l'on a
cru découvrir des points de féparation plus
ou moins marqués. Mais, je ne faurois trop
le répéter, les titres de ces divifions & les
définitions qui les accompagnent, défigurent
l'ordre en le décompofant, & en renfermant
dans autant de cadres particuliers, toutes les
parties d'un grand tableau dont l'enfemble
fait le principal mérite.

M. Linné, & à fon imitation M. Gerard,
ont adroitement évité ce défaut dans leurs
ordres naturels, en donnant par forme de
titre un nom fimple à chaque divifion, &
en fupprimant fa définition & fon caractère
diftinctif. Mais ces dénominations étant purement arbitraires, & n'offrant à l'efprit qu'un
fens vague & indéterminé, ne peuvent être
que d'un très-médiocre avantage.

Perfuadé, avec ces hommes célèbres, qu'il
eft néceffaire d'employer encore ici l'art pour
obferver la Nature, je ne rejetterai pas les
titres, les définitions & les caractères qui
expriment ces fuites de plantes, dont les

rapports communs font fi marqués, & qui forment des ordres particuliers chez les uns, & des familles chez les autres; mais je les emploîrai de manière à ne point gêner l'ordre qu'ils ne diviferont nulle part; &, pour cet effet, je les difpoferai de la manière fuivante.

1.° Les plantes étant, comme je l'ai dit tout-à-l'heure, rangées à la fuite les unes des autres en raifon de leurs rapports les plus marqués, je placerai en marge, de diftance en diftance, les caractères expreffifs des affinités les plus fenfibles que préfentent ces fuites de plantes, dont je viens de parler, & ces caractères feront furmontés d'un nom fimple en forme de titre & pareillement fignificatif, que l'on pourra retenir.

2.° J'aurai foin de difpofer toujours ces titres ou caractères à une hauteur moyenne à l'enfemble des plantes auxquelles ils fe rapporteront, afin de ne point exprimer de limites, ni fixer l'extenfion des rapports; de forte que fi les folannées, par exemple, font compofées de cent plantes, leur titre caractériftique fera placé en marge à la hauteur de la cinquantième plante. Par cette difpofition, on pourra

remarquer

remarquer très-souvent que les plantes auront d'autant moins de rapport avec l'expreſſion de leur titre, qu'elles en ſeront plus éloignées, ſoit en-deſſus, ſoit en-deſſous; & les titres eux-mêmes ſans rien diviſer, comme cela a lieu dans les autres ordres naturels où ils tombent ſouvent fort mal-à-propos au milieu d'une ſucceſſion de nuances, ſerviront à faire ſortir les parties du tableau qui demanderont à être fortement prononcées.

Je joins ici un échantillon de mon ordre naturel, mais dans lequel je me ſuis contenté d'employer les genres. La place même qu'occupe chacun de ces genres, n'y eſt déterminée que d'une manière aſſez vague; & les rapports, qui les rapprochent, n'ont point été appréciés d'après les principes que j'ai établis, parce qu'il eſt impoſſible d'effectuer un pareil calcul ſur des genres, qui ne ſont pour la plupart, comme je l'ai fait voir, que des aſſemblages artificiels, formés d'après l'obſervation de certaines marques communes, & non d'après le rapport le plus prochain. Mais cette ébauche ſuffira toujours pour donner une idée de la diſtribution que j'ai projetée.

Tome I. h

SÉRIE GÉNÉRALE des genres rapprochés en raison de leurs rapports.	SAILLIES PARTICULIÈRES formées par certaines affinités remarquables.	RAPPORTS GÉNÉRAUX & éloignés, indiquant la perfection graduée des organes.
Agaricus T.		Fructification abfo-lument inconnue & infenfible.
Boletus.		
Fungus.		
Hydnum.	*Champignons.*	
Phallus.		
Elvela.	Subftance fpongieufe, lamellée ou poreufe, & qui, fous diverfes formes, s'étend en hauteur ou eft très - ramaffée.	
Clathrus.		
Peziza.		
Lycoperdon.		
Clavaria.		
Mucor.		
Byffus.		
Conferva.		
Ulva.		
Tremella.	*Algues.*	
Fucus.		
Lichen.	Subftance aplatie, mem-braneufe, & qui, fous di-verfes ramifications, s'étend en longueur, & produit des cupules floriformes.	
Targionia.		
Anthoceros.		
Riccia.		
Blafia.		
Marchantia.		
Jungermannia.		
Buxbaunia.		

Suite DE LA SÉRIE formée par le rapprochement des genres.	SAILLIES PARTICULIÈRES formées par certaines affinités remarquables.	RAPPORTS GÉNÉRAUX & éloignés, indiquant la perfection graduée des organes.
Hypnum. *Brium.* *Mnium.* *Polytrichum.* *Splachnum.* *Fontinalis.* *Porella.* *Phascum.* *Sphagnum.* *Lycopodium.* *Equisetum.* *Isoetes.* *Pilularia.* *Marsilea.* *Ophioglossum.* *Osmunda.* *Onoclea.* *Pteris.* *Asplenium.* *Trichomanes.* *Blechnum.* *Hemionitis.* *Lonchitis.* *Adiantum.* *Acrosticum.* *Polypodium.*	*Mousses.* Feuilles nombreuses, & disposées en gazon, ou embriquées autour des tiges qui produisent des urnes anthériformes. *Fougères.* Feuilles toutes radicales, roulées en crosse avant leur développement, & chargées de poussière séminiforme.	Fructification sensible, mais indistincte ou peu connue.

Suite DE LA SÉRIE formée par le rapprochement des genres.	SAILLIES PARTICULIÈRES formées par certaines affinités remarquables.	RAPPORTS GÉNÉRAUX & éloignés, indiquant la perfection graduée des organes.
Zamia.		
Cycas.		
Chamærops.		
Sambal.		
Borassus.		
Corypha.	*Palmiers.*	
Cocos.	Feuilles ramassées en faisceau au sommet de la tige qui est simple. Fleurs paniculées & enfermées dans un spathe.	
Elate.		
Areca.		
Caryota.		
Elais.		
Phœnix.		
Calamus.		
Flagellaria.		
Oryza.		
Zizania.		Fructification sensible & très-distincte; étamines de deux à six; semences ordinairement nues & solitaires.
Pharus.		
Olyra.		
Paspalum.		
Antoxanthum.		
Alopecurus.		
Phleum.		
Phalaris.		
Panicum.		
Milium.		
Stipa.		
Agrostis.		

Suite DE LA SÉRIE formée par le rapprochement des genres.	SAILLIES PARTICULIÈRES formées par certaines affinités remarquables.	RAPPORTS GÉNÉRAUX & éloignés, indiquant la perfection graduée des organes.
Aira. Melica. Poa. Briza. Uniola. Dactylis. Festuca. Bromus. Avena. Holecus. Andropogon. Arundo. Lagurus. Cynosurus. Hordeum. Secale. Triticum. Clymus. Lolium. Nardus. Ægilops. Cenchrus. Carex. Eriophorum. Scirpus. Cyperus, &c.	*Graminées.* Feuilles simples, alongées & engainées à leur base. Fleurs enfermées dans des pailléttes.	

Comme je me fuis borné, dans cet Ouvrage, à donner un *flora* de la France, l'arrangement que jaurois formé, en n'employant que les plantes qui naiffent dans ce climat, auroit été trop incomplet, à caufe des vides qu'auroient laiffés de toutes parts l'omiffion d'une multitude de plantes exotiques. J'ai donc cru plus à propos de réferver l'exécution entière de l'ordre naturel pour un autre Ouvrage que je compte offrir au Public dans quelques années.

Cet Ouvrage, qui aura pour titre : *Théâtre Univerfel de Botanique*, & pour lequel j'ai déjà amaffé des matériaux confidérables, contiendra dans une première Partie, l'analyfe exacte de toutes les plantes connues, avec la defcription de chacune d'elles. J'y joindrai la Synonimie des Auteurs les plus célèbres. Ce travail eft devenu indifpenfable par la multiplicité des nouveaux noms que les Botaniftes modernes ont fubftitués à ceux qui étoient en ufage avant eux.

On trouvera dans la feconde Partie, l'ordre naturel de toutes les plantes qui auront été indiquées par l'analyfe. Le nom de chaque

plante fera précédé de deux numéros placés l'un
au-deffus de l'autre. Le fupérieur marquera
le rang de la plante; il fera porté d'avance
dans l'analyfe, où il fervira pour renvoyer à
l'ordre naturel. Le numéro inférieur fera celui
du paragraphe de l'analyfe auquel appartiendra
la plante, dont il fera retrouver la defcription
& la fynonimie dans l'analyfe, toutes les fois
qu'on en aura befoin. Ces deux numéros
feront comme un moyen de communication
entre l'analyfe & l'ordre naturel, qui par-là
fe prêteront un mutuel fecours.

PRINCIPES

PRINCIPES
ÉLÉMENTAIRES
DE BOTANIQUE.

Notions préliminaires.

Si l'on obſerve les différens êtres qui entrent dans la ſtructure intérieure de notre globe, ou qui en occupent les dehors, on remarquera d'abord un grand nombre de corps compoſés d'une matière brute, morte, & qui s'accroît par la juxta-poſition des ſubſtances qui concourent à ſa formation, & non par l'effet d'aucun principe interne de développement.

Ces êtres ſont appelés en général, *êtres inorganiques* ou *minéraux*, & ſe diviſent en diverſes claſſes particulières; ſavoir, les terres,

Tome I.   A

les pierres, les métaux, les fels, &c. auxquels on doit ajouter les élémens qui ne font que les derniers réfultats de la décompofition des corps.

D'autres êtres font pourvus d'organes propres à différentes fonctions, & jouiffent d'un principe vital très-marqué, & de la faculté de reproduire leur femblable. On les a compris fous la dénomination générale d'*êtres organiques*.

Ces mêmes êtres fe partagent enfuite en deux branches très-diftinguées, dont l'une renferme ceux qui fe développent & vivent, mais fans être doués d'aucune fenfibilité, & fans avoir d'autres mouvemens que ceux qui ont pour caufe l'organifation propre de l'individu ou l'action des corps extérieurs. Ces êtres font appelés *végétaux* ou *plantes*.

La feconde branche des êtres organiques eft compofée de ceux qui, outre le développement & la vie, ont encore en partage le fentiment & le mouvement fpontané, & ce font les animaux, parmi lefquels l'homme jouit, à l'aide de la raifon, d'une prééminence qui le rapproche de la Divinité elle-même.

Ainſi les êtres inorganiques concourent avec les organiques dans un point commun, qui eſt la faculté de s'accroître; mais ils en diffèrent en ce que dans les premiers, cet accroiſſement ſe fait par une ſimple addition ou combinaiſon de parties, & dans les ſeconds, par voie de développement.

Parmi les êtres organiques, les végétaux ſe réuniſſent avec les animaux par la qualité d'*être vivant*, & s'en éloignent par la nature même de cette qualité, qui, dans les végétaux, eſt l'effet de la ſeule organiſation, & dépend chez les animaux, d'un principe de ſentiment.

Enfin, les autres animaux qui ſe trouvent rapprochés de l'homme par le ſentiment, laiſſent d'une autre part entre eux & lui, l'intervalle immenſe qui ſéparera toujours un inſtinct aveugle d'avec la lumière de la penſée.

L'étude de tous les êtres dont nous venons de parler, eſt l'objet de cette branche intéreſſante de nos connoiſſances que l'on nomme *Hiſtoire Naturelle*, & que l'on diviſe ordinairement en trois parties différentes, relatives aux trois grandes claſſes que nous

avons formées ci-deſſus, ou aux trois règnes
de la Nature. Ces parties ſont :

1.° La Minéralogie, qui traite des
corps inorganiques

2.° La Botanique, qui a pour objet
la connoiſſance des végétaux.

3.° La Zoologie ou l'étude du règne
animal.

Après cette courte expoſition, dans
laquelle j'ai cru devoir entrer pour donner
une idée plus nette du règne végétal, par
ſa comparaiſon avec les règnes voiſins, je
m'arrête à la Botanique ſeule, qui eſt l'objet
direct de cet Ouvrage.

L'étude des plantes préſente d'abord deux
points de vue très-diſtingués l'un de l'autre,
& qui forment deux genres de connoiſſances
à part.

Le premier comprend toutes les obſervations que nous fourniſſent la ſtructure intérieure des plantes; les fonctions des racines,
des feuilles, des tiges; la direction des canaux
qui ſont les organes de la nutrition; la manière dont la ſève ſe diſtribue dans ces mêmes
canaux; le développement du germe, &c.

en un mot tout ce qui peut offrir au Phy-
ficien naturalifte une matière de découvertes
intéreffantes fur les loix de la végétation.

On peut joindre à cette confidération,
l'examen des diverfes fubftances qui compofent les plantes, & la recherche de leurs
propriétés médicinales, ou de leurs différens
ufages dans les Arts.

Le fecond point de vue, fous lequel on
peut envifager l'étude des plantes, concerne
l'obfervation de tout ce qui parle en elles
plus particulièrement aux yeux, je veux dire,
leur couleur, leur grandeur, leur durée,
& en général tout ce qui tend à nous les
faire diftinguer les unes des autres. Ce dernier
objet appartient à la Botanique proprement
dite, & la diftingue de l'autre genre d'étude,
qui eft du reffort de la Phyfique & de la
Chimie.

Les marques auxquelles on reconnoît les
plantes, ont reçu en général le nom de
caractères, & nous avons vu dans le Difcours
précédent, que l'on pouvoit en emprunter de
toutes les parties de l'individu, pourvu qu'ils
fuffent conftans & faciles à obferver.

A iij

M. Linné divise les caractères en quatre espèces particulières, qu'il distingue à raison de leur emploi, & qui font :

1.º Le caractère artificiel, c'est-à-dire, celui qui fert à déterminer les divisions de la plupart des méthodes ou fystèmes.

2.º Le caractère essentiel, c'est-à-dire, celui que l'on emploie pour diftinguer les genres les uns des autres.

3.º Le caractère naturel, c'est-à-dire, celui qui fe tire d'une partie quelconque, & dont on peut faire ufage pour la diftinction des efpèces.

4.º Le caractère habituel, c'est-à-dire, celui qui réfulte de l'enfemble & de la difpofition de toutes les parties des plantes confidérées à la fois, & qu'emploient uniquement les Botaniftes empyriques. C'eft ce caractère que l'on ne fauroit exprimer ni définir, mais qu'un coup-d'œil général fait aifément faifir, & qui eft connu fous le nom de *port*, *Facies propria, habitus plantæ*.

Pour moi, je n'ai eu aucun égard dans l'analyfe à cette diftinction de caractères, que je crois plus nuifible qu'avantageufe à l'étude des plantes. En effet, il arrive souvent que le même caractère, qui aura servi à lier un certain nombre de plantes comprises dans une grande division, peut être employé encore pour lier d'autres plantes qui formeroient ailleurs une sous-division très-circonscrite, ou même pour séparer une espèce d'avec une autre. Pourquoi donc négliger les ressources multipliées que la Nature nous offre pour nous aider à la connoître, & vouloir qu'un caractère ne puisse servir que dans telle ou telle circonstance prise exclusivement ? Il me semble que, quand il s'agit d'employer un caractère quelconque, toute la question doit se réduire à savoir s'il est tranchant & solide par rapport au cas présent, & alors on doit l'adopter indépendamment de toute considération particulière. En un mot, il y a autant d'espèces de caractères qu'il existe de différences sensibles entre les plantes considérées relativement à la forme, au nombre, à la proportion, à la situation, &c. de leurs parties ; & s'il y a pour certains caractères des raisons de préférence ou d'exclusion, elles doivent être tirées uniquement de la facilité plus ou moins grande d'obſerver ces caractères, & du plus ou moins de ſolidité que l'obſervation y découvre.

L'uſage fréquent que l'on a fait de ces eſpèces de renſeignemens, a introduit dans le langage de la Botanique une multitude de termes qui expriment toutes les différentes modifications des parties qui ſe ſont trouvées ſuſceptibles de fournir des caractères. Ces termes, il faut l'avouer, ont été trop multipliés ; pluſieurs même ne préſentent point un ſens aſſez déterminé : je ne les ai cependant pas ſupprimés ; je me ſuis attaché à les définir le plus clairement poſſible, dans la vue de faciliter l'intelligence des Auteurs, dont j'ai été obligé de citer les ſynonymes.

DES PLANTES,

De leurs parties conſtitutives, & des termes que l'on emploie pour exprimer leurs caractères.

1. D'APRÈS l'idée que nous avons donnée ci-deſſus du règne végétal, on peut définir la plante un corps organique qui

vit attaché à la terre ou à quelqu'autre corps, d'où il tire fa nourriture, qui a la faculté de reproduire fon femblable, mais qui eft privé du fentiment & du mouvement fpontané.

Les différens degrés de confiftance & de durée, que l'on a remarqués dans les plantes, ont donné lieu à cette diftinction fi commune entre les arbres, les arbriffeaux, les fous-arbriffeaux & les herbes.

2. L'arbre *[arbor]* eft une plante qui vit très-long-temps, qui s'élève à une grande hauteur, & dont la tige, les branches & les racines font compofées de cette matière dure & folide que l'on appelle *bois.*

3. L'arbriffeau *[frutex]* approche beau-coup de l'arbre par fa durée & fa confiftance, mais il s'élève moins que lui, & cependant beaucoup plus que les herbes.

4. Le fous-arbriffeau *[fuffrutex]* ne diffère de l'arbriffeau que par fa grandeur ; car il vit affez long-temps, & fes tiges font ligneufes, mais il ne s'élève pas plus haut que les herbes.

5. Les herbes *[herbæ]* font des plantes dont

les tiges ou les hampes font moins fermes & moins compactes que celles des fous-arbriffeaux, des arbriffeaux & des arbres, & qui ne durent pas au-delà de trois ans.

Ces divifions, comme je l'ai déjà remarqué, ne font point tranchantes; il y a des efpèces mitoyennes qui ne paroiffent pas plus appartenir à une claffe qu'à l'autre. Auffi, lorfque j'ai employé dans la méthode d'analyfe, la diftinction des tiges ligneufes & herbacées, j'ai eu foin de ne choifir que des individus dans lefquels le caractère indiqué fe trouvoit prononcé fans aucune équivoque.

6. Les plantes font quelquefois nommées *mâles* ou *femelles*, ou *androgynes*, ou *hermaphrodites*, ou enfin *polygames*; mais elles ne doivent ces diverfes dénominations qu'à la confidération des différences fexuelles de leurs fleurs. [Voyez ces mots.]

7. On diftingue en général dans les plantes, diverfes parties que l'on peut confidérer comme autant d'organes qui conftituent leur effence. Ces organes font de deux fortes; les uns fervent au développement de l'individu & à l'entretien de fon principe vital; les autres

lui donnent la faculté de reproduire son semblable & de perpétuer ainsi son espèce.

Parmi les premiers, on peut ranger les racines, les tiges, les branches, les feuilles, les supports, les vrilles, les stipules, les glandes, les poils & les épines.

Les seconds comprennent ce qu'on nomme *parties de la fructification :* ce sont, la fleur proprement dite & ses dépendances, & ensuite le fruit qui est composé de la graine & de ses enveloppes lorsqu'elles ont lieu.

Comme il est essentiel de bien connoître ces différentes parties, je vais essayer d'en donner une idée nette & précise, & pour cet effet je les reprendrai successivement & dans l'ordre où je viens de les présenter.

Des Organes nécessaires au développement des Plantes & à l'entretien de leur principe vital.

I. *DE LA RACINE.*

8. La racine *[radix]* est un organe situé communément à l'extrémité inférieure de la plante, & qui s'enfonce presque toujours

dans la terre, où son accroissement se fait tantôt de haut en bas, tantôt horizontalement, & très-rarement de bas en haut : cet organe est doué fortement de la faculté de pomper les sucs nécessaires à la nutrition & à l'accroissement des végétaux.

9. On appelle plantes parasites *[parasiticæ]*, celles dont les racines ne sont fixées ni dans la terre, ni sur aucun corps inorganique, mais qui sont attachées à d'autres plantes aux dépens desquelles elles se nourrissent en suçant leur substance : [le gui, l'hypociste, la cuscute, &c.]

Il y a des plantes dont les racines s'attachent aux corps les plus durs, comme les lichens & les mousses qui croissent sur la pierre & sur l'écorce des arbres. D'autres plantes nagent à fleur d'eau sans adhérer à la terre : [la lenticule d'eau] d'autres paroissent entièrement privées de racine : [le *conserva*, le *byssus*, le *nostoc*] d'autres enfin semblent en être tout-à-fait composées & n'avoir aucune autre partie. [la truffe.]

La structure, la forme, la durée, la situation & la consistance des racines étant différentes dans les différentes plantes, on a donné à cette partie, diverses dénominations particulières pour en exprimer les caractères les plus faillans.

D'abord on en a diftingué de trois efpèces; favoir, les racines bulbeufes, les tubéreufes & les fibreufes.

[A]

10. La racine bulbeufe [*bulbofa*] porte communément le nom d'oignon: fa fubftance eft tendre, fucculente, & fa forme arrondie ou ovale: on remarque à fa partie inférieure une portion charnue d'où partent de petites racines fibreufes.

On diftingue plufieurs fortes de bulbes; les unes font écailleufes, [*fquammofi*] & font compofées de membranes épaiffes dif-pofées en écailles comme dans le lys: les autres font d'une fubftance charnue & folide [*folidi*] comme celles de la tulipe; d'autres forment plufieurs tuniques [*tunicati*] qui s'enveloppent les unes dans les autres, comme celles de l'ail, de l'oignon, &c. d'autres enfin font articulées [*articulati*] & compofées de portions charnues diſtinguées entr'elles, mais qui communiquent par des fibres intermédiaires, comme celles de la ſaxifrage granulée.

[B]

11. La racine tubéreuſe *[tuberoſa]* eſt un corps charnu, arrondi, ſolide, & d'où partent ſouvent latéralement & inférieurement de petites racines fibreuſes, [la pomme de terre]: on la nomme globuleuſe *[globoſa]* lorſqu'elle eſt d'une forme un peu ſphérique, comme dans le navet, le radix.

12. Noueuſe *[nodoſa]* quand elle forme des nœuds, comme dans la filipendule, où ces nœuds ſont ſuſpendus par des filets comme des grains de chapelet.

13. Faſciculée *[faſciculata]* lorſqu'un grand nombre de ſes portions partent d'un centre commun en s'alongeant, comme dans l'aſphodele.

14. Palmée *[palmata]* lorſque ces mêmes portions charnues ſont un peu ouvertes, comme l'*orchis latifolia* & autres.

15. Grumeleuſe *[grumoſa]* lorſqu'elle eſt diſpoſée par grumeaux, ou par petites portions adhérentes, comme dans les griffes de renoncule, les pattes d'anémone, &c.

[C]

16. La racine fibreuse *[fibrosa]* est celle qui est composée de plusieurs jets longs, filamenteux, fibreux ou chevelus, comme dans le *veronica beccabunga*, le *plantago-lanceolata*, &c.

On la considère quant à sa forme & à sa direction, & alors on la nomme

17. Rameuse *[ramosa]* lorsqu'elle se divise en plusieurs branches latérales, comme dans le *plantago-psyllium.*

18. Fusiforme *[fusiformis]* lorsqu'elle est épaisse, alongée, & qu'elle va en diminuant comme dans la carotte, le panais, la rave, &c.

19. Pivotante *[perpendicularis]* lorsqu'elle s'enfonce profondément & perpendiculairement à l'horizon, comme celle de la rave.

20. Horizontale, *[horizontalis]* lorsque sans s'étendre beaucoup, elle est disposée parallèlement à l'horizon, comme dans l'iris.

21. Tronquée *[truncata, præmorsa]* lorsqu'elle ne se termine pas en pointe, mais que

fon extrémité paroît tronquée ou rongée, comme dans la fcabieufe des bois.

22. Articulée [*articulata*] lorfqu'elle forme différens nœuds & plufieurs articulations, comme dans la *convallaria polygonatum*.

23. Traçante ou rampante [*repens*] lorfqu'elle s'étend horizontalement & qu'elle jette des brins de tous côtés fans pénétrer profondément dans la terre, comme dans le *panicum dactylon*.

24. Stolonifère [*ftolonifera*] lorfqu'étant traçante, elle pouffe çà & là des rejets rampans qui portent eux-mêmes des racines, comme dans le chiendent.

[D]

Les racines fibreufes, & même les autres efpèces, fe diftinguent auffi par leur durée, & alors on dit qu'elles font

25. Ligneufes [*fruticofæ*] lorfqu'elles ont beaucoup de confiftance, que leurs fibres font dures & difficiles à rompre, & qu'elles fubfiftent avec leur tige pendant plus de trois ans, comme celles des arbres, des arbriffeaux & des fous-arbriffeaux. ♄

26. Vivaces

26. Vivaces *[perennes]* lorſqu'elles ſub-ſiſtent pendant pluſieurs années, quoique leur tige périſſe, comme celles de l'oſeille, de la violette. ♃

27. Biſannuelles *[biennes]* lorſqu'elles durent avec leur tige pendant deux ans ſeu-lement, comme le perſil, le ſalſifix. ♂

28. Annuelles *[annuæ]* lorſqu'elles pé-riſſent avec leur tige dans l'année même qu'elles ſont nées, comme celles du blé, de la laitue, &c. ☉

OBS. Une racine n'a pas toujours beſoin d'être entière pour produire une plante. Une petite tranche de la racine du *ſolanum tube-roſum* miſe en terre, vit & reproduit très-aiſément une plante complète ; & de ſimples brins de celle du *triticum repens,* donneront de même une nouvelle plante, comme feroit une racine entière.

On remarque un rapport & une correſ-pondance ſingulière entre les racines & les tiges ; car les unes & les autres ſe développent & ſe diviſent aſſez uniformément dans beau-coup de plantes : en effet une tige qui fournit peu de branches, ou qu'on empêche de s'élever,

Tome I. B

n'a ordinairement que de médiocres racines. Cette obfervation, qu'il eft intéreffant de connoître pour la culture de certains arbres, n'eft cependant pas générale, car il y a des plantes dont les racines n'ont prefque aucune proportion avec les tiges ; certaines herbes baffes, comme plufieurs *geranium, hieracium,* &c. ayant de fort groffes racines, & certains arbres comme les fapins, n'en ayant que de médiocres par comparaifon avec les tiges auxquelles elles appartiennent.

Les racines font quelquefois pleines d'un fuc laiteux, blanc & doux, comme dans la laitue, la chicorée ; âcre, comme dans le tithymale, le colchique ; & de couleur jaune, comme dans la chelidoine.

Elles font quelquefois plus odorantes que les autres parties de la plante, comme celles de la valériane, de la benoite, &c.

En général, les racines font recouvertes d'un épiderme un peu coloré fous lequel on trouve ordinairement une écorce affez épaiffe.

II. *Du Tronc et de la Tige.*

29. Le tronc ou la tige eft cette partie

de la plante qui part directement de l'extrémité supérieure de la racine qu'on nomme le
collet, qui s'élève ensuite perpendiculairement
dans l'air, ou rampe sur la terre, ou enfin
grimpe & s'entortille autour des différens
corps qu'elle rencontre. C'est de cette même
partie que sortent ordinairement les rameaux,
les feuilles, les supports & les organes de la
fructification de la plante.

Cette partie reçoit différens noms, selon
les différences des plantes qui en sont pourvues; ce qui fait qu'on en distingue de plusieurs
espèces; savoir:

[A]

30. Le tronc, proprement dit, *[truncus]*
c'est la partie qui soutient les branches & les
feuilles dans les arbres & les arbrisseaux. Elle
a communément des dimensions considérables:
elle est toujours d'une matière ligneuse, &
s'élève le plus ordinairement dans une direction
perpendiculaire à l'horizon.

31. Le tronc est environné extérieurement
d'une petite peau qu'on nomme épiderme,
[cuticula] qui est entière & très-lisse dans

certains arbres, & qui eſt crevaſſée & déchirée
dans beaucoup d'autres, ſur-tout lorſqu'ils
ont vieilli.

32. Sous l'épiderme on trouve une peau
épaiſſe qui porte le nom d'écorce, *[cortex]*
& dont la partie intérieure ſe nomme le livret.
[liber] Cette peau eſt compoſée d'un tiſſu
cellulaire aſſez lâche, & recouvre les différens
vaiſſeaux qui charient les ſucs nourriciers de
la plante, ainſi que les eſpèces de trachées qui
reçoivent & tranſmettent l'air néceſſaire à la
circulation de ces ſucs qu'on nomme *ſève*.

33. Au-deſſous de l'écorce & du tiſſu vaſculeux, ſe trouve placé l'aubier, *[alburnum]*
qui eſt une jeune couche imparfaitement
ligneuſe, que la partie intérieure du tiſſu
vaſculeux produit en ſe reſſerrant & en ſe
durciſſant, lorſqu'elle ſe trouve oblitérée par
le froid de l'hiver qui a ſuſpendu la circulation de la ſève, ou par la preſſion de
nouveaux vaiſſeaux extérieurs qui ſe développent tous les ans.

34. Le bois *[lignum]* eſt cette partie du
tronc qui eſt parfaitement ligneuſe, & qui eſt
placée ſous l'aubier. C'eſt une maſſe de fibres

compacte & très-dure, qui est produite par la continuité du resserrement de l'aubier : elle est la cause de la force des arbres, fait leur soutien, & peut être comparée à la charpente osseuse sur laquelle se trouve étayé le corps des animaux.

35. Enfin la moëlle *[medulla]* est cette partie, ou cet organe essentiel à la vie des plantes qui occupe le centre du corps ligneux : c'est un composé de vaisseaux très - lâches & d'utricules assez larges, qui ne se desséchent que par la vieillesse, ce qui produit alors la mort de l'individu.

36. La tige *[caulis]* est le tronc propre des herbes & sous-arbrisseaux ; elle s'élève en général beaucoup moins que le tronc, & a, sur-tout dans les herbes, beaucoup moins de consistance.

37. Il y a des plantes qui sont dépourvues de tige, *[plantæ-acaules]* & alors les fleurs & les feuilles ou les pétioles partent immédiatement du collet de la racine. On pourroit en françois les nommer *plantes sessiles.*

38. Celles qui au contraire produisent des tiges, sont nommées *caulescentes; [plantæ-*

caulefcentes] dénomination qui ne leur eſt donnée que lorſqu'on a beſoin de faire uſage de ce caractère pour les diſtinguer des plantes ſeſſiles.

39. Le chaume [*culmus*] eſt la tige propre des graminées ; c'eſt une eſpèce de tuyau fiſtuleux ordinairement ſimple, & très-ſouvent garni de pluſieurs nœuds ou articulations particulières, comme dans le blé, l'avoine, &c.

40. La hampe [*ſcapus*] eſt une tige herbacée qui eſt parfaitement ſimple, terminée par les parties de la fructification, & dénuée de feuilles ; ainſi la tige du piſſenlit eſt une hampe.

[B]

La tige en général reçoit différens noms, ſelon les différens caractères qu'on y obſerve : ainſi quand on conſidère ſa durée ou ſa conſiſtance, on dit qu'elle eſt

41. Herbacée [*herbaceus*] lorſqu'elle eſt tendre, qu'elle a peu de conſiſtance, & qu'elle périt entièrement tous les ans, ou tous les deux ans, comme celle de la laitue, du perſil, &c.

42. Sous-ligneuse [*suffruticosus, frutescens*] lorsque sa base subsiste sensiblement, tandis que les rameaux qu'elle produit, périssent presque entièrement tous les hivers, comme dans le *solanum dulcamara*, le *salix retusa*, &c.

43. Ligneuse [*fruticosus*] lorsqu'elle est d'une consistance solide assez semblable à celle du bois, & qu'elle subsiste pendant plus de trois ans de suite, comme dans le genêt commun.

44. Arborée [*arboreus*] lorsque dans une grande partie de sa hauteur elle est simple & nue à la manière des arbres, quoique moins élevée, & ne produisant ses rameaux & ses feuilles que vers son sommet où ces parties forment une espèce de tête, comme dans le *lavatera arborea*.

45. Solide [*solidus*] lorsqu'elle est tout-à-fait pleine, comme celle de l'*orchis-maculata*.

46. Spongieuse [*spongiosus, inanis*] lorsqu'elle est extérieurement ferme & solide, & intérieurement remplie d'une moëlle spongieuse, comme celle du sureau.

47. Creuse, fistuleuse [*fistulosus*] lorsqu'elle forme un tube ou un cylindre

évidé, comme celle de l'oignon, de l'angélique, &c.

[C]

Si l'on confidère la grandeur de la tige, on dit qu'elle eft

48. Haute d'une ligne, *[linearis]* c'eft-à-dire de la douzième partie d'un pouce; & l'on compare cette grandeur à la hauteur du petit fegment circulaire blanchâtre, que l'on obferve à la racine de l'ongle du pouce.

49. Haute d'un pouce, *[pollicaris]* c'eft-à-dire de la douzième partie d'un pied, & l'on compare cette grandeur à la hauteur de l'ongle du pouce.

50. Haute de trois pouces ou d'une palme, *[palmaris]* c'eft-à-dire de la quatrième partie d'un pied, & l'on compare cette grandeur à la largeur de la furface que préfentent les doigts de la main, rapprochés & étendus, abftraction faite du pouce.

51. Haute de fept pouces, *[fpithameus]* c'eft-à-dire d'un demi-pied plus un pouce; & on détermine cette grandeur en mefurant l'efpace compris entre le fommet du pouce &

celui du doigt indicateur, tous deux étendus & le plus écartés qu'il est possible.

52. Haute de neuf pouces, *[dodrantalis]* c'est-à-dire des trois quarts d'un pied; & l'on compare cette grandeur à l'espace compris entre le sommet du pouce & celui du petit doigt, tous deux étant étendus & écartés.

53. Haute d'un pied, *[pedalis]* c'est-à-dire de la sixième partie d'une toise; & l'on compare cette grandeur à l'espace compris depuis la flexion du coude jusqu'à la base du pouce de la main.

54. Haute de six pieds, *[orgyalis]* c'est-à-dire d'une toise; & l'on compare cette grandeur à l'espace compris depuis l'extrémité d'une main jusqu'à celle de l'autre, lorsque les deux bras sont étendus en croix : on la compare aussi à la hauteur humaine en général.

[D]

Si l'on considère la direction ou la situation de la tige, on dit qu'elle est

55. Droite *[erectus, perpendicularis, strictus]* lorsqu'elle s'élève dans une direction perpendiculaire à l'horizon. Le terme *strictus* signifie

non-feulement droite, mais encore amincie & annonçant à l'œil une forte de roideur. *Helianthus gigantæus.*

56. Lâche *[laxus, debilis]* lorfqu'ayant une fituation droite, fa délicateffe ou fa flexibilité la fait jouer librement en tous fens, comme celle de beaucoup de graminées.

57. Roide *[rigidus]* lorfqu'elle fe relève entièrement, & avec une efpèce d'élafticité, toutes les fois qu'on la courbe, comme dans le *carex vulpina.*

58. Oblique *[obliquus]* lorfqu'elle s'élève obliquement à l'horizon, comme dans le *poa annua.*

59. Montante *[afcendens]* lorfqu'étant d'abord un peu oblique ou même horizontale, elle fe recourbe en fe rapprochant de la verticale, comme dans le *panicum colonum, l'artemifia glacialis.*

60. Inclinée *[declinatus]* lorfqu'étant d'abord un peu oblique ou prefque droite, elle forme enfuite un arc dirigé vers la terre, comme dans le *convallaria polygonatum.*

61. Courbée, penchée *[incurvatus, nutans]* lorfqu'étant d'abord tout-à-fait droite, fon

extrémité s'incline, ou même retombe perpendiculairement, comme dans le *fritillaria
meleagris*.

62. Diffuse *[diffusus]* lorsque ses rameaux
forment des angles très-ouverts, ou divergens
dans tous les sens, comme dans le *polygonum
divaricatum*.

63. Couchée *[procumbens]* lorsqu'étant
trop foible pour se soutenir, elle s'étend
horizontalement ou s'appuie sur la terre,
comme dans l'*anagallis arvensis*.

64. Tombante *[decumbens]* lorsqu'étant
d'abord un peu redressée, elle retombe ensuite
sur la terre, comme dans le *beta maritima*.

65. Stolonifère ou traçante *[stoloniferus]*
lorsque du collet de la racine partent des
rejets particuliers qui rampent, s'étendent
au loin sur la terre, s'y attachent souvent
par des toupets de racines, & reproduisent
ainsi de nouvelles plantes, comme dans le
fraisier.

66. Rampante *[repens]* lorsqu'elle est
entièrement couchée sur la terre, qu'elle s'y
étend un peu au loin, & que souvent elle
s'y attache par de petites racines qu'elle pousse

de toutes parts, comme la nummulaire, l'argentine.

67. Sarmenteuse [*sarmentosus*] lorsqu'étant longue, mais très-foible, elle traîne sur la terre sans s'y attacher par des racines, ou grimpe sur les corps voisins qui s'offrent pour la soutenir. Telle est celle de la vigne, de la brioine, &c.

68. Radicante [*radicans*] lorsqu'elle s'attache aux corps élevés par le moyen des racines qu'elle produit latéralement dans toute sa longueur, comme dans l'*arum hederaceum.*

69. Articulée [*geniculatus*] lorsqu'elle est interrompue dans toute sa longueur par des articulations ou par des nœuds placés de distance en distance, comme dans la plupart des graminées, les œillets, les poivres, &c.

70. En zig-zag [*flexuosus*] lorsque d'un nœud à l'autre elle se rejette en formant alternativement des angles rentrans & saillans, comme dans le *solidago flexicaulis.*

71. Grimpante [*scandens*] lorsqu'étant sarmenteuse elle monte sur les corps voisins auxquels elle s'attache souvent par des vrilles

ou par les pétioles tortillés de ſes feuilles, comme celle de la vigne, de la clématite, &c.

72. Entortillée *[volubilis]* lorſqu'étant ſarmenteuſe, elle ſe roule en ſpirale autour des corps qu'elle rencontre, comme celle du haricot.

On diſtingue parmi ces ſpirales, celles qui ſe font de gauche à droite, c'eſt-à-dire dans le même ſens que le mouvement diurne du Soleil, ⊂ comme dans le houblon, le chèvre-feuille des bois, &c. & celles qui ſe font dans un ſens contraire au mouvement diurne du Soleil, c'eſt-à-dire de droite à gauche ☽ comme dans le liſeron, le haricot, &c. pour faire cette obſervation, il faut ſe ſuppoſer au centre de la ſpirale, & être tourné vers le Midi.

[E]

Si l'on conſidère la figure de la tige, on dit qu'elle eſt

73. Cylindrique *[teres]* lorſque, ſemblable à un bâton ou une canne, elle forme un cylindre, & n'a aucun angle remarquable, comme celle du *typha*.

74. Semi-cylindrique *[ſemi-teres]* lorſqu'elle approche de la forme cylindrique,

comme lorfqu'elle eft cylindrique d'un côté
& un peu aplatie de l'autre, telle eft celle du
feftuca rubra.

75. Comprimée [*compreffus*] lorfqu'elle
eft aplatie des deux côtés dans toute fa longueur, comme celle du *poa compreffa*, du
poa annua, &c.

76. Gladiée [*anceps*] lorfqu'elle a deux
angles oppofés & un peu tranchans, comme
celle du *convallaria polygonatum.*

77. Anguleufe [*angulatus*] lorfqu'elle eft
chargée longitudinalement de plus de deux
angles faillans, comme celle de l'airelle.

On confidère fouvent le nombre de ces
angles, & on dit de la tige qu'elle eft triangulaire [*triangularis, trigonus*] lorfqu'elle a
trois angles faillans ; à trois côtés [*triqueter*]
lorfque fes trois faces font égales ; quadran-
gulaire [*quadrangularis*] lorfqu'elle a quatre
faces & quatre angles, &c. &c.

D'autres fois on confidère la grandeur ou
l'ouverture des angles, & on dit que la tige
eft chargée d'angles aigus [*caulis acutangu-
laris*] lorfque le fommet des angles paroît
tranchant, ou d'angles obtus [*caulis obtufo-
angulatus*] lorfque le fommet des angles
paroît émouffé.

[F]

Si l'on obſerve les acceſſoires de la tige, on dit qu'elle eſt

78. Nue *[nudus]* lorſqu'elle ne porte ni feuilles, ni écailles, ni ſtipules, ni autres parties remarquables, à moins que ce ne ſoit des rameaux. Cette expreſſion ne s'emploie pas toujours dans un ſens rigoureux; on s'en ſert quelquefois par comparaiſon pour établir la diſtinction de deux eſpèces.

79. Non feuillée, c'eſt-à-dire ſans feuilles, *[aphyllus] ſalicornia.*

80. Feuillée, ou garnie de feuilles, *[foliatus] linum.*

81. Engainée *[vaginatus]* lorſque les feuilles ou les ſtipules l'embraſſent en forme de gaine, comme dans le *polygonum*, les graminées, &c.

82. Écailleuſe *[ſquammoſus]* lorſqu'elle eſt chargée d'écailles ou de folioles courtes, éparſes & membraneuſes qui imitent des écailles, comme dans l'orobanche, le *tuſſilago.*

83. Embriquée *[imbricatus]* lorſque les feuilles ou les écailles dont elle eſt chargée,

font éparfes, très - rapprochées, & fe recouvrent mutuellement comme les tuiles
d'un toit. *Aretia helvetica, cupreffus femper
virens.*

[G]

Si l'on confidère la fuperficie de la tige,
on dit qu'elle eft

84. Spongieufe *[fuberofus]* lorfqu'elle eft
revêtue d'une écorce un peu molle, flexible,
mais en même temps élaftique, comme celle
du liége.

85. Crevaffée *[rimofus]* lorfque fon écorce
extérieure eft remarquable par des crevaffes
nombreufes & irrégulières, comme encore
celle du liége.

86. Feuilletée *[tunicatus]* lorfque fa fuperficie paroît recouverte par différentes membranes appliquées les unes fur les autres comme
des feuillets.

87. Liffe *[lævis]* lorfque fa fuperficie eft
par-tout égale & unie, comme dans le pavot,
la fumeterre, &c.

88. Striée *[ftriatus]* lorfque fa fuperficie
eft chargée longitudinalement de petites côtes
nombreufes

nombreuſes & rapprochées. *Chærophyllum
ſylveſtre.*

89. Sillonnée *[ſulcatus]* lorſque les excavations longitudinales de ſa ſuperficie ſont un peu profondes, un peu élargies, & imitent des ſillons.

90. Glabre *[glaber]* lorſque ſa ſuperficie eſt liſſe, polie, & particulièrement lorſqu'elle n'eſt chargée ni de poils, ni d'aucun duvet cotonneux : l'oſeille.

91. Rude *[ſcaber]* lorſque ſa ſuperficie eſt chargée d'éminences ou de points rudes & ſaillans. *Gallium pariſienſe.*

92. Échinée *[echinatus, muricatus]* lorſque ſa ſuperficie forme des ſaillies aiguës & un peu piquantes. *Rubia tinctorum.*

93. Cotonneuſe, laineuſe *[tomentoſus, lanatus]* lorſque ſa ſuperficie eſt chargée de poils, tellement entrelacés les uns dans les autres, qu'on ne peut les diſtinguer ſéparément, & que leur abondance donne à la plante un aſpect cotonneux & blanchâtre, ou forme un tiſſu qui imite une étoffe de laine. Telle eſt celle du *gnaphalium dioicum,* du *verbaſcum thapſus,* &c.

Tome I. C

94. Pubefcente *[pubefcens, villofus]* lorfque fa fuperficie eft chargée de poils foibles, mous & faciles à diftinguer.

95. Velue *[hirfutus, pilofus]* lorfque les poils qui couvrent fa fuperficie font un peu ramaffés, compacts & plus fermes que les précédens.

96. Hériffée, âpre *[hirtus, fcaber]* lorfque les poils font écartés les uns des autres, mais fouvent affez roides pour rendre la plante âpre au toucher, comme dans la plupart des borraginées.

97. Aiguillonnée *[aculeatus]* lorfque fa fuperficie eft garnie d'aiguillons piquans qui ne tiennent qu'à l'écorce, comme dans la ronce, le rofier, &c.

98. Épineufe *[fpinofus]* lorfqu'elle eft armée d'épines qui naiffent dans le bois où elles font adhérentes, comme dans le prunier épineux, l'aubepin, &c.

99. Cuifante *[urens]* lorfque fa fuperficie eft couverte d'aiguillons auffi petits que les poils, & dont la piqûre caufe une démangeaifon brûlante & prefque inflammatoire : l'ortie.

100. Stipulée *[stipulatus]* lorsqu'elle est garnie de stipules, comme celle de la persi-caire, de plusieurs cistes, &c.

101. Ailée *[alatus]* lorsqu'elle est garnie longitudinalement de membranes qui dé-bordent sa superficie, & qui sont ordinai-rement une production des feuilles, comme celle de l'*onopordum.*

[H]

Si l'on considère la composition de la tige, on dit qu'elle est

102. Sans nœud *[enodis, æqualis]* lors-qu'elle se continue également sans être inter-rompue par des nœuds, ni par aucune articu-lation. *Scirpus lacustris.*

103. Simple *[simplex]* lorsqu'elle se con-tinue uniformément & ne se divise que vers son sommet, ou même point du tout, comme celle du *campanula latifiola,* du *gna-phalium sylvaticum,* &c.

104. Articulée. *[articulatus]* Voyez le n.° *69.*

105. Prolifère *[prolifer]* lorsqu'elle ne produit de rameaux qu'à son extrémité

d'où ils partent tous comme d'un centre commun.

106. Fourchue [*dichotomus*] lorfqu'elle fe divife par-tout en formant la fourche, c'eft-à-dire que fes divifions font toujours deux par deux & divergent entr'elles, comme dans le *valeriana locufta*.

107. Branchue [*brachiatus*] lorfque fes rameaux font oppofés & forment des efpèces de bras, comme dans le *mercurialis annua*.

108. Rameufe [*ramofus*] lorfqu'elle pro-duit latéralement des rameaux qui ne font pas oppofés, comme celle de l'abfinthe.

109. Effilée [*virgatus*] lorfqu'elle s'alonge en manière de baguette, ou lorfqu'elle produit des rameaux droits, alongés, très-menus & plians, comme dans le *falix vitellina*, le *falix viminalis*, &c.

110. Paniculée [*paniculatus*] lorfque fes rameaux, par leurs fréquentes fous-divifions, imitent une panicule, (voyez ce mot) comme dans le *faxifraga cotyledon*.

111. En niveau [*faftigiatus*] lorfque les rameaux font tous d'une égale hauteur, comme fi on les avoit nivelés en les

coupant supérieurement. *Santolina chamæcy-pariſſus.*

112. Ouverte *[patens]* lorſque du collet de la racine partent pluſieurs tiges un peu divergentes & formant des angles aigus entre elles. *Heſperis triſtis.*

113. Étalée *[divaricatus]* lorſque du collet de la racine partent pluſieurs tiges très-écartées, formant preſque des angles obtus entr'elles, ou lorſque la tige ſe diviſe en rameaux nombreux très-étalés & très-ouverts. *Eryſimum officinale.*

[I]

114. Les rameaux ou les branches *[rami]* ne ſont que des productions ou même des diviſions de la tige. Si on les conſidère ſéparément, on dit qu'ils ſont

115. Alternes *[alterni]* lorſqu'ils ſont diſpoſés l'un après l'autre par gradation autour de la tige.

116. Oppoſés *[oppoſiti]* lorſqu'ils ſont diſpoſés par paires ſur la tige où leur inſertion ſe fait ſur deux points diamétralement oppoſés : le cornouiller.

117. Diftiques *[diftichi]* lorfqu'ils font difpofés fur deux rangs feulement, c'eft-à-dire qu'ils ne font tournés exactement que de deux côtés.

118. Épars *[fparfi]* lorfqu'ils font difpofés de tous les côtés, c'eft-à-dire qu'ils naiffent fans garder aucun ordre remarquable.

119. Ramaffés *[conferti]* lorfqu'étant épars ils font tellement nombreux qu'ils garniffent prefque toute la tige ou d'autres rameaux communs, & laiffent à peine quelque part un vide fenfible.

120. Verticillés *[verticillati]* lorfqu'ils font plus de deux à chaque articulation & qu'ils entourent ainfi la tige par étages, en manière de verticilles ou d'étoile; & dans ce cas, l'on confidère leur nombre à chaque verticille, & l'on dit qu'ils font ternés, quaternés, quinés, &c. *[terni, quaterni, quini, &c.]* *nerium.*

121. Droits *[erecti]* lorfque la tige étant dans une fituation droite, ils forment avec elle des angles très-aigus, *cupreffus.*

122. Serrés *[coarcti]* lorfqu'ils font ferrés contre la tige, quelle que foit fa direction.

123. Divergens *[divergentes]* lorſqu'étant oppoſés ou verticillés, ils s'écartent tellement de la tige qu'ils forment chacun un angle preſque droit avec elle.

124. Étalés *[divaricati]* lorſqu'étant alternes ou épars, ils forment avec la tige & entr'eux des angles preſque droits.

125. Courbés, pliés *[deflexi]* lorſqu'ils penchent en dehors en formant un peu l'arc, de ſorte que leur extrémité eſt plus baſſe que leur inſertion.

126. Pendans *[penduli]* lorſque par leur longueur ou par leur foibleſſe ils tombent preſque perpendiculairement. *Salix babylonica.*

127. Réfléchis *[reflexi, inflexi]* lorſque étant pendans, leur extrémité ſe recourbe vers la tige.

128. Repliés *[retroflexi]* lorſqu'étant courbés en dehors & preſque pendans, leur extrémité ſe replie encore en différens ſens.

129. Enfin on diſtingue ceux qui ont des ſupports *[voyez ce mot]* d'avec ceux qui n'en ont pas, & dans ce cas on nomme les premiers, *rameaux à ſupports [rami fulcrati.]*

OBS. Les tiges & les rameaux des plantes

C iv

fourniſſent encore par leur conſiſtance, leur couleur , &c. beaucoup de caraĉtères utiles pour les diſtinguer.

La tige eſt ſucculente dans le pourpier , la bourache & la bète; ſèche dans le ſmilax, les graminés , &c. laiteuſe dans les chicoracées, campanules, liſerons, apocins, pavots, tithymales; verte dans l'hyeble, le fenouil, les oignons; cendrée dans le ſureau, le charme, le peuplier; blanche dans le bouleau; rouge dans le cornouiller ſanguin, dans la patience ſang de dragon, dans la bète-rave, dans une variété de l'arroche des jardins; tachée dans la ſerpentaire, la ciguë, la viperine; & gluante dans pluſieurs ſilènes, dans l'aune, &c.

Elle eſt tout-à-fait expoſée à l'air dans le ſeneçon; cachée ſous l'eau dans le *nymphea*, & enfoncée dans la terre ou ſous la mouſſe dans la clandeſtine.

Les rameaux de la tige ont une diſpoſition remarquable dans certaines plantes; ils forment un buiſſon ſur le roſier, une tête ſur le pommier & un cône ſur le cyprès.

III. *DES FEUILLES.*

130. Les feuilles méritent à bien des égards

de fixer notre attention. L'époque même de leur naiſſance qui annonce le retour du printemps & le renouvellement de la Nature ; la mobilité de ces parties qu'une légère épaiſſeur & une queue molle & flexible rendent communément ſuſceptibles de ſe jouer au gré des vents ; ce vert riant & ami de l'œil, dont la plupart ſont colorées ; leur diſpoſition également agréable dans ſa ſymétrie & dans ſon déſordre ; tout contribue en elles à nous préſenter la plante ſous un aſpect flatteur, & à lui donner un air de vie & de ſanté. Elles font le principal ornement de nos forêts, où elles répandent de plus la fraîcheur & l'ombre, & nous offrent un azyle contre les ardeurs du ſoleil.

Mais l'objet du Naturaliſte eſt de les conſidérer par rapport au corps même de la plante, à l'entretien de laquelle elles ſont très-utiles, ſouvent même néceſſaires. On peut en effet les regarder comme des extenſions particulières de la tige & des rameaux, deſtinées à augmenter l'étendue de la ſurface extérieure de la plante, & à préſenter à l'air un grand nombre de pores qui pompent l'humidité ſalutaire de ce fluide, & réparent les pertes caufées par la tranfpiration, auxquelles ne fuppléent pas fuffifamment les fucs fournis par les racines.

Toutes les plantes n'ont pas effentiellement des feuilles, les champignons [fi on peut les mettre au rang des végétaux] les falicornes, quelques joncs, plufieurs cactus, différens euphorbes, &c. paroiffent privés de cet organe.

Il y en a qui n'ont que des efpèces d'écailles qui en tiennent lieu, comme l'orobanche, la clandeftine, le nid d'oifeau, &c.

On diftingue en général dans cette partie, ce que l'on appelle proprement la *feuille*, & la queue qui cependant n'exifte pas toujours, & à laquelle on a donné le nom de *pétiole*, pour la diftinguer de la queue de la fleur que l'on appelle *péduncule*.

Le pétiole & le péduncule étant regardés comme des fupports, feront par cette raifon décrits dans un article féparé.

La feuille proprement dite *[folium]* n'eft que l'épanouiffement du pétiole, ou une continuité & une expanfion de l'écorce de la tige, formée de deux couches, l'une fupérieure

& l'autre inférieure, entre lesquelles se trouve un prolongement des vaisseaux de la plante, dont les principales ramifications forment les nervures de la feuille. Ce prolongement s'épanouit ensuite en un réseau souvent double, mais très-mince.

Entre les deux feuillets de ce réseau vasculeux, ou entre ses mailles, on observe un tissu cellulaire tendre & spongieux qu'on nomme *parenchime*, & qui est composé de vésicules, dont les unes contiennent des sucs propres à la nourriture de la plante, & les autres des liqueurs qui peuvent devenir nuisibles lorsqu'elles n'ont point été évacuées par l'évaporation.

Les sucs ou l'humidité dont les pores absorbans de la feuille dépouillent l'air, descendent & vont fournir à l'entretien des racines, tandis que celles-ci pompent d'autres sucs qui montent pour aller contribuer à l'accroissement des autres parties.

Il paroît que c'est par leur surface inférieure que les feuilles absorbent l'humidité de l'air, & que celle qui est tournée vers le ciel, ne sert qu'aux excrétions, & à garantir la furface oppofée du contact de la lumière directe qui la troubleroit dans fes fonctions ; car on a obfervé que la difpofition des feuilles étoit tellement conftante, que toutes les fois qu'on renverfoit une branche pour changer l'afpect de leurs furfaces, elles reprenoient en peu de temps leur première fituation.

Ainfi tout nous induit à croire que les feuilles entrent pour beaucoup dans la confervation de l'invidu ; qu'elles font aux racines ce que celles-ci font à l'égard des autres parties, puifque leur forme plane eft la plus convenable pour préfenter à l'air un contact plus étendu avec peu de matière, de même que la forme fibreufe des racines eft la plus propre pour percer, s'enfoncer & pénétrer dans tous les lieux où fe trouvent les fucs & l'humidité néceffaires à la nutrition de la plante.

Enfin, les feuilles offrent au Botanifte, par leur admirable diverfité, une foule de caractères fondés fur leur infertion, leur forme, leur fubftance, leur durée, &c. qui peuvent être d'un grand fecours pour faire diftinguer les plantes les unes des autres, lorfqu'on fait faire un heureux choix de ces mêmes caractères, & n'employer que ceux qui font tranchans & invariables.

[A]

Si l'on confidère le lieu où s'insèrent les feuilles, on dit qu'elles font

131. Radicales *[radicalia]* lorfqu'elles naiffent immédiatement du collet de la racine. La primevère, le piffenlit.

132. Caulinaires *[caulina]* lorfqu'elles s'insèrent fur la tige ; c'eft le cas le plus commun. La laitue, la fauge.

133. Raméales *[ramea]* lorfque l'on veut exprimer celles qui s'insèrent fur les rameaux, comme celles du pommier, du cerifier.

134. Axillaires *[axillaria]* lorfqu'elles s'in-sèrent dans les aiffelles des branches, c'eft-à-dire, lorfqu'elles naiffent dans l'angle fupérieur formé par l'infertion de chaque branche fur la tige. Je ne connois point d'exemple de ce cas, mais très-ordinairement les feuilles naiffent immédiatement fous l'infertion des branches, de forte que ce font alors les branches qui font axillaires, puifqu'elles font placées dans

l'angle formé par les feuilles & la tige, d'où elles fortent immédiatement.

135. Florales [*floralia*] lorfqu'elles font très-voifines des fleurs. [*Voyez* Bractées]

On confidère fouvent leur nombre, & fi on l'exprime d'une manière indéterminée, on dit qu'elles font

136. Peu nombreufes, [*pauca*] nombreufes, [*numerofa*] très-nombreufes, [*numerofiffima*]

Et d'une manière déterminée, on dit qu'elles font

137. Géminées, ternées, &c. [*gemina, trina, vel ternata* [c'eft-à-dire, qu'elles font attachées deux par deux, ou trois par trois fur le même point de la tige, ou fur le même pétiole.

[B]

Si l'on confidère la fituation des feuilles, & leur pofition les unes à l'égard des autres, on dit qu'elles font

138. Alternes [*alterna*] lorfqu'elles font difpofées par degrés fur la tige, & qu'elles font placées de côté & d'autre alternativement. Le chardon, le faule.

139. Distiques *[disticha]* lorsqu'elles font toutes rangées alternativement sur deux côtés opposés de la tige ou des rameaux. Le sapin, l'if.

140. Éparses *[sparsa]* lorsqu'elles font assez nombreufes, difposées alternativement autour de la tige ou des rameaux, mais qu'elles ne gardent entr'elles aucun ordre déterminé. *Lilium candidum, hieracium fabaudum.*

141. Ramaffées *[conferta]* lorsqu'étant éparfes, leur nombre eft fi grand que la tige ou les rameaux en font par-tout couverts. *Euphorbia cyparissias.*

142. Fafciculées *[fafciculata]* lorfque s'inférant plufieurs enfemble fur un même point, elles forment de petits faifceaux ou paquets, diftingués les uns des autres. *Afparagus retrofractus, pinus larix.*

143. Embriquées *[imbricata]* lorfque étant éparfes & ramaffées, elles fe recouvrent l'une l'autre à moitié, comme les tuiles d'un toit. *[Voyez* n.° 83.]

144. Confluentes *[confluentia]* lorfque étant toutes fituées les unes après les autres

d'une manière diftincte, elles paroiffent malgré cela fe tenir & adhérer entr'elles.

145. Rapprochées [*approximata*] lorf-qu'elles naiffent toutes fi près les unes des autres, qu'elles ne laiffent que de très-petits vides entre les points de leur infertion.

146. Éloignées [*remota*] lorfqu'elles laiffent des efpaces confidérables entre les points de leur infertion.

147. Oppofées [*oppofita*] lorfqu'elles font difpofées par paires, & que les points de leur infertion font diamétralement oppofés dans chaque couple. *Scabiofa, lonicera.*

148. Croifées [*decuffata*] lorfqu'étant oppofées & plus ou moins rapprochées, la direction de chaque paire coupe à angles droits celles de la fuivante & de la précédente, de forte que les feuilles paroiffent difpofées fur quatre rangs autour de la tige. *Veronica teucrium, hyffopus myrtifolia.* Hort. reg.

149. Verticillées [*Verticillata, flellata*] lorfqu'elles font difpofées en anneau autour de la tige, c'eft-à-dire, qu'elles font oppofées au-delà de deux à chaque nœud, où elles forment une efpèce d'étoile. *Gallium, lilium martagon.*

150.

150. En écailles *[squammosa]* lorsqu'elles s'insèrent sur la tige en manière d'écailles. *Cytinus hypocistis.*

[C]

Si l'on considère la direction des feuilles, on dit qu'elles sont

151. Droites *[erecta, stricta]* lorsque étant presque perpendiculaires à l'horizon, elles forment un angle très-aigu avec la tige. *Tragopogon pratense, colchicum autumnale.*

152. Roides *[rigida]* lorsqu'elles sont fermes, & qu'elles résistent à la flexion. *Gallium uliginosum.*

153. Appliquées *[adpressa]* lorsqu'elles sont rapprochées de la tige également dans toute leur longueur, & que leur disque ou leur partie moyenne y paroît appliquée.

154. Ouvertes *[patentia]* lorsque leur extrémité s'éloigne de la tige avec laquelle elles forment un angle de plus de vingt degrés, mais pas entièrement droit. *Hieracium sabaudum.*

155. Horizontales *[horizontalia]* lorsque

Tome I.   D

leurs furfaces forment un angle droit avec la tige. *Lactuca virofa.*

156. Relevées [*affurgentia*] lorfqu'étant inclinées ou fimplement horizontales, elles fe relèvent dans leur partie fupérieure, au point que leur fommet eft entièrement droit.

157. Courbées en-dedans [*inflexa, incurva*] lorfqu'elles font courbées en arc concave, de forte que leur fommet regarde la tige.

158. Réfléchies [*reflexa*] lorfqu'étant redreffées ou ouvertes dans leur partie infé-rieure, elles fe replient de manière que leur fommet devient horizontal ou même fe rabat vers la terre.

159. Renverfées [*reclinata*] lorfqu'elles font très-réfléchies, & que leur fommet eft plus bas que la pointe de leur infertion.

160. Roulées en-dehors [*revoluta*] lorf-qu'elles font roulées fur elles-mêmes en-dehors en forme de fpirales, ou lorfqu'elles font fimplement roulées en leurs bords de deffus en-deffous. *Teucrium fupinum.*

161. Roulées en-dedans [*involuta*] lorfque les fpirales qu'elles forment aux dépens de leur longueur ou de leur largeur, fe font en-deffus.

162. Pendantes [*dependentia*] lorfque fans former aucun arc, leur fommet regarde la terre perpendiculairement.

163. Obliques [*obliqua*] lorfque leur furface, prife dans fa largeur, eft tellement inclinée, qu'elle s'écarte à peu-près également de l'horizontale & de la verticale. *Fritillaria perfica.*

164. Verticales [*verticalia , obverfa*] lorfque leur furface, prife dans fa largeur, eft perpendiculaire à l'horizon.

165. Submergées [*fubmerfa , demerfa*] lorfqu'elles font entièrement plongées, & qu'aucune de leurs parties n'atteint la furface de l'eau. *Ranunculus aquatilis.*

166. Flottantes [*natantia*] lorfqu'elles paroiffent à la furface de l'eau fans aucune immerfion. *Nymphæa , hydrocharis morfus ranæ.*

167. Radicantes [*radicantia*] lorfque couchées fur la terre ou fur d'autres corps, elles s'y attachent par de petites racines qu'elles fourniffent de leur propre fubftance. *Saxifraga cotyledon.*

D ij

[D]

Si l'on considère l'insertion des feuilles, on dit qu'elles sont

168. Pétiolées [*petiolata*] lorsqu'elles sont portées sur un pétiole, c'est-à-dire, sur une petite queue qui les joint à la tige. *Urtica dioica.*

169. Ombiliquées [*umbilicata peltata*] lorsque leur pétiole ne s'insère point sur leur bord, mais dans leur disque, c'est-à-dire, dans le milieu de leur surface inférieure : on les nomme aussi alors feuilles en *rondache*. *Tropæleum majus. L.*

170. Sessiles [*sessilia*] lorsqu'elles s'insèrent immédiatement sur la tige, sans être soutenues par un pétiole. *Veronica teucrium.*

171. Appuyées [*adnata, adnexà*] lorsque étant sessiles, la base de leur surface supérieure est comme appuyée sur la tige ou sur les rameaux.

172. Coadnées [*coadnata*] lorsqu'elles naissent plusieurs ensemble, & comme par paquets, sans s'insérer cependant comme celles du n.° 142, sur un même point.

173. Connées [*connata*] lorsqu'étant opposées deux à deux, elles sont tellement unies à leur base, que chaque paire ne paroît composée que d'une seule feuille. *Lonicera caprifolium, dipsacus laciniatus.*

174. Courantes [*decurrentia*] lorsque leur base se prolonge sur la tige ou sur les rameaux, & qu'elle y forme une saillie ou une espèce d'aile courante longitudinalement. *Verbascum thapsus.*

175. Amplexicaules [*amplexicaulia*] lorsqu'étant sessiles [170] elles embrassent par leur base le tour de la tige. *Hyoscyamus niger, brassica arvensis.*

176. Perfeuillées [*perfoliata*] lorsqu'elles sont enfilées dans leur disque par la tige, sans y adhérer par leurs bords. *Buplevrum rotundifolium.*

177. Engainées [*vaginantia*] lorsque leur base forme une espèce de tuyau qui entoure la tige en manière de gaine. La persicaire, les graminées.

[E]

Si l'on considère la figure des feuilles, on dit qu'elles sont

178. Orbiculaires *[orbiculata]* lorsque leurs extrémités sont également éloignées d'un centre commun. *Hydrocotyle vulgaris, geranium sanguineum.*

179. Arrondies *[subrotunda]* lorsqu'elles approchent de la figure orbiculaire. *Ranunculus hederaceus.*

180. Rondes *[rotunda]* lorsqu'ayant une figure orbiculaire, elles n'ont aucun angle remarquable. *Soldanella alpina.*

181. Ovale *[ovata]* lorsqu'étant plus longues que larges, elles sont arrondies à leur base, & un peu plus étroites à leur sommet. *Scabiosa succisa.*

182. Elliptiques *[elliptica]* lorsque le diamètre de leur longueur surpasse celui de leur largeur, & qu'elles sont également arrondies & rétrécies à leurs deux extrémités. *Vicia sylvatica.*

183. Oblongues *[oblonga]* lorsque leur longueur contient plusieurs fois leur largeur. L'oseille des prés, le bouillon blanc.

184. En parabole *[parabolica]* lorsque étant plus longues que larges, elle se rétré-

ciſſent inſenſiblement vers leur ſommet, &
ſe terminent par un bord très-arrondi.

185. Cunéiformes *[cuneiformia]* lorſque
étant plus longues que larges, elles imitent
par leur forme un coin ou un triangle, dont
le ſommet un peu tronqué repoſe ſur la tige.
Le pourpier.

186. Spatulées *[ſpathulata]* lorſqu'étant
un peu cunéiformes, c'eſt-à-dire, rétrécies
à leur baſe & élargies à leur ſommet, elles
ſe terminent par un bord arrondi. *Bellis
perennis.*

187. Digitées *[digitata]* lorſqu'elles
imitent par leurs découpures les doigts de la
main. *Helleborus viridis.*

188. Oreillées *[aurita]* lorſqu'elles ont
deux appendices ou oreillettes à leur baſe,
ou près du pétiole. Quelques eſpèces de ſaule,
pluſieurs *hieracium.*

189. Lancéolées *[lanceolata]* lorſqu'étant
oblongues [183] elles ſe rétréciſſent inſenſiblement vers leur extrémité, & imitent un
fer de lance. *Gratiola officinalis.*

190. Pointues *[acuta]* lorſqu'elles ſe
terminent par un angle qui forme comme

D iv

une pointe affilée. *Lysimachia nemorum, rumex acutus,* les graminées.

191. Linéaires [*linearia*] lorsqu'elles font étroites & d'une largeur presque égale dans toute leur longueur, excepté à leur sommet qui se termine en pointe. *Euphorbia cyparissias.*

192. Subulées [*subulata*] lorsqu'elles font en forme d'alène, c'est-à-dire, lorsqu'elles font linéaires à leur base, & qu'elles se terminent insensiblement en une pointe très-aiguë.

193. En épingle [*acerosa*] lorsqu'elles font linéaires, pointues, un peu dures, persistantes pendant toute l'année, & qu'elles imitent à peu-près la forme d'une épingle. *Pinus, juniperus, taxus.*

194. Capillaires, filiformes, sétacées [*capillaria, filiformia, setacea*] lorsqu'elles font tellement menues qu'elles imitent la forme d'un cheveu. *Festuca ovina, asparagus officinalis.*

[F]

Si l'on considère les angles des feuilles, on dit qu'elles font

195. Entières [*integra*] lorfqu'elles ne font pas divifées & qu'elles n'ont aucun angle, excepté à leur fommet, ni aucune finuofité remarquable.

196. Triangulaires, quadrangulaires, quinquangulaires, &c. [*triangularia, quadrangularia, quinquangularia, &c.*] lorfque leur circonférence eft remarquable par un nombre déterminé d'angles faillans.

197. Anguleufes [*angulofa*] lorfque les angles qu'on remarque à leur circonférence ne forment point un nombre déterminé. *Chenopodium hybridum.*

198. Rhomboïdes [*rhombea*] lorfqu'elles ont quatre côtés parallèles formant quatre angles, dont deux aigus, & deux obtus. *Chenopodium vulvária.*

199. Deltoïdes [*deltoidea*] lorfqu'elles ont quatre angles, dont les deux latéraux font plus proches de la bafe que du fommet. *Chenopodium ferotinum.*

200. Trapéfiformes [*trapefiformia*] lorfqu'elles ont quatre côtés inégaux & point parallèles.

[G]

Si l'on confidère les finus ou les échancrures qui forment des angles rentrans fur le difque des feuilles, on dit qu'elles font

201. Cordiformes [*cordiformia, cordata*] lorfqu'elles font un peu en pointe à leur fommet, & échancrées à leur bafe, de manière qu'elles imitent à peu - près la forme d'un cœur. Le tilleul, la violette.

202. Réniformes [*reniformia*] lorfqu'elles ont la figure d'un rein, c'eft-à-dire, qu'elles font arrondies, un peu plus larges que longues, & échancrées à leur bafe. *Afarum europæum.*

203. Lunulées [*lunata, lunulata*] lorfqu'elles imitent la forme d'un croiffant, c'eft-à-dire, lorfqu'elles font arrondies & échancrées à leur bafe, dont chaque lobe fe termine par un angle.

204. Sagittées [*fagittata*] lorfqu'elles imitent un fer de flèche, c'eft - à - dire, lorfqu'elles font triangulaires & échancrées à leur bafe. *Convolvulus arvenfis.*

205. Haftées [*haftata*] lorfqu'elles imitent

un fer de pique, c'est-à-dire, lorsqu'elles font triangulaires, creusées à leur base & sur les côtés, & que les deux angles latéraux divergent & se rejetent un peu en dehors. *Rumex scutatus, arum maculatum.*

206. Runcinées [*runcinata*] lorsqu'elles font découpées latéralement en lobes profonds & écartés, qui ne vont pas en diminuant vers leur base commune. *Erysimum officinale.*

207. Panduriformes [*panduriformia*] lorsqu'elles font à peu-près en forme de violon, c'est-à-dire, lorsqu'étant oblongues, un peu élargies sur-tout vers leur base, elles font remarquables par une échancrure de chaque côté. *Rumex pulcher.*

208. Bifides, trifides, quadrifides, &c. [*bifida, trifida, quadrifida, &c.*] lorsqu'elles font fendues en deux, ou trois, ou quatre lanières, &c. *Callitriche autumnalis.*

209. Multifides [*multifida*] lorsque le nombre de leurs lanières ou découpures est indéterminé, *potentilla multifida, peganum harmala.*

210. Pinnatifides [*pinnatifida*] lorsqu'elles font imparfaitement ailées, c'est-à-dire, lors-

qu'elles font découpées de chaque côté en manière d'aile, affez profondément, mais point jufqu'à la côte. La berce, le tabouret, la fcabieufe des champs.

211. Lobées [*lobata*] lorfqu'elles font fendues en plufieurs parties dont les extrémités font arrondies en manière de lobes. Le lierre, la vigne, &c.

212. Partagées [*partita*] lorfqu'elles font fendues ou découpées en plufieurs parties jufqu'à leur bafe. Pour déterminer le nombre de ces parties, on dit partagées en deux, en trois, en quatre, &c. [*bipartita, tripartita, quadripartita, &c.*] & d'une manière indéterminée, partagées en beaucoup de parties [*multipartita*] lorfque le nombre de ces divifions eft peu fixe & au-delà de quatre.

213. Palmées [*palmata*] lorfqu'elles imitent une main ouverte, c'eft-à-dire, lorfqu'elles font divifées à peu-près depuis leur milieu en plufieurs parties prefqu'égales. *Paffiflora cærulea*.

214. Lyrées [*lyrata*] lorfqu'elles font en lyre, c'eft-à-dire, lorfqu'elles font découpées latéralement en lobes profonds, écartés, élargis

à leur base, pointus à leur sommet, & qui vont en diminuant de grandeur vers la partie inférieure de la feuille. Le pissenlit, plusieurs *sisymbrium.*

215. Sinuées [*sinuata*] lorsque leurs côtés sont remarquables par plusieurs sinuosités ou espèces d'échancrures arrondies & très-ouvertes. *Hyosciamus niger.*

216. Laciniées, déchiquetées [*laciniata, dissecta*] lorsque leurs divisions ou découpures sont elles-mêmes une ou plusieurs fois divisées. *Eryngium campestre, geranium dissectum.*

[H]

Si l'on considère la bordure des feuilles [*margo foliorum*] c'est-à-dire, leur bord ou limbe, abstraction faite de leur disque, on dit qu'elles sont

217. Très-entières [*integerrima*] lorsque leur limbe se continue par-tout sans aucune division quelconque. *Lonicera caprifolium.*

218. Crénelées [*crenata*] lorsque leur bord est divisé par des dents arrondies ou obtuses qu'on nomme crénelures. *Betonica officinalis.*

219. Dentées, dentelées [*dentata, denticulata*] lorſque leur bord eſt diviſé par des dents pointues qui ne regardent pas le ſommet de la feuille. *Androſace maxima.*

220. En ſcie [*ſerrata*] lorſque leur bord eſt diviſé par des dents pointues qui regardent le ſommet de la feuille. *Achillæa ptarmica.*

221. Ciliées [*ciliata*] lorſque leur bord eſt garni de poils parallèles comme des cils. *Erica tetralix.*

222. Épineuſes [*ſpinoſa*] lorſque leur bord eſt garni de pointes aiguës, dures & piquantes. Les chardons, le houx.

223. Cartilagineuſes [*cartilaginea*] lorſque leur bord eſt diſtingué par une eſpèce de cartilage, ou de ſubſtance plus ferme & plus ſèche que celle de la feuille. *Saxifraga cotyledon.*

224. Déchirées [*lacera*] lorſque leur bord eſt partagé par des découpures inégales & difformes.

225. Rongées [*eroſa*] lorſqu'étant ſinuées [215], leurs échancrures ou ſinuoſités en ont d'autres plus petites & inégales entr'elles. *Hyoſcyamus aureus.*

[I]

Si l'on confidère le fommet des feuilles, on dit qu'elles font

226. Obtufes *[obtufa]* lorfque leur fommet eft prefque arrondi, & femble être émouffé. Le gui.

227. Échancrées *[emarginata]* lorfqu'elles ont à leur fommet une entaille médiocre qui les partage en deux portions peu alongées. *convolvulus brafilienfis.*

228. Émouffées *[retufa]* lorfque leur fommet eft très-obtus, prefque échancré & comme écrafé. *Vicia fativa.*

229. Mordues *[præmorfa]* lorfque leur fommet eft très-obtus, & terminé en même temps par de petites découpures ou déchirures inégales.

230. Tronquées *[truncata]* lorfque leur fommet fe termine par une ligne ou bord tranfverfal, comme s'il avoit été coupé.

231. Aiguës, pointues, *[acuta]* lorf-qu'elles fe terminent en pointe, c'eft-à-dire, par un angle aigu. *Rumex crifpus.*

232. Mucronées *[mucronata]* lorfque la

pointe aiguë qui les termine forme une saillie, & ne paroît pas être la suite du rétréciſſement inſenſible de la feuille. *Gallium uliginoſum.*

233. Vrillées *[cirrhoſa]* lorſqu'elles ſe terminent par un ou pluſieurs filets qui s'entortillent, s'accrochent aux corps voiſins, & qu'on nomme *vrilles. Lathyrus, vicia.*

[K]

Si l'on conſidère la ſuperficiè des feuilles, on diſtingue d'abord à raiſon de leur forme aplatie en général, la ſurface ſupérieure qui eſt tournée vers le ciel *[pagina ſuperior]* d'avec l'inférieure qui regarde en bas *[pagina inferior, vel prona pars]* & on dit qu'elles ſont

234. Nues *[nuda]* lorſqu'elles n'ont aucune excroiſſance particulière, c'eſt-à-dire, qu'elles ne ſont point chargées de glandes, de poils, d'épines, &c. Le lilac.

235. Glabres *[glabra]* lorſqu'elles ſont nues, & que leur ſurface eſt de plus unie & ſans inégalités remarquables. *Spinacia oleracea.*

236. Luiſantes *[lucida, nitida]* lorſqu'elles ſont tellement glabres qu'elles ſemblent avoir le poli de l'acier. *Angelica lucida.*

237.

237. Colorées [*colorata*] lorsque leur couleur diffère de la couleur verte qu'elles ont en général. *Amaranthus tricolor.*

238. Nerveuses [*nervosa*] lorsqu'elles ont des côtes ou nervures saillantes, qui s'étendent de la base au sommet sans se ramifier. Le plantain. On exprime aussi très-souvent le nombre des nervures, lorsqu'il est assez constant & assez petit pour être déterminé facilement. *Helianthus divaricatus, smilax aspera.*

239. Non nerveuses [*enervia*] lorsque leurs surfaces ne sont marquées d'aucune nervures. La tulipe.

240. Striées, marquées de lignes [*striata, lineata*] lorsqu'elles portent des lignes longitudinales, parallèles, à peine saillantes, mais très-visibles. *Ixia scillaris.*

241. Sillonnées [*sulcata*] lorsqu'elles sont marquées de traces ou de petites excavations longitudinales, nombreuses & parallèles, qu'on nomme *sillons. Curcuma longa.*

242. Veinées [*venosa*] lorsqu'elles sont marquées de côtes ou nervures assez petites, mais extrêmement ramifiées, & qui commu=

Tome I. E

niquent les unes avec les autres. *Viburnum lantana, salix myrsinites.*

243. Ridées *[rugosa]* lorsque leurs veines font difposées à l'aife, & que les portions de leur furface renfermées dans les ramifications des nervures, font élevées & forment des rides ou de petites éminences très - nombreufes. *Heliotropium Europæum, primula veris officinalis.*

244. Bullées *[bullata]* lorfque les rides ou les parties renflées de leur furface fupérieure font évidées en - deffous. *Ocymum bafilicum.* δ.

245. Ponctuées *[punctata]* lorfque leur furface eft parfemée de petits points nombreux, excavés ou en relief. *Alyffum montanum.*

246. Mamelonnées *[papillofa]* lorfqu'elles font chargées de points véficulaires un peu élevés & charnus, ou hériffées de tubercules nombreux. La glaciale.

247. Glanduleufes *[glandulofa]* lorfqu'elles font chargées de glandes [voyez ce mot] à leur bafe, ou dans les dentelures de leurs bords ou fur leur dos. *Viburnum opulus, falix alba, prunus lauro - cerafus.*

248. Vifqueufes, gluantes [*vifcida, glutinofa*] lorfqu'elles font enduites d'un fuc glutineux, tenace & collant. *Betula alnus, fenecio vifcofus.*

249. Pubefcentes [*pubefcentia, villofa*] lorfque leur fuperficie eft chargée d'un duvet très-fin, peu ferré & affez court, mais facile à diftinguer. *Sorbus domeftica.*

250. Cotonneufes, laineufes [*tomentofa, lanata*] lorfque leur fuperficie paroît comme drapée, c'eft-à-dire, qu'elle eft chargée de poils tellement entrelacés les uns dans les autres, qu'on ne peut les diftinguer féparément, & qu'ils lui donnent un afpect cotonneux ou laineux & blanchâtre. *Verbafcum thapfus.*

251. Soyeufes [*fericea*] lorfqu'elles font chargées de poils mous, parallèles, couchés, entaffés & luifans, c'eft-à-dire, qui donnent à la feuille un afpect foyeux & fatiné. *Potentilla anferina.*

252. Barbues [*barbata*] lorfqu'elles font chargées de poils ramaffés & prefque difpofés par faifceaux, mais à peu-près parallèles & point entrelacés. *Vincetoxicum.*

253. Velues [*hirfuta, pilofa*] lorfque

les poils qui couvrent leur superficie sont
alongés, mais point fasciculés ni entrelacés.
Hieracium pilosella.

254. Rudes, raboteuses [*scabra, aspera*]
lorsque leur superficie est parsemée de tubercules rudes, qui s'accrochent aisément aux
étoffes. *Gallium apparine.*

255. Hérissées [*hispida, hirta*] lorsque
leur superficie est couverte de poils rudes &
fragiles, *echium vulgare ;* ou de poils écartés
les uns des autres, *daucus carota.*

256. Piquantes [*aculeata, strigosa*] lorsqu'elles sont chargées de petites pointes
aiguës & piquantes, quoiqu'à peine visibles.
Gallium uliginosum, rubia tinctorum.

[L]

Si l'on considère la longueur ou l'expansion des feuilles, on dit qu'elles sont

257. Très-longues ou très-courtes [*lon-
gissima, brevissima*] lorsque l'on considère
leur longueur d'une manière absolue, ou
seulement par rapport à la grandeur de la tige,
ou à la grandeur des entre - nœuds. *Salix
viminalis.*

258. Planes [*plana*] lorſque leurs deux ſurfaces ſont aplaties & parallèles dans toute leur étendue. *Juncus piloſus, thymus ſerpyllum.*

259. Canaliculées [*canaliculata*] lorſqu'il règne dans toute leur longueur un ſillon ou une gouttière profonde, en forme de canal. *Allium anguloſum.*

260. Concaves [*concava*] lorſque leur bord eſt plus élevé que leur diſque, qui paroît creuſé ou enfoncé. *Geranium cucullatum; cotyledon umbilicus.*

261. Convexes [*convexa*] lorſque leur bord eſt moins élevé que leur diſque, qui paroît former une boſſe.

262. Pliſſées [*plicata*] lorſqu'elles forment des plis remarquables, c'eſt-à-dire, lorſque leur diſque d'un bord à l'autre, forme des enfoncemens & des élévations, ſoit parallèles, ſoit rayonnées. *Alchimilla vulgaris.*

263. Ondées [*undata, undulata*] lorſque leur circonférence, plus grande à proportion que leur diſque, les fait flotter en replis obtus & ondoyans. *Potamogeton criſpum.*

264. Friſées [*criſpa*] lorſqu'étant ex-trêmement ondées, leurs bords paroiſſent

difformes & comme mal frifés. *Malva crifpa.*

[M]

Si l'on confidère la fubftance des feuilles en particulier, & relativement à leur forme, on dit qu'elles font

265. Membraneufes *[membranacea]* lorf-qu'elles ne font point épaiffes, & qu'elles n'ont prefque point de pulpe. *Lathyrus fylveftris.*

266. Scarieufes *[fcariofa, arida]* lorfque leur fubftance eft aride, sèche, blanchâtre, fonore au tact, & fouvent gercée ou remplie de cicatrices.

267. Épaiffes *[craffa]* lorfque leur fub-ftance eft compacte, ferme & folide. *aloe, agave.*

268. Charnues, pulpeufes *[carnofa, pul-pofa]* lorfqu'elles font épaiffes & compactes, & que leur fubftance eft tendre & fucculente. *Sedum; falfola vermiculata.*

269. Renflées *[gibba]* lorfqu'étant char-nues, elles font plus épaiffes dans leur milieu, & comme convexes des deux côtés. *Sedum acre.*

270. Cylindriques *[cylindrica, teretia]* lorfqu'elles imitent un cylindre, excepté dans leur fommet qui fe termine en pointe. *Allium fchœnoprafum.*

271. Comprimées *[compreffa, depreffa]* lorfqu'étant fucculentes & épaiffes, elles ont quelqu'aplatiffement fenfible. Plufieurs *fedum, mefembryanthemum.*

272. Carinées *[carinata]* lorfqu'elles font en forme de carène, c'eft-à-dire, creufées en gouttière longitudinale dans leur milieu, & relevées en-deffous par une faillie anguleufe ou un peu tranchante. *Afphodelus ramofus.*

273. A trois côtés *[triquetra]* lorfqu'elles ont longitudinalement trois faces ou trois côtés planes, & qu'elles fe terminent par une pointe.

274. Ligulées *[ligulata, linguiformia]* lorfqu'elles font linéaires, charnues, obtufes & un peu convexes en-deffous. *Mefembryanthemum linguiforme.*

275. Enfiformes *[enfiformia]* lorfqu'elles imitent un glaive, une épée, c'eft-à-dire, qu'elles font alongées, un peu épaiffes dans

leur partie moyenne, prife quant à la largeur; qu'elles ont un bord tranchant de chaque côté, & qu'elles fe rétréciffent vers leur fommet, où elles fe terminent en pointe. *Iris Pfeudo-acorus.*

276. En fabre [*acinaciformia*] lorfqu'elles font alongées, un peu charnues, ayant un bord mince & tranchant, & l'autre épais & obtus. *Mefembryanthemum acinaciforme.*

277. En doloir [*dolabriformia*] lorfqu'elles imitent un couteau, ou cette efpèce de hache dont fe fervent les tonneliers, c'eft-à-dire, lorfqu'elles font un peu cylindriques à leur bafe, planes & élargies fupérieurement; qu'elles ont un côté tranchant, & que leur fommet fe termine par un bord arrondi. *Mefembryanthemum dolabriforme.*

[N]

Si l'on confidère la durée des feuilles, on dit qu'elles font

278. Caduques [*caduca, decidua*] lorfqu'elles tombent avant la maturité du fruit, ou à la fin de l'été. *Quercus robur, carpinus. &c.*

279. Perſiſtantes [*perſiſtentia , ſempervi-*
rentia] lorſqu'elles ne tombent point à la fin
de l'année, & qu'elles perſiſtent pendant un
ou pluſieurs hivers. *Quercus ilex, buxus, &c.*

[O]

Si l'on conſidère la compoſition des feuilles,
c'eſt-à-dire, leur nombre, leur poſition, &
leur inſertion ſur le même pétiole, on dit
qu'elles ſont

280. Simples [*ſimplicia*] lorſque leur
pétiole n'eſt terminé que par un ſeul épanouiſſement, c'eſt-à-dire, ne porte qu'une
ſeule feuille. L'oſeille, la violette.

281. Compoſées [*compoſita*] lorſque
leur pétiole eſt terminé par pluſieurs épa-
nouiſſemens, c'eſt-à-dire, porte pluſieurs
feuilles très-diſtinctes les unes des autres,
auxquelles on a donné le nom de folioles.
Vicia, hippocaſtanum.

282. Articulées [*articulata*] lorſqu'elles
naiſſent ſucceſſivement du ſommet les unes
des autres. *Cactus opuntia.*

283. Conjuguées [*conjugata*] lorſque
leur pétiole très-ſimple, porte une ou pluſieurs

paires de folioles oppofées ; ce qui fait qu'on nomme *bijuguées, trijuguées,* &c. *[bijugata, trijugata, &c.]* celles qui font formées par deux ou trois conjugaifons, c'eft-à-dire, deux ou trois paires de folioles oppofées. *Caffia.*

284. Binées, ternées, quaternées, quinées, &c. *[binata, ternata vel trina, quaternata, quinata, &c.]* lorfque leur pétiole commun porte deux ou trois, ou quatre, ou cinq folioles inférées fur le même point en manière de digitations. *Zygophyllum, trifolium,* plufieurs *cleome,* &c.

285. Pédiaires *[pedata]* lorfque leur pétiole fe divife en deux à fon extrémité, & que plufieurs folioles naiffent fur le côté intérieur de fes divifions. *Helleborus niger, arum dracunculus.*

286. Ailées, pinnées *[pinnata]* lorfque plufieurs folioles font rangées en manière d'ailes des deux côtés, & le long d'un pétiole commun. *Glycirrhiza, aftragalus.*

287. Ailées avec interruption *[interruptè-pinnata]* lorfque leurs folioles ont des dimen-fions inégales, c'eft-à-dire, lorfqu'elles font

alternativement grandes & petites. L'Aigre-
moine.

288. Ailées avec une impaire [*impari-
pinnata*] lorfqu'elles font terminées par une
foliole impaire. Le térébinthe, le noyer.

289. Ailées fans impaire [*abruptè-pinnata*]
lorfqu'elles font terminées par deux folioles
oppofées, & point par une impaire. Le
lentifque.

290. Les feuilles ailées [286] ont encore
diverfes marques qui fervent à les diftinguer;
les unes font terminées par un ou plufieurs
filets qu'on nomme *vrilles* [*folia pinnata
cirrhofa*], d'autres ont leurs folioles difpofées
alternativement [*folia alternè-pinnata*], d'autres
les ont oppofées [*oppofitè-pinnata*], d'autres
enfin les ont courantes fur le pétiole commun
[*decurfivè-pinnata*].

[P]

Si l'on confidère le degré de compofition
des feuilles, on dit qu'elles font

291. Recompofées [*decompofita*] lorfqu'elles font en quelque forte compofées
deux fois, c'eft-à-dire, lorfque leur pétiole

au lieu de porter des folioles de chaque côté, porte d'autres petits pétioles, d'où fortent à droite & à gauche des folioles particulières. *Ruta graveolens.*

292. Bigeminées [*bigeminata*] lorfque leur pétiole fe bifurque, & foutient à fes extrémités quatre folioles difpofées par paires.

293. Biternées [*biternata*] lorfque leur pétiole fe divife en trois parties, qui portent chacune trois folioles. *Epimedium.*

294. Bipinnées [*bipinnata*] lorfqu'elles font deux fois ailées, c'eft-à-dire, lorfque leur pétiole porte de chaque côté des feuilles ailées. *Mimofa cinerea.*

295. Sur-compofées [*fupra-decompofita*] lorfqu'elles font plus de deux fois compofées, c'eft-à-dire, lorfque leurs pétioles plufieurs fois divifés portent des filets qui au lieu de fe terminer par des folioles, fe divifent encore en d'autres filets qui foutiennent des folioles. *Spiræa aruncus.*

296. Tergeminées [*tergemina, triplicato-gemina*] lorfque leur pétiole fe divife en trois parties, qui foutiennent chacune à leur fommet quatre folioles féparées par paires.

297. Triternées [*tri-ternata, triplicato-ternata*] lorsque leur pétiole se divise en trois parties, qui se subdivisent encore chacune en trois autres parties, chargées chacune de trois folioles.

298. Tripinnées [*tripinnata, triplicato-pinnata*] lorsqu'elles sont trois fois ailées, c'est-à-dire, lorsque leur pétiole porte de chaque côté, en manière d'ailes, plusieurs folioles bipinnées [294] avec ou sans impaire terminale.

IV. DES SUPPORTS.

299. Outre la tige, qui dans les Plantes où elle existe, est comme le support commun de toutes les autres parties, un grand nombre de vegétaux ont encore des supports particuliers en forme de queue, qui soutiennent leurs feuilles & leurs fleurs, & en diversifient de mille manières le port & la situation : ces espèces de queue méritent seules proprement le nom de *supports ;* cependant, on a compris sous cette dénomination générale quelques-autres parties, dont les unes aident aux Plantes à se soutenir, ou servent à les

garantir & à les défendre, & les autres faci-
litent l'excrétion de quelque humeur.

Nous parlerons d'abord du pétiole & du
péduncule, qui font les fupports proprement
dits : nous pafferons enfuite aux autres efpèces,
qui font, la vrille, les ftipules, les bractées,
les épines, les éguillons, les poils, les glandes,
les écailles, & les humeurs extérieures.

Du Pétiole.

300. Le Pétiole [*Petiolus*] eft cette
partie du tronc ou des rameaux des Plantes
qui foutient les feuilles, mais jamais les fleurs
ni le fruit, & qu'on nomme vulgairement
queue des feuilles.

[A]

Le Pétiole, relativement à fa figure, eft
appelé

301. Linéaire [*linearis*] lorfqu'il eft
très-menu & égal dans toute fa longueur.

302. Ailé [*alatus*] lorfqu'il eft bordé
de chaque côté d'une membrane courante &
longitudinale. L'oranger.

303. Membraneux [*membranaceus*] lorfqu'il

eſt comprimé & tellement aminci, qu'il ne paroît contenir aucune ſubſtance pulpeuſe.

304. Cylindrique [*teres*] lorſqu'il eſt arrondi dans toute ſa longueur.

305. Demi-cylindrique [*ſemi-teres*] lorſ-qu'il eſt cylindrique d'un côté, & un peu comprimé de l'autre.

306. Anguleux [*angulatus*] lorſqu'il n'eſt ni parfaitement cylindrique, ni parfaitement plane, mais remarquable par pluſieurs angles ſaillans.

307. Plane [*planus*] lorſqu'il eſt aplati & comprimé des deux côtés, & qu'il a en même temps une épaiſſeur ſenſible.

308. Canaliculé [*canaliculatus*] lorſque ſa ſurface ſupérieure eſt creuſée par un ſillon, ou une gouttière profonde & longitudinale.

[B]

Le Pétiole conſidéré relativement à ſa grandeur, que l'on compare preſque toujours à l'extenſion longitudinale de la feuille, eſt appelé

309. Très-court [*breviſſimus*] lorſque

fa longueur eſt ſurpaſſée pluſieurs fois par celle de la feuille.

310. Court [*brevis*] lorſque ſa longueur eſt moindre que celle de la feuille, mais en approche.

311. Médiocre [*mediocris*] lorſque ſa longueur eſt ſenſiblement égale à celle de la feuille.

312. Long [*longus*] lorſque ſa longueur ſurpaſſe ſenſiblement celle de la feuille, mais non de pluſieurs fois.

313. Très-long [*longiſſimus*] lorſque ſa longueur ſurpaſſe pluſieurs fois celle de la feuille.

[C]

Si l'on conſidère l'inſertion du pétiole, on dit qu'il eſt

314. Adhérent [*inſertus*] lorſqu'il ne s'élargit point à ſa baſe, & qu'il ne paroît adhérent à la plante que par un ſimple contact, ſans s'appliquer à la ſurface de la tige ou des rameaux dans aucune portion de ſa longueur.

315. Cohérent [*adnatus*] lorſque ſa baſe s'élargit, & qu'il s'applique dans une

partie

partie de sa longueur sur la surface de la tige ou des rameaux, de sorte que l'on ne pourroit l'en détacher, sans déchirer en même temps une portion de l'épiderme de la plante, plus grande que celle qu'embrasseroit la simple épaisseur du pétiole.

316. Décurrent [*decurrens*] lorsque sa base se prolonge sur la tige ou sur les rameaux, & y laisse une ou plusieurs saillies courantes en manière d'aile.

317. Amplexicaule [*amplexicaulis*] lorsque sa base en s'élargissant, embrasse ou environne la tige.

318. Engainé [*vaginans*] lorsque sa base forme une espèce de gaine qui enveloppe un peu la tige.

319. Appendiculé [*appendiculatus*] lorsque sa base se termine par une ou plusieurs appendices feuillées.

[D]

On considère aussi la direction du pétiole, & alors on dit qu'il est

320. Redressé [*erectus*], montant [*assur-*

gens], ouvert *[patens]*, recourbé *[recurvatus]*, divergent *[patulus]*, &c.

[E]

Si l'on confidère fa fuperficie, on dit qu'il eft

321. Glabre *[glaber]*, garni d'aiguillons *[aculeatus]*, épineux *[fpinofus]*, glanduleux *[glandulofus]*, nu *[nudus]*, coloré *[coloratus]*, &c.

Du Péduncule.

322. Le Péduncule *[pedunculus]* eft ce prolongement de la tige ou des rameaux des Plantes qui foutient les fleurs & les fruits, & qu'on nomme vulgairement leur queue : le péduncule eft aux fleurs ce que le pétiole eft aux feuilles.

[A]

Le Péduncule, relativement à fa compofition, eft appelé

323. Commun *[communis]* lorfqu'il eft chargé de plufieurs fleurs, ou lorfqu'il fe divife en plufieurs autres péduncules particuliers, chargés de fleurs & de fruits.

324. Partiel *[partialis]* lorsqu’étant chargé d’une seule fleur, il ne s’insère pas directement sur la tige ou sur les rameaux, mais sur un péduncule commun dont il n’est qu’une division.

325. Simple *[simplex]* lorsqu’il ne porte qu’une seule fleur, & qu’il s’insère directement sur la tige ou sur les rameaux.

OBS. La Hampe [voyez ce mot] peut être regardée comme un péduncule simple, qui s’insère immédiatement sur la racine de la plante.

[B]

Si l’on considère le lieu de l’insertion du péduncule, on dit qu’il est

326. Radical *[radicalis]* lorsqu’il s’insère immédiatement sur la racine, & alors il ne diffère pas de la hampe. *Anemone hepatica.*

327. Caulinaire *[caulinus]* lorsqu’il s’insère sur la tige ; raméal *[rameus]* lorsqu’il s’insère sur les rameaux; pétiolaire *[petiolaris]* lorsqu’il s’insère sur le pétiole.

328. Cirrhifère *[cirrhiferus]* lorsqu’il porte ou produit latéralement une vrille ou un filet. *Vitis, cardiospermum.*

F ij

329. Terminal [*terminalis*] lorfqu'il termine la tige ou les rameaux. *Lilium, tulipa.*

330. Axillaire [*axillaris*] lorfqu'il s'insère dans l'angle formé par les feuilles avec la tige, ou dans celui que forment les rameaux à leur naiffance. *Gratiola officinalis.*

331. Oppofé aux feuilles [*oppofiti-folius*] lorfqu'il s'insère dans un point oppofé à celui de l'infertion des feuilles. *Vitis.*

332. Au côté des feuilles [*laterifolius*], parmi les feuilles [*interfoliaceus*], au-deffus des feuilles [*fuprafoliaceus*], au-delà ou au-deffous des feuilles [*extrafoliaceus*], &c.

[C]

Si l'on confidère la fituation & le nombre des péduncules, on dit qu'ils font

333. Oppofés [*oppofiti*] lorfqu'ils s'insèrent fur deux points oppofés de la tige. *Teucrium pfeudo-chamæpitys.*

334. Verticillés [*verticillati*] lorfqu'ils font oppofés plus de deux à chaque nœud, & pour ainfi dire difpofés en anneau ou en étoile. *Marrubium.*

335. Alternes [*alterni*] lorsqu'ils sont disposés alternativement, mais seulement de deux côtés opposés de la tige ou des rameaux.

336. Épars [*sparsi*] lorsqu'ils sont disposés alternativement, mais de tous côtés & sans ordre.

337. Solitaires [*solitarii*] lorsqu'ils sont seuls chacun dans le lieu de leur insertion. *Pyrus cydonia.*

338. Geminés [*geminati*] lorsqu'ils sont disposés deux à deux sur chaque point de leur insertion.

[D]

Si l'on considère la direction des péduncules, on dit qu'ils sont

339. Appliqués [*adpressi*] lorsqu'ils sont rapprochés de la tige également dans toute leur longueur, & qu'ils y paroissent appliqués.

340. Droits [*erecti*] lorsqu'ils forment un angle très-aigu avec la tige, & qu'ils s'approchent de la verticale.

341. Serrés [*coarcti*] lorsqu'ils sont nombreux, rapprochés & très-serrés contre la tige.

342. Étalés, ouverts [*patentes, divaricati*] lorfqu'ils font nombreux & rapprochés dans le lieu de leur infertion, mais divergens & ayant leur fommet très-écartés de la tige qui les foutient.

343. Penchés [*cernui*] lorfque leur fommet eft courbé de façon que les fleurs qu'ils portent ont une nutation remarquable, & font tournées en-dehors ou vers la terre. *Carduus nutans.*

344. Retournés [*refupinati*], inclinés [*declinati*], perpendiculaires [*ftricti*], tortueux [*flexuofi*], &c.

345. Débiles, foibles [*flaccidi*] lorfque leur foibleffe eft telle qu'ils fléchiffent entraînés par le poids de la fleur.

346. Montans [*afcendentes*] lorfqu'étant un peu inclinés à leur bafe, ils fe redreffent enfuite & fe rapprochent de la perpendiculaire.

347. Pendans [*penduli*] lorfqu'ils font tournés tout-à-fait vers la terre, & qu'ils pendent perpendiculairement.

348. Uniflores, biflores, triflores, &c. [*uniflori, biflori, triflori, &c.*] lorfque l'on veut exprimer le nombre des fleurs qu'ils portent chacun en particulier.

349. Multiflores *[multiflori]* lorſque l'on veut exprimer qu'ils portent chacun beaucoup de fleurs, dont on ne détermine pas le nombre.

350. Courts *[breves]*, très-courts *] breviſſimi]*, longs *[longi]*, très-longs *[longiſſimi]* &c. lorſque l'on veut déterminer leur grandeur comparée à celle de la fleur.

[E]

Si l'on conſidère la ſtructure & la forme du péduncule, on dit qu'il eſt

351. Cylindrique *[teres]* lorſqu'il eſt arrondi dans ſa longueur comme un cylindre; trigone *[trigonus, triqueter]* lorſqu'il a trois faces égales; tétragone *[tetragonus]*, lorſqu'il a quatre faces égales.

352. Filiforme *[filiformis]* lorſqu'il eſt égal dans toute ſa longueur, & que ſon épaiſſeur ſurpaſſe à peine celle d'un fil.

353. Aminci *[attenuatus]* lorſque ſon épaiſſeur va en diminuant vers ſon ſommet, de ſorte qu'il eſt plus grêle près de la fleur qu'à ſa baſe.

354. Épaissi *[incrassatus]* lorsque son épaisseur est plus considérable vers son sommet. *Tragopogon.*

355. En massue *[clavatus]* lorsqu'étant très-épaissi vers son sommet, mais un peu resserré sous la fleur, il ressemble à une massue.

356. Nu *[nudus]* lorsqu'il ne porte ni feuilles, ni écailles, ni autres productions particulières.

357. Feuillé *[foliatus]* lorsqu'il est chargé de feuilles; écailleux *[squammosus]* lorsqu'il est garni d'écailles; bractéifère *[bracteiferus, bracteatus]* lorsqu'il porte des bractées; articulé *[articulatus, geniculatus]* lorsqu'il est divisé dans sa longueur par des nœuds ou articulations remarquables.

De la Vrille.

358. La Vrille *[cirrhus, capreolus]* est une production filamenteuse, ordinairement roulée en spirale, & à l'aide de laquelle une plante s'attache aux différens corps de son voisinage. *Vitis, bryonia.*

Elle est souvent formée par le prolongement

du péduncule ou du pétiole, & à peu-près organifée comme eux : on remarque fa forme, fa pofition & fa direction, & on dit qu'elle eft

359. Foliaire [*foliaris*] lorfqu'elle naît de la fubftance même de la feuille, & particulièrement de fon fommet. *Pifum ochrus.*

360. Pétiolaire [*petiolaris*] lorfqu'elle eft un prolongement du pétiole. *Vicia, ervum, lathyrus.*

361. Roulée en-dedans [*convolutus*] lorfque fes fpirales fe roulent de deffous en-deffus.

362. Roulée en-dehors [*revolutus*] lorfque fes fpirales fe roulent de deffus en-deffous.

OBS. Dans le lière, le bignonia, &c. les vrilles font des efpèces de griffes qui s'implantent comme les racines dans les murailles ou dans l'écorce des arbres voifins.

Des Stipules.

363. Les Stipules [*ftipulæ*] font de petites productions ou des efpèces d'écailles, qui naiffent de chaque côté à la bafe des pétioles ou des péduncules.

On confidère ordinairement leur nombre, leur pofition, leur infertion & leur forme, & on dit qu'elles font

364. Solitaires [*folitariæ*] lorfqu'il n'y en a qu'une à la bafe de chaque pétiole ou péduncule. *Rufcus aculeatus.*

365. Géminées [*geminæ*] lorfqu'elles font deux à deux, c'eft-à-dire, une de chaque côté à la bafe des pétioles ou péduncules. *Orobus.*

366. Latérales [*laterales*] lorfqu'elles font fituées fur le côté des pétioles ou des péduncules.

367. En-dehors des feuilles [*extra fo-liaceæ*] lorfqu'elles ne font point axillaires, & qu'elles font fituées hors de l'infertion des feuilles. Plufieurs légumineufes, l'aune, le tilleul.

368. En-dedans des feuilles [*intra fo-liaceæ*] lorfqu'elles font placées entre les feuilles & au-deffus de leur infertion. Le figuier, le mûrier.

369. Oppofées aux feuilles [*oppofiti fo-liaceæ*] lorfqu'elles font entièrement oppofées à l'infertion des feuilles. *Anagyris fætida, ebenus cretica.*

370. Caduques *[caducæ, deciduæ]* lorsqu'elles ne persistent point , & qu'elles tombent avant ou avec les feuilles.

371. Persistantes *[persistentes]* lorsqu'elles subsistent même après la chute des feuilles. *Rosa, spiræa.*

372. Sessiles *[sessiles]*, cohérentes *[adnatæ]*, courantes *[decurrentes]*, engainées *[vaginantes]*, en forme d'alène *[subulatæ]*, en forme de lance *[lanceolatæ]*, en forme de flèche *[sagittatæ]*, en forme de croissant *[lunatæ]*.

373. Droites *[erectæ]*, réfléchies *[reflexæ]*, étendues *[patentes]*, crochues *[uncinatæ]*.

374. Très - entières *[integerrimæ]*, crenelées *[crenatæ]*, dentées en scie *[serratæ]*, ciliées *[ciliatæ]*, fendues en plusieurs parties *[fissæ, multifidæ]*.

375. Très-courtes *[brevissimæ]*, médiocres *[mediocres]*, longues *[longæ]*, &c. & on détermine leur grandeur en la comparant avec celle des pétioles, ou des feuilles, ou des péduncules.

Des Bractées.

376. Les bractées ou les feuilles florales

[bractex] font de petites feuilles toujours fituées dans le voifinage des fleurs, ordinairement diftinguées des autres feuilles de la plante par leur forme & fouvent par leur couleur.

Ces parties fourniffent plufieurs caractères propres à la diftinction des efpèces : on confidère leur couleur, leur durée, leur nombre, leur fituation & leur forme, & on dit qu'elles font

377. Colorées *[coloratæ]* lorfqu'elles font tachées, ou que leur couleur eft différente de la couleur verte, qui eft commune aux feuilles de prefque toutes les Plantes. *Salvia horminum, melampyrum arvenfe.*

378. Caduques *[caducæ, deciduæ]* perfiftantes *[perfiftentes]*, lorfque l'on compare leur durée à celle des fleurs & des fruits.

379. En chevelure *[comofæ]* lorfqu'elles forment au-deffus des fleurs une touffe de feuilles, en manière de couronne ou de chevelure. *Fritillaria imperialis, bromelia ananas, lavandula ftæchas.*

380. Embriquées *[imbricatæ]* lorfqu'elles font placées entre les fleurs, avec lefquelles

elles forment par leur rapprochement une espèce d'épi serré. *Brunella, origanum.*

Obs. Toutes les distinctions que fournit la forme des bractées, s'expriment par les mêmes termes que celles qu'on tire de la forme des feuilles.

Des Épines & des Aiguillons.

[A]

381. Les Épines *[spinæ]* font des productions dures, aiguës, souvent ligneuses, & toujours adhérentes au corps de la Plante dont elles font partie.

Elles naissent sur les rameaux, dans le *prunus spinosa*, le *rhamnus catharticus*, l'*ononis spinosa*, le *cichorium spinosum*, &c. sur les feuilles, dans l'*ilex aquifolium*, l'*aloe*, le *carlina*, le *cynara*, &c. sur le calice, dans le *carduus*, l'*onopordum*, le *coris*, &c. sur le fruit, dans l'*agrimonia*, le *stramonium*, &c. & on les nomme

382. Terminales *[terminales]* lorsqu'elles naissent du sommet, soit des rameaux, soit des feuilles, &c. axillaires *[axillares]* lorsqu'elles

naiſſent dans les aiſſelles, ſoit des rameaux, ſoit des feuilles, ſoit des péduncules; cali-cinales *[calicinæ]* lorſqu'elles naiſſent immé-diatement du calice; foliaires *[foliares]* lorſqu'elles naiſſent ſur les feuilles; ſimples *[ſimplices]* lorſqu'elles ſe terminent ſans diviſion; diviſées *[partitæ]* lorſqu'elles ſont partagées vers leur ſommet; compoſées *[com-poſitæ]* lorſqu'elles portent elles-mêmes des épines qui naiſſent de leur ſubſtance.

Obs. Quelques Plantes perdent leurs épines, les unes par la culture, *prunus ſpi-noſa*, & les autres par la vieilleſſe, *ilex aquifolium*.

[B]

383. Les aiguillons ou piquans *[aculei]* ſont des productions dures, terminées par une pointe aiguë & fragile, & placées ſur les tiges & ſur les branches, où elles ſont attachées ſeulement ſur l'écorce, ſans adhérer à la ſubſtance propre des Plantes. *Roſa, berberis, rubus, ribes*.

On conſidère ordinairement la direction & la forme des aiguillons, & on dit qu'ils ſont

384. Droits *[recti]* lorſqu'ils n'ont au-cune courbure dans leur longueur ; courbés en-dedans *[incurvi]* lorſqu'ils fléchiſſent du côté de la tige ; courbés en-dehors *[recurvi]* lorſqu'ils fléchiſſent en-dehors ou vers la racine ; fourchus, bifides, trifides *[furcati, bifidi, trifidi]* lorſque l'on conſidère le nombre de leurs diviſions.

OBS. Les épines & les aiguillons peuvent être en général conſidérés comme des armes, qui ſervent à défendre les Plantes contre les animaux : on compare les épines qui adhèrent à la ſubſtance même des Plantes, aux cornes des animaux qui font corps avec les os du crâne ; & les aiguillons qui n'adhèrent qu'à l'écorce des Plantes, font comparés aux griffes & aux ongles des animaux.

Des Poils.

385. Les poils *[pili]* font de petits filets très-déliés, plus ou moins courts, plus ou moins flexibles, & qui naiſſent avec plus ou moins d'abondance ſur les différentes parties des Plantes : leur fonction eſt de les préſerver

de l'action des frottemens , des injures de l'air, du vent, de la chaleur & du froid.

On les regarde aussi comme des canaux excrétoires ; mais en considérant leur rapprochement , leur direction , leur manière de s'entrelacer, & le tissu qu'ils forment, on les compare ordinairement

[A]

386. À la laine ou au coton *[lana, tomentum]* lorsqu'ils sont nombreux, entassés, courbés & tellement entrelacés , qu'ils paroissent former un tissu qu'on nomme *laineux*, s'il a quelque chose de rude au toucher, & *cotonneux* s'il est fort doux.

387. À de la barbe *[barba]* lorsqu'ils sont un peu longs, parallèles ou disposés par faisceaux, mais point entrelacés.

388. Au duvet *[pubes, villus]* lorsqu'ils sont peu entassés, extrêmement déliés & doux au toucher.

389. À la rigidité de certains corps *[strigositas]* lorsqu'ils sont rudes, fermes, inclinés, & qu'ils rendent la superficie de la plante qu'ils couvrent, très-raboteuse & accrochante.

390.

390. À la rudeſſe *[ſcabrities]* lorſqu'ils ne forment que des corpuſcules preſque imperceptibles, mais très-rudes, diſperſés ſur la ſuperficie des Plantes.

391. Aux crins coupés en broſſe *[ſetæ]* lorſqu'ils ſont droits, parallèles & peu flexibles.

[B]

Si l'on conſidère leur forme, on dit qu'ils ſont

392. Simples *[ſimplices]* lorſqu'ils ſont droits, non articulés, & ſans aucune diviſion quelconque.

393. Crochus *[hamoſi]* lorſque leur extrémité eſt courbée en manière d'hameçon.

394. Rameux *[ramoſi]* lorſqu'ils ſont fourchus, & que leurs diviſions ſe ſubdiviſent en manière de rameaux.

395. Plumeux *[plumoſi]* lorſqu'ils ſont compoſés & chargés de chaque côté d'autres petits poils ſimples, rangés ſur un filet commun & diſpoſés en forme de plume.

396. Étoilés *[ſtellati]* lorſqu'ils ſont ſimples, & que réunis pluſieurs enſemble par

Tome I. G

leur bafe, ils divergent ou s'éloignent tous de leur point commun d'infertion, en formant des étoiles. *Alyſſum montanum.*

[C]

397. On donne encore quelquefois les noms fimples de crochets ou d'agrafes *[hami]* aux poils qui font un peu longs, fermes, & dont l'extrémité fe courbe ou s'arrondit en manière de crochet. La bardane.

398. Double-agrafes *[glochides]* à ceux dont l'extrémité fe divife en deux parties, repliées chacune en crochet anguleux & non fimplement arrondi, ou encore à ceux dont les divifions terminales font chargées chacune de beaucoup de petites pointes réfléchies en bas & très-accrochantes.

399. Triple-agrafes *[triglochides]* à ceux dont l'extrémité fe divife en trois parties, repliées chacune en crochet anguleux, ou chargées toutes trois de beaucoup de petites pointes réfléchies & très-accrochantes.

Des Glandes.

400. Les glandes *[glandulæ]* font de

petits corps véficuleux, arrondis ou ovales, fitués fur différentes parties des Plantes.

Ces petits corps fourniffent fouvent une liqueur plus ou moins vifqueufe, & paroiffent être les organes de quelques fécrétions.

401. Les glandes font en forme de veffie *[véficulares] mefembryanthemum criftallinum ;* en écailles *[fquammofæ] filices ;* en globules *[globulares] atriplex ;* en lentilles *[lenti-culares] betula alba ;* en grains milliaires *[miliares] pinus abies.*

402. Les unes font feffiles *[feffiles]* c'eft-à-dire, affifes & fans pédicules, *prunus cerafus;* les autres font pédiculées, *[ftipitatæ]* c'eft-à-dire, portées fur des petits pieds, qui les élèvent au-deffus de la furface des corps qui les produifent. La glaciale.

403. Elles font fituées ou dans les dentelures des feuilles, *falix alba ;* ou à la bafe des feuilles, *amygdalus communis ;* ou fur le dos des feuilles, *rofa eglanteria, prunus lauro-cerafus ;* ou fur les pétioles, *viburnum opulus ;* ou fur les bords des calices, *hypericum hirfu-tum ;* ou enfin à la bafe des étamines, *braffica, cheiranthus.*

G ij

Obs. M. Guettard eſt le premier qui ait examiné les glandes & les poils des Plantes, en Phyſicien profond & en Botaniſte éclairé : il a fait voir, par le plan d'une méthode fondée ſur la conſidération de ces parties, qu'elles ſont aſſez conſtamment uniformes dans les Plantes de même genre. On peut malgré cela ſe diſpenſer preſque toujours d'y avoir recours dans la citation des caractères, parce que les autres parties des Plantes en fourniſſent d'auſſi ſolides, & dont l'obſervation eſt beaucoup plus facile.

Des Écailles.

404. Les écailles *[ſquammæ]* ſont des productions minces, très-aplaties, un peu coriaces, & ſouvent sèches ou ſcarieuſes : elles forment l'enveloppe du bouton à fleur ou à feuilles *[voyez ces mots]* dans les arbres & les arbriſſeaux ; elles tiennent lieu de réceptacle ou de corolle, dans la plupart des fleurs à chatons ; elles font les fonctions de corolles & de calices dans preſque toutes les Plantes graminées ; elles compoſent les calices communs de preſque toutes les fleurs

fyngénéfiques , ou compofées proprement dites ; en un mot, on en trouve fur les racines qui ne font quelquefois que des affemblages de ces mêmes parties, fur les tiges, les rameaux, les pétioles, & les péduncules de beaucoup de Plantes.

405. Elles font vertes & aiguës dans le calice commun du doronic ; colorées & obtufes, dans celui du *gnaphalium* ; defféchées ou fcarieufes, dans celui du *catanance* ; épineufes, dans celui du *carduus* ; ciliées, dans celui des jacées ; déchirées en leurs bords, dans les chatons du peuplier ; membraneufes & tranfparentes, dans les tiges de l'orobanche, du tuffilage ; tendres & charnues, dans l'hypocifte, &c.

Des Humeurs extérieures.

Beaucoup de Plantes font enduites extérieurement de certaines humeurs épaiffes & vifqueufes. *Cucubalus vifcofus, ciftus ladaniferus, betula alnus,* &c.

D'autres laiffent fuinter au travers de leurs pores, ou par les ouvertures de leur écorce, des liqueurs de différentes natures qui s'épaiſſiſſent à l'air, & qu'on nomme

406. Réſines *[reſinæ]* lorſqu'elles ſont ſolubles dans l'eſprit-de-vin, & qu'elles ſont inflammables.

407. Gommes *[gummi]* lorſqu'elles ſont ſolubles dans l'eau, & qu'elles n'ont pas la propriété d'être inflammables.

408. Gommes-réſines *[gummi-reſinæ]* lorſqu'elles ſont mélangées de gomme & de réſine, c'eſt-à-dire, de principes très-ſolubles dans l'eau, & d'autres qui ne le ſont que dans l'eſprit-de-vin.

Obs. Les Plantes doivent ces différentes humeurs à leur ſuc propre, dont la ſubſtance & la couleur varient dans le plus grand nombre.

En effet, ce ſuc eſt jaune dans la cheli-doine, le bocconia, &c. il eſt rouge dans le *rumex ſanguineus*, le *carlina lanata*, &c. vert dans la pervenche, le *ſolanum nigrum*, &c. il a la blancheur du lait dans les laitues, les campanules, les pavots, l'*aſclepias*, le *convolvulus*, le *tithymalus*, &c. c'eſt ce qui a fait appeler ces dernières lacteſcentes *[plantæ lacteſcentes]*; & quant à ſa ſubſtance, il eſt gommeux dans le cerisier, résineux dans le sapin, gummo-résineux dans l'aloës, &c.

Des parties de la fructification ou des organes qui concourent à la reproduction des Plantes.

409. Cette organisation, ce principe de vie qui élève la Plante au-dessus du minéral, suppose en même-temps en elle les causes d'une altération, qui commence aussi-tôt que l'individu a acquis le dernier degré de son développement, & qui le conduit à une mort plus ou moins prochaine, selon que le développement lui-même a été plus prompt ou plus tardif. Les approches de l'hiver, cette saison à laquelle on a si naturellement comparé la vieillesse, font l'époque d'une décrépitude réelle, pour un grand nombre de végétaux qui ne voient jamais deux printemps. Au-dessus de ce premier terme, se trouvent différentes durées, dont la limite s'étend bien au-delà du nombre d'années accordé aux animaux, même les plus vivaces; & ce n'est souvent qu'après plusieurs siècles, que les grands arbres couvrent enfin de leur cime desséchée, le gazon où la scène des anemones

& des véroniques s'étoit tant de fois renouvelée fous leur feuillage renaiffant.

Mais le Créateur qui a condamné l'individu à périr tôt ou tard, a pourvu d'une manière folide à la confervation de l'efpèce. Tandis que la terre engourdie par les frimats, eft jonchées par-tout de feuilles mortes, de débris de tiges mutilées & méconnoiffables, déjà elle recèle dans fon fein le dépôt précieux d'une multitude de germes deftinés à la dédommager de fes pertes. Elle ne borne pas même fes reffources aux graines détachées du corps de l'individu : les cayeux ou les bulbes qui naiffent aux racines & fur les tiges de certaines plantes, font, ainfi que les rejets & les drageons, des moyens de reproduction que la Nature met en œuvre, & dans lefquels elle offre à notre admiration de nouveaux jeux de fa fécondité.

L'objet que nous nous propofons dans cet article, eft feulement de donner une idée de ces organes plus fenfibles & plus univerfels, que l'on appelle en général les parties de la fructification, & qui compofent la fleur & le fruit.

De la fleur, de ses enveloppes, de ses parties accessoires, & de sa disposition.

410. L'homme n'a vu pendant long-temps dans les fleurs qu'une parure pour les Plantes, & un objet d'agrément pour lui-même. Il a dû ne les apprécier d'abord que d'après cette impression douce & vive à la fois qu'elles font sur nous, lorsque dans une belle matinée de printemps, sous un ciel pur & serein, la terre étale avec complaisance ses richesses; lorsque la verdure émaillée de mille couleurs, devient le fond d'un tableau aussi varié que gracieux; lorsqu'un parfum suave répandu de toutes parts, donne un nouveau prix à la fraîcheur de l'atmosphère; & que le voyageur se trouvant tout-à-coup comme invité à une fête brillante, jouit avec transport de l'accueil innocent d'une solitude riante & animée, où tout semble en ce moment n'exister que pour lui.

Dans la suite, des Observateurs attentifs ont cru apercevoir que le mérite des fleurs ne se bornoit pas au don de plaire; ils ont soupçonné qu'elles pourroient bien avoir une utilité réelle par rapport à la Plante même : des expériences ingénieufes ont confirmé ce foupçon ; & enfin l'on s'eft convaincu que les différentes parties de la fleur, formoient autour de la graine ou de fon embryon, autant d'organes deftinés à affurer le fuccès de fes fonctions, relativement à la reproduction de l'individu.

411. Si l'on obferve attentivement une fleur complète, c'eft-à-dire, pourvue de toutes les parties qui entrent communément dans fa compofition, on remarquera au centre même de la fleur un ou plufieurs mamelons, qui fouvent fe prolongent fupérieurement en manière de petites colonnes, & auxquels on a donné le nom de *piftils :* cette partie eft unique & très-fenfible dans le lys & la tulipe.

Extérieurement aux piftils, fe trouvent les étamines qui en font diftinguées par une forme particulière. Ce font communément des filets dont le fommet porte une efpèce de petite bourfe remplie d'une pouffière réfineufe : les étamines font encore très-marquées dans le lys & la tulipe, où elles font au nombre de fix.

Toutes les parties dont nous venons de parler, font environnées en général d'une ou de deux enveloppes : celle qui eſt intérieure ſe nomme la *corolle*. C'eſt la partie la plus apparente de la fleur, & celle qui lui donne le plus de luſtre, par les vives couleurs dont elle brille dans un grand nombre d'individus; dans l'œillet, par exemple.

L'enveloppe extérieure eſt ordinairement verte, & a reçu le nom de *calice :* pour ſe former une idée de cette partie, il ſuffit de jeter les yeux ſur un œillet ou une renoncule.

Parmi les différens organes qui compoſent la fleur, les étamines & piſtils paroiſſent ſeuls eſſentiels à la fructification, & conſtituent par cette raiſon la fleur proprement dite : c'eſt ſur quoi il eſt néceſſaire d'entrer dans un plus grand détail.

De la fleur proprement dite.

412. Dans l'étamine *[ſtamen]* on diſtingue deux parties, ſavoir, le filet & l'anthère.

413. Le filet *[filamentum]* eſt une eſpèce de ſupport délicat qui ſoutient le ſommet de

l'étamine, à l'égard de laquelle il fait la fonction d'un petit péduncule. Il n'existe pas dans toutes les fleurs : celles de l'*aristolochia*, de l'*arum*, &c. en sont privées.

414. L'anthère *[anthera]* est cette espèce de petite bourse ou de capsule qui est supportée par le filet, & qui constitue l'essence de l'étamine.

415. Dans l'anthère, est renfermée cette poudre fine qu'on appelle la *poussière fécondante [pollen]*, & dont nous expliquerons l'usage, après que nous aurons donné une idée du pistil.

416. Le pistil *[pistillum]* est ordinairement composé de trois parties, qui sont l'ovaire, le style & le stigmate.

417. L'ovaire ou le germe *[germen]* est la partie inférieure du pistil : il renferme les embryons des semences, ainsi que les organes qui servent à leur nutrition. Cette partie est ordinairement portée immédiatement par le réceptacle *(voyez ce mot)* ; quelquefois aussi elle est soutenue par un petit pédicule particulier, comme dans le *passiflora*, l'*euphorbia*,

le *capparis ;* dans le premier cas, qui eſt le plus commun, on nomme l'ovaire feſſile *[germen feſſile]*; dans le ſecond cas, on dit qu'il eſt pédunculé *[germen pedunculatum]*.

418. Le ſtyle *[ſtylus]* eſt une eſpèce de tuyau fiſtuleux, plus ou moins alongé, ordinairement grêle, très-menu, qui eſt porté ſur l'ovaire, ou qui s'inſère quelquefois à ſon côté ou à ſa baſe.

419. Le ſtigmate *[ſtigma]* eſt la partie ſupérieure du piſtil : il ſe préſente ſous différentes formes que nous décrirons plus bas. Il repoſe ou ſur le ſtyle, ou immédiatement ſur l'ovaire, quand le ſtyle n'exiſte pas : car il en eſt de cette dernière partie, à peu-près comme du filet de l'étamine qui ne ſe trouve pas dans toutes les fleurs ; & c'eſt une obſervation à faire, que parmi les différentes eſpèces de ſupports que nous avons conſidérées juſqu'ici, ſavoir, la tige, le pétiole & le péduncule, auxquels il faut ajouter le filet & le ſtyle, il n'en eſt aucun dont l'exiſtence ſoit univerſelle ; ce qui fait que la dénomination de *feſſile* peut convenir, ſelon les différens cas, ſoit au corps même de la

plante, ſoit aux feuilles, ſoit aux fleurs, ſoit à l'anthère ou enfin au ſtigmate.

420. Lorſque l'anthère a acquis un certain degré de perfection ou de maturité, le ſachet qui la compoſe extérieurement s'ouvre de lui-même. La pouſſière dont il eſt rempli s'en échappe alors, ſouvent même jaillit par une eſpèce d'exploſion, & tombe ſur le ſtigmate du piſtil, qui la tranſmet au germe, ſoit à l'aide du ſtyle, ſoit immédiatement, pour féconder les ſemences. On a découvert, par des obſervations réitérées *(a)*, que ſi les

---

(a) Si l'on ôte de bonne heure toutes les étamines à un pied de tulipe, de lys, ou de toute autre plante à fleurs hermaphrodites, les ovaires non-fécondés de ces fleurs avorteront, & l'on n'obtiendra point de graines. Si au lieu de toucher aux étamines, on coupe les ſtigmates de tous les piſtils, ou que l'on enduiſe ces ſtigmates de quelque matière graſſe, capable d'empêcher le contact de la pouſſière des étamines, on ſupprimera encore la fécondation, & les Plantes ne fructifieront point.

Si l'on ôte toutes les fleurs mâles d'un pied iſolé de melon ou de concombre, avant qu'elles aient produit leur pouſſière fécondante, toutes les fleurs femelles auxquelles on n'aura point touché, demeureront cependant tout-à-fait ſtériles. Il en ſeroit de même d'un pied femelle, de chanvre, de houblon ou d'épinars, que l'on cultiveroit dans un lieu où l'on ſe ſeroit aſſuré qu'à de très-grandes diſtances, il n'exiſteroit aucun individu mâle de ces Plantes.

graines ne font vivifiées par cette émiffion de la pouffière fécondante, elles demeurent ftériles, & incapables de reproduire l'individu.

On peut donc confidérer l'étamine comme l'organe mâle des fleurs, & le piftil comme leur organe femelle: ces deux parties n'exiftent pas toujours enfemble dans la même fleur; c'eft ce qui a donné lieu à la diftinction des fleurs mâles, femelles & hermaphrodites.

421. Les fleurs mâles *[flores mafculi]* font celles qui n'ont que des étamines, & qui ne donnent jamais de fruit.

422. Les fleurs femelles *[flores fœminei]* font celles qui n'ont que des piftils, & dans lefquelles fe trouve toujours le fruit.

423. On appelle fleurs hermaphrodites *[flores hermaphroditi]* celles dans lefquelles les deux fexes font réunis par la co-exiftence des étamines & des piftils.

On a auffi donné différens noms aux Plantes, à raifon des différentes manières dont les fexes fe combinent dans les individus qui appartiennent à une même efpèce.

424. On entend par Plantes monoïques ou androgynes *[plantæ monoicæ, androgynæ]*

celles qui portent des fleurs mâles & femelles féparées fur un même individu. *Corylus, cucumis melo.*

425. On a nommé Plantes dïoiques [*plantæ dioicæ*] celles qui conftituent des efpèces dans lefquelles certains individus ne portent que des fleurs mâles, & d'autres des fleurs femelles. Dans ce cas, fur-tout, le vent fert de véhicule à la pouffière fécondante, qui fe tranfporte des étamines de l'individu mâle fur les piftils des individus femelles, que leur proximité met à portée de la recevoir. *Mercurialis annua, fpinacia oleracea.*

426. Il y a des Plantes dont les tiges portent des fleurs hermaphrodites avec des fleurs unifexuelles, c'eft-à-dire, qui n'ont que des étamines ou des piftils : ces Plantes fe nomment en général polygames [*plantæ polygamæ*] ; on en diftingue de plufieurs efpèces, favoir,

427. Les polygamiques monoïques mâles [*polygamæ-monoicæ mares*] lorfque fur le même individu fe trouvent des fleurs hermaphrodites & des fleurs mâles, comme dans le *celtis*, le *veratrum*, &c.

428.

428. Les polygamiques-monoïques femelles *[polygamæ-monoicæ fœmineæ]* lorſque ſur le même individu ſe trouvent des fleurs hermaphrodites & des fleurs femelles, comme dans *l'atriplex*, le *parietaria*.

429. Les polygamiques - dioïques mâles *[polygamæ-dioicæ mares]* lorſqu'un individu porte uniquement des fleurs hermaphrodites, tandis que d'autres individus de la même eſpèce portent des fleurs hermaphrodites, & en même temps des fleurs mâles. *Fraxinus, diospyros,* &c.

430. Les polygamiques-dioïques femelles *[polygamæ-dioicæ fœmineæ]* lorſqu'un individu porte uniquement des fleurs hermaphrodites, tandis que d'autres individus de la même eſpèce portent des fleurs hermaphrodites, & en même temps des fleurs femelles. *Rhodiola, rumex alpinus,* &c.

Obs. I. La pouſſière fécondante eſt ordinairement de couleur jaune : elle fournit aux abeilles la vraie cire brute, que ces inſectes recueillent à l'aide des broſſes de poils dont leurs cuiſſes ſont couvertes. Après avoir été triturée & préparée dans leur eſtomac, elle

Tome I.   H

devient la vraie cire, espèce d'huile végétale, rendue concrète par la présence d'un acide que la Chimie en retire lorsqu'elle veut la rendre fluide.

OBS. II. On nomme *flétries* les parties des fleurs qui se fannent & se décolorent sans tomber. Fleur flétrie [*flos marcescens*], style flétri [*stilus marcescens*], &c.

Caractères qui se tirent de l'étamine.

[A]

Si on considère les anthères de l'étamine, quant à leur forme, on dit qu'elles sont

431. Oblongues [*oblongæ*], *lilium*; arrondies [*subrotundæ*], *asparagus*; globuleuses [*globosæ*], *mercurialis*; anguleuses [*angulatæ*], *tulipa*; en fer de flèche [*sagittatæ*], *crocus*; cornues [*cornutæ*], *pyrola*, &c.

Si l'on considère leur disposition, on dit qu'elles sont

432. Réunies, connées [*coalitæ, connatæ*] lorsqu'elles sont tellement adhérentes qu'elles ne composent qu'un seul corps, ou qu'elles forment une gaine traversée par le pistil, comme dans presque toutes les composées. *Carduus, leontodon, chrysanthenum.*

433. Conniventes [*conniventes*] lorsqu'elles font fimplement réunies fans adhérer entr'elles. *Primula, cyclamen, capficum.*

434. Écartées [*diftinctæ*] lorfqu'elles font fenfiblement féparées les unes des autres. *Anagallis, fcabiofa.*

435. Mobiles, vacillantes [*verfatiles, incumbentes*] lorfque le filet qui les foutient s'insère dans leur partie moyenne, & fait à leur égard comme l'office d'un pivot, fur lequel elles font en équilibre & fe balancent facilement. *Albuca, plantago, gramina.*

436. Latérales [*laterales*] lorfqu'elles font attachées fur le côté, ou fur la partie moyenne de leur filet.

437. Souvent on confidère auffi leur nombre fur le même filet, comme dans le *mercurialis,* où chaque filet en porte deux ; le *fumaria,* où il en porte trois, &c. & enfuite la manière dont elles s'ouvrent pour fournir leur pouffière féminale ; c'eft ainfi que dans l'*épimedium* elles s'ouvren de bas en haut ; latéralement dans le *leucoium,* & fimplement par leur fommet dans le *folanum.*

H ij

[B]

438. La confidération des filets fournit auffi plufieurs caractères avantageux. Si l'on obferve leur longueur par rapport au piftil ou à la corolle, on dit qu'ils font

439. Très-longs *[longiffima]*, *plantago*; très-courts *[breviffima]*, *ftellera*, *triglochin*, &c.

Si l'on a égard à leur proportion ou à leur difpofition refpective, on dit qu'ils font

440. Égaux *[æqualia]* c'eft-à-dire, tous de même grandeur. *Parnaffia*, *lyfimachia*, *lilium*.

441. Inégaux *[inæqualia]* lorfqu'il s'en trouve dans la fleur qui diffèrent des autres par leur grandeur, la forme étant la même de part & d'autre. *Saxifraga*, *ceraftium*, *cruciformes*.

442. Irréguliers *[irregularia]* lorfqu'ils diffèrent dans la même fleur, par leur grandeur, leur figure & leur direction. *Lonicera*, *alftroemeria*, *labiati*, *perfonati*, &c.

443. Libres *[libera]* lorfqu'ils font fenfiblement détachés les uns des autres. *Alfine*, *papaver*.

444. Réunis *[connata, coalita]* lorfqu'ils font raffemblés en un feul ou plufieurs faifceaux. *Columniferæ, papilionaceæ, hyperici,* &c.

Si l'on confidère leur figure & leur infertion, on dit qu'ils font

445. Capillaires *[capillaria]* lorfqu'ils font femblables à des cheveux par leur ténuité, qui eft la même dans toute leur longueur. *Plantago.*

446. En forme d'alène *[fubulata], tulipa;* en forme de coin *[cuneiformia], thaliɔrum.*

447. Planes *[plana]* lorfqu'ils font élargis & aplatis en manière de membrane. *Ornithogalum, allium porrum.*

448. Velus *[hirta]* lorfqu'ils font chargés de poils ou d'un duvet laineux. *Verbafcum thapfus, anagallis, tradefcantia.*

449. Oppofés aux divifions de la corolle, comme dans l'*urtica*, ou difpofés alternativement par rapport à ces mêmes divifions, *æleagnus.*

450. Inférés fur la corolle, *anchufa, convallaria, colchicum;* inférés fur le calice, *rofa, fragaria, potentilla;* inférés fur le piftil, *paffiflora, orchis, ariftolochia;* inférés fur le

réceptacle *(voyez ce mot, n.° 516) ciſtus, braſſica,* &c.

OBS. Le nombre des étamines dans chaque fleur, leur proportion, ſoit reſpective, ſoit à l'égard du piſtil ou de la corolle, leur diſpoſition, leur inſertion; enfin, les différences ſexuelles qui réſultent de leur préſence ou de leur abſence, ont fourni à M. Linné le fondement des grandes diviſions de ſon ſyſtème; & on ne peut diſconvenir qu'il n'ait tiré tout l'avantage poſſible de ce point de vue, auſſi varié que neuf & intéreſſant. Le mal eſt, que pour établir un ſyſtème ſur la conſidération de cette partie unique, il a fallu l'enviſager ſous toutes ſes faces, & en épuiſer toutes les reſſources: or, comme je l'ai remarqué, ces mêmes reſſources ſe trouvent inſuffiſantes dans un grand nombre de cas, outre que le caractère qui ſe tire d'un organe auſſi délicat, échappe ſouvent aux yeux, ou devient extrêmement difficile à obſerver. Ainſi, la ſimplicité du ſyſtème, ſi ſéduiſante dans la ſpéculation, eſt préciſément ce qui en rend l'application déſavantageuſe, & en fait une ſource de mépriſes

& d'incertitudes perpétuelles. L'analyse, au contraire, toujours libre & indépendante dans fa marche, faifit les caractères lorfqu'ils fe trouvent tranchans, & les rejette par-tout où ils font défectueux & variables; & fi d'un côté elle paroît enlever en partie à la Botanique le mérite d'être une fcience, ce n'eft que pour mieux lui affurer d'une autre part le principal avantage de la fcience, qui eft de porter partout la certitude dans fes opérations.

Caractères que fournit le piftil.

[A]

Je n'entrerai point dans le détail des caractères que j'ai empruntés, foit du nombre des ovaires, foit des divifions, de la forme ou des dimenfions de cette partie, parce que les titres dans lefquels j'ai employé ces mêmes caractères font intelligibles à la fimple lecture.

J'obferverai feulement ici, que l'on dit de l'ovaire qu'il eft

451. Supérieur *[fuperum]* lorfqu'il ne porte point la corolle, au milieu de laquelle il paroît en entier. *Primula, fcrophularia, lilium.*

H iv

452. Inférieur [*inferum*] lorsqu'il porte la corolle, au fond de laquelle il ne paroît que peu ou point du tout. *Campanula, epilobium, daucus.*

[B]

À l'égard du style, on peut considérer dans les fleurs sa présence ou son absence, & on dit qu'il est

453. Nul [*nullus*] lorsque le stigmate est porté immédiatement par l'ovaire. *Papaver, nymphæa, caltha.*

Si l'on considère l'existence multipliée ou les divisions du style, on dit qu'il est

454. Solitaire [*solitarius*] quand l'ovaire n'est chargé que d'un seul style, comme dans le *lilium*, le *prunus*; tandis qu'il en porte deux dans le *cratægus*, le *dianthus*; trois dans l'*alsine*, l'*arenaria*; quatre dans l'*elatine*, le *paris*; cinq dans le *linum*, le *statice*, &c.

455. Bifide [*bifidus*] *ribes*; trifide [*trifidus*] *bryonia, cucurbita*; quadrifide [*quadrifidus*] *philadelphus*; quinquefide [*quinquefidus*] *hibiscus*, &c.

Quelquefois enfin on considère la figure du style, & on dit qu'il est

456. Cylindrique [*cylindricus*] lorsqu'il est arrondi comme un cylindre, & n'a aucun angle remarquable. *Ceanothus, lilium.*

457. Filiforme [*filiformis*] lorsqu'il a la forme & la ténuité d'un fil ordinaire. *Primula, anagallis.*

458. Sétacé [*setaceus*] lorsqu'il ressemble à un fil de soie. *Blæria, corylus.*

459. En alène [*subulatus*] lorsqu'il va en diminuant, & se termine par une pointe aiguë. *Cynoglossum, ornithogalum.*

460. Très-long [*longissimus*] par rapport aux étamines, *campanula,* ou à la corolle, *trachelium.*

Les termes par lesquels on exprime beaucoup d'autres caractères que fournit le style, ne font que la répétition de ceux que nous avons déjà employés dans des cas analogues: ainsi, je les supprime pour passer au stigmate.

[C]

461. On peut considérer les stigmates par rapport à leur nombre : la plupart des Plantes

n'en ont qu'un. On en trouve deux dans le *jafminum*, le *fyringa*; trois dans le *campanula*, le *juncus*; quatre dans l'*epilobium*, *œnothera*; cinq dans le *pyrola*, le *geranium*, &c.

Si l'on obferve la forme du ftigmate, on dit qu'il eft

462. Sphérique [*globofum*], *primula*; en maffue [*clavatum*], *genipa*; en tête [*capitatum*], *vinca*; ovale [*ovatum*], *gentiana*; obtus [*obtufum*], *andromeda*; en cœur [*cordatum*], *rhus*; tronqué [*truncatum*], *lathræa*; échancré [*emarginatum*], *cynogloffum*; en rondache [*orbiculatum*], *berberis*; en plateau [*peltatum*], *nymphæa*; en crochet [*uncinatum*], *viola*; canaliculé [*canaliculatum*], *colchicum*; triangulaire [*triangulare*], *lilium*; plumeux [*plumofum*], *gramina*; pubefcent [*pubefcens*], *cucubalus*; barbu [*barbatum*], *lathyrus*; rayonné [*radiatum*], *papaver*; feuillé ou pétaliforme [*foliaceum*], iris, &c.

Obs. Le ftigmate eft perfiftant dans le *papaver*, le *nymphæa*; fes divifions font contournées dans le *crocus*, capillaires dans le *rumex acetofa*, roulées en-dehors dans le *dianthus*, & infléchies de droite à gauche dans le *filene*, &c.

Des enveloppes de la fleur.

463. Si la fonction intéreffante de féconder les germes, a été confiée à des parties que la Nature n'a travaillées, pour ainfi dire, qu'en miniature, ce n'a pas été fans un foin particulier du Créateur, pour fuppléer à la délicateffe des organes par la fageffe des précautions. Suppofons les étamines & piftils deftitués de tout abri; les variations de l'atmofphère, les pluies, les brouillards & d'autres caufes femblables, feront un obftacle perpétuel à la formation & à l'accroiffement de ces organes, fi déliés & fi foibles: c'eft pour parer à ces divers inconvéniens qu'ils ont été pourvus d'enveloppes, dont l'emploi eft de protéger leur enfance, & de fermer pendant un certain temps tout accès à l'action des corps extérieurs.

Ces enveloppes, en effet, ne s'ouvrent que quand les parties qu'elles garantiffoient ont acquis affez de confiftance, pour n'avoir plus rien à craindre de l'impreffion des fluides environnans ; & non-feulement ces fluides ceffent alors d'être pour elles autant d'ennemis, mais plufieurs même, par leurs impreffions falutaires, tels que le mouvement de l'air & le contact de la lumière, ne peuvent que feconder puiffamment la Nature, & mettre le dernier fceau aux préparatifs de cette opération vivifiante, qu'elle femble avoir amenée à fon point, par une fuite d'attentions délicates & recherchées.

Si cette efpèce de membrane qui environne immédiatement la fleur proprement dite, n'a, dans tous les cas, d'autre deftination que de la mettre à l'abri, jufqu'à ce qu'elle ait pris fes premiers accroiffemens, il me femble que quelle que foit la forme, la couleur, la confiftance & la durée de cette enveloppe, elle ne doit point changer arbitrairement de nom, & que celui qu'elle aura une fois reçu, doit être auffi invariable que fa fonction même *(b)*.

(b) La couleur plus ou moins vive de la plupart des fleurs, & principalement de leur corolle, n'eft point, en général, l'effet direct d'une organifation particulière favorable à cette couleur, ni d'une partie colorante différente de la fubftance même de la Plante ; mais cette couleur provient

D'après l'établissement de ce principe, qu'on ne peut rejeter, ce me semble, sans livrer la Botanique à des équivoques & à des incertitudes nuisibles aux progrès de cette science, la première enveloppe, celle qui environne immédiatement les étamines & les pistils, portera toujours dans cet Ouvrage le nom de corolle, & jamais celui de calice,

---

très-certainement de l'altération même de la matière colorante, qui subit des changemens plus ou moins prompts dans ces parties, où les sucs nourriciers propres à les conserver, ne se portent bientôt plus avec la même affluence.

Il est un phénomène digne de notre attention, & qui sans doute formeroit un coup-d'œil attrayant pour nous, sans l'expectative affligeante de la dégradation de la Nature; c'est lorsqu'à l'entrée, ou vers le milieu de l'automne, la fraîcheur de l'atmosphère, qui s'accroît par degrés, condense les liqueurs, ralentit ou même suspend tout-à-fait la végétation : alors la partie colorante des végétaux qui est naturellement verte, & qui se trouve en abondance dans les feuilles des arbres & des autres Plantes, s'altère, se décompse insensiblement, & parcourt différentes intensités de couleurs que les principes salins développent, & rendent plus ou moins brillantes.

On sait en effet que, dans cette circonstance, les feuilles des peupliers, des tilleuls, de l'érable, &c. passent au plus beau jaune, & que celles des cornouillers, des sorbiers, des ronces, &c. se peignent d'un rouge extrêmement vif : il n'est point de Botaniste qui n'ait remarqué cette même couleur

quelles que foient les modifications qui puiffent en diverfifier l'afpect.

[A]

464. La corolle [*corolla*] eft donc cette enveloppe immédiate des parties fexuelles, qui eft très-colorée, mais très-caduque dans le *papaver*, le *chelidonium*; très-colorée & point

---

dans les feuilles de l'*hypericum pulchrum*, du *geranium robertianum*, du *polygonum convolvulus*.

La corolle de la plupart des fleurs éprouve précifément le même effet, & pour la même caufe. Cette partie dont l'utilité ne dure qu'un inftant, qui eft celui où elle favorife le développement des organes précieux qu'elle renferme, cette partie, dis-je, n'eft point ouverte alors, ainfi que je l'ai déjà remarqué; & comme fa préfence eft néceffaire dans ce moment, la Nature lui fournit des fucs affez abondans pour la conferver, ce qui fait que fa couleur eft encore verte, comme celle de la Plante même. Mais bientôt le fervice qu'elle rendoit devient inutile; il pourroit même être nuifible, s'il étoit prolongé : alors la Nature l'abandonne & tend à s'en débarraffer; fes fibres fe roidiffent, & acquièrent une élafticité qui les force de s'ouvrir : fes vaiffeaux s'obftruent; les fucs s'altèrent par l'inaction; la matière colorante s'élabore & fubit divers changemens, felon la nature des principes falins de chaque Plante, & alors on dit que la fleur s'épanouit.

Cet inftant peut bien être celui où les organes effentiels qui la compofent, ont acquis le degré de vigueur & de perfection néceffaires pour remplir leur fonction; mais la

caduque dans l'*hyacinthus*, le *narciffus;* colorée & perſiſtante dans le *polygonum*, le *juncus;* colorée ſeulement en ſes bords dans l'*ornithogalium*, l'*helleborus niger;* colorée en-dedans, & point en-dehors, dans le *theſium*, l'*herniaria;* & point colorée, c'eſt-à-dire toujours verte, dans le *chenopodium*, le *mercurialis*, le *cannabis*, &c.

---

corolle, qui efface alors tout ce que la Peinture a jamais étalé de plus brillant à nos regards, ne doit point être regardée pour cela comme dans un état de perfection réelle; c'eſt au contraire une partie ſouffrante, dans un état de dépériſſement, une partie qui languit, ſe deſſèche & approche de ſa deſtruction.

Il y a des fleurs, telles que celles des pavots, dont les corolles, ſans être encore épanouies, ſe trouvent fortement colorées : mais ce fait n'eſt point contraire à notre explication; car on peut obſerver que ces mêmes corolles ſe détachent bientôt après leur épanouiſſement, ce qui prouve qu'elles avoient déjà ſubi une altération conſidérable, lorſqu'elles étoient encore enfermées dans le calice.

La circulation plus facile dans les vaiſſeaux extérieurs, toujours plus ſouples, moins ſerrés & moins affaiſſés, peut être regardée comme la principale raiſon pour laquelle les calices communément ne ſe colorent point, & tombent plus tard que les corolles, qui s'inſèrent ſur un cercle de fibres ramaſſées dans un eſpace plus étroit : auſſi, dans les cas où le calice eſt ſuſceptible de ſe colorer, cet effet n'a-t-il jamais lieu lorſque la corolle eſt encore verte.

On la diſtinguera toujours facilement du calice, en ce que celui-ci n'eſt qu'une enveloppe ſecondaire, qui ſuppoſe la préſence de la corolle, dont il diffère d'ailleurs néceſſairement par quelque qualité particulière, comme la forme, la couleur, la conſiſtance ou la durée.

La corolle eſt en général, de toutes les parties végétales, celle qui fournit les caractères les plus nombreux, les plus aiſés à obſerver, & les plus favorables pour diſtinguer les Plantes. Auſſi, M. de Tournefort a-t-il ſu profiter des reſſources que lui offroit ce bel organe, pour former les claſſes de ſa méthode, la plus facile & la plus commode, à cet égard, de toutes celles qui aient jamais paru. Mais cette méthode qui étoit ſuffiſante juſqu'à un certain point pour le temps où elle a été compoſée, a bien perdu de ſon prix par la multitude des nouvelles découvertes qui lui ſont devenues, ſi j'oſe le dire, funeſtes. L'intervalle d'une claſſe à l'autre ſe comble de jour en jour, à meſure que l'on obſerve des Plantes inconnues à ce célèbre Botaniſte, & dont les caractères mitoyens

participant

participant à la fois des divisions voisines, ne leur permettent plus de trancher, & font disparoître les contrastes si nécessaires dans une méthode.

La corolle n'est pas absolument essentielle aux fleurs, puisqu'il y en a qui en sont tout-à-fait privées, comme celles du fresne commun, & qui ne laissent pas malgré cela d'être fécondes; mais le très-petit nombre des exceptions *(c)*, ne doit point nous faire abandonner les principes établis précédemment sur l'utilité & les fonctions de cette partie. Tout ce que nous pouvons conclure de ces exceptions, c'est que la Nature, dont les ressources sont infiniment variées, a suppléé à l'absence de la corolle par d'autres moyens équivalens.

Obs. Les écailles ou paillettes des fleurs graminées, pourroient, à la vérité, être considérées comme les corolles de ces fleurs; mais comme ces parties ont une disposition qui leur est particulière & suffit pour les

---

(c) Je ne connois pas dix Plantes, dont les fleurs soient absolument dépourvues de toute enveloppe.

faire aifément diftinguer, & que donner à la corolle une étendue vague & fans bornes, ce feroit s'expofer à de nouveaux inconvé- niens, j'ai trouvé plus avantageux & plus commode pour l'analyfe, de ne regarder ces écailles, ni comme corolle, ni comme calice, mais comme une enveloppe à part, défignée fous le nom de *bâle* (*voyez ce mot*, n.° 508).

On confidère dans la corolle, fa forme, fa régularité, fes divifions, le nombre de fes pièces, le lieu de fon infertion, & enfin fa couleur.

465. On défigne ordinairement fous le nom de pétale [*petalum*] les pièces dont eft compofée la corolle d'un grand nombre de fleurs : ainfi, une corolle formée de quatre pièces, comme celle du *papaver*, du *braffica*, &c. eft dite à quatre pétales ; par où l'on voit que le mot *pétale* peut exprimer même la corolle entière, lorfqu'elle eft d'une feule pièce : c'eft pourquoi l'on nomme

466. Monopétale [*monopetala*] toute corolle qui eft formée d'une pièce unique, c'eft-à-dire, dont les divifions, fi elle en a, ne font point prolongées jufqu'à fa bafe,

de manière qu'on peut l'enlever en entier du lieu de son insertion : telle est celle du *convolvulus*, du *salvia*, du *veronica* ou même du *malva*.

467. Polypétale *[polypetala]* toute corolle qui est composée de plusieurs pièces, c'est-à-dire, dont les divisions sont prolongées jusqu'à sa base, au point que l'on peut les détacher les unes après les autres du lieu de leur insertion, sans déchirer la corolle. *Dianthus, leucoium, rosa.*

468. On appelle régulière *[regularis, æqualis]* toute corolle, soit monopétale, soit polypétale, dont les divisions sont uniformes, semblables entr'elles, & présentent un ensemble très-symétrique. *Cistus, potentilla, borrago.*

469. Irrégulière *[irregularis, inæqualis]* toute corolle, soit monopétale, soit polypétale, dont les divisions ou les pièces diffèrent les unes des autres, & ne présentent qu'un ensemble irrégulier. *Lamium, viola, phaseolus.*

470. On a donné le nom de limbe *[limbus]* au bord supérieur de la corolle ou des pétales : le limbe est presque entier dans la corolle du

convolvulus sepium; il est denté ou déchiré dans celle du *dianthus.*

471. Onglet *[unguis]* est le nom que porte la partie qui termine inférieurement chaque pièce d'une corolle polypétale : les onglets sont fort longs dans le *dianthus*, le *silene*, le *cucubalus*, & fort courts dans le *ranunculus*, le *papaver*, le *pænia.*

472. Lame *[lamina]* est le nom de l'épanouissement ou de la partie supérieure de chaque pétale : la lame des pétales est souvent fendue en deux dans le *cucubalus*, le *lychnis;* elle est crénelée ou dentée dans le *dianthus*, & obtuse dans l'*agrostemma.*

473. On nomme évasement *[faux]* l'entrée, l'ouverture ou la gorge de la corolle : il est étroit & très-resserré dans l'*androsace*, le *lithospermum*, & libre ou très-ouvert dans le *convolvulus*, le *pulmonaria.*

On dit d'une corolle monopétale régulière, qu'elle est

474. Campanulée *[campanulata]* lorsqu'elle a la forme d'une cloche, comme celle du *convolvulus*, du *mandragora*, de l'*atropa*, du *campanula.*

475. Infundibuliforme *[infundibuliformis]* lorsqu'elle ressemble à un entonnoir, c'est-à-dire, lorsqu'elle est conique à sa partie supérieure, & terminée inférieurement par un tube. *Mirabilis, primula, anchusa.*

476. Tubulée *[tubulata]* lorsqu'elle est formée, ou qu'elle se termine par un tuyau un peu alongé qu'on nomme *tube*, comme toutes les infundibuliformes, le *trachelium,* le *gentiana centaurium minus.*

477. Hypocratériforme *[hypocrateriformis]* lorsqu'elle ressemble à la soucoupe des Anciens, c'est-à-dire, qu'elle s'évase supérieurement en manière de soucoupe ordinaire, & qu'elle se termine par un tube. *Androsace, samolus, phlox.*

478. En roue *[rotata]* lorsqu'elle ressemble à une roue ou à une molette d'éperon, c'est-à-dire, qu'elle est très-aplatie supérieurement, & n'a point de tube bien sensible. *Borrago, verbascum, lysimachia.*

On dit d'une corolle monopétale irrégulière, qu'elle est

479. En masque ou labiée *[ringens, labiata]* lorsque son limbe forme deux

lèvres, l'une fupérieure & l'autre inférieure. *Lamium*, *pedicularis*, *meliffa*. La lèvre fupérieure imite fouvent un cafque, & porte alors le nom de *galea*.

480. À éperon *[calcarata]* lorfqu'elle porte à fa bafe un prolongement corniforme que l'on nomme *éperon*. *Antirrhinum linaria*, *utricularia*, *pinguicula*.

On dit d'une corolle polypétale régulière, qu'elle eft

481. Cruciforme, cruciée *[cruciformis*, *cruciata]* lorfqu'elle eft compofée de quatre pétales difpofées en croix, & que de plus fes étamines font au nombre de fix. On appelle plantes crucifères *[plantæ cruciferæ]* celles dans lefquelles la corolle eft cruciforme.

482. Rofacée *[rofacea]* lorfqu'elle eft compofée de plufieurs pétales égaux, difpofés en rofe. *Ciftus*, *prunus*, *hypericum*.

Si l'on confidère le nombre de pétales dont la corolle eft compofée, on dit qu'elle eft

483. À deux pétales *[dipetala]*, *circæa*; à trois pétales *[tripetala]*, *alifma*; à quatre pétales *[tetrapetala]*, *chelidonium*; à cinq

pétales [*pentapetala*], *geranium ;* à six pétales [*hexapetala*], *lilium ,* &c.

Quant à la corolle polypétale irrégulière, on dit qu'elle est

484. Papillonnacée [*papilionacea*] lorsqu'elle est composée de quatre ou cinq pétales, dont la forme & la disposition la rendent à peu-près semblable à celle du pois commun : *lathyrus, ononis ;* & alors on nomme

485. Étendard [*vexillum*] le pétale supérieur qui est plié en dos d'âne, ou quelquefois tout-à-fait relevé & étendu : il est ordinairement rayé dans l'*ononis*.

486. Carène [*carina*] le pétale inférieur qui représente l'*avant* d'une nacelle, & qui renferme presque toujours les étamines & le pistil. La carène est quelquefois composée de deux pièces ; *glycirrhiza, ulex :* elle est contournée dans le *phaseolus*.

487. Les ailes [*alæ*] les deux pétales latéraux, qui portent ordinairement à leur naissance deux appendices ou oreillettes : elles sont ouvertes ou redressées dans le *trigonella*.

Nous donnerons plus bas une idée des corolles flosculeuses, semi-flosculeuses &

radiées, quand nous traiterons de la difpofition des fleurs (n.° *573 & fuiv.*)

La corolle fait fon infertion de trois
manières :

488. Elle s'insère fur l'ovaire, & alors
on la nomme fupérieure [*corolla fupera*].
Daucus, paftinaca, carduus, epilobium.

489. Elle s'insère fous l'ovaire ou fur le
réceptacle de l'ovaire, & alors on la nomme
inférieure [*corolla infera*]. *Primula, gentiana,
alyffon, ciftus.*

490. Elle s'insère fur le calice, & dans
ce cas elle eft toujours polypétale. *Rofa,
potentilla, lythrum, pyrus.*

491. Nectaire [*nectarium*] eft le nom
que l'on donne à une partie de la corolle
ou de la fleur, qui contient le miel que les
abeilles vont y chercher. Le nectaire eft très-
remarquable dans la corolle du *fritillaria imperialis ;* mais comme toutes les fleurs n'ont
pas de réfervoir particulièrement deftiné à
contenir la liqueur dont il s'agit, on a donné
une extenfion illimitée au mot de nectaire,
en l'appliquant indiftinctement à toutes fortes

de productions de la fleur, qui n'ont aucun rapport entr'elles; de sorte que l'on a appelé de ce nom, tantôt des poils, des filets, des glandes, des écailles, des folioles ou des cornets; tantôt des enfoncemens, des fossettes ou rainures; tantôt enfin, le prolongement postérieur de la corolle en forme d'éperon, ou même le prolongement antérieur de cette partie, tel que celui qu'on remarque dans les *orchis*. J'ai déjà observé (*Discours préli-minaire, I.ere Partie*) combien c'étoit jeter d'équivoque dans l'étude de la Botanique, & pervertir l'usage des noms, qui doivent toujours réveiller dans l'esprit une idée nette & précise : en conséquence, j'ai cru devoir plutôt indiquer & décrire séparément les différens organes dont je viens de parler, à mesure qu'ils se font présentés dans le cours de l'analyse.

492. La fleur, considérée quant à sa couleur *[color]* est en général, ou blanche *[albus, candidus]*, ou cendrée *[cinereus]*, ou jaune *[luteus]*, ou couleur de chair *[carneus, incarnatus]*, ou rouge *[ruber]*, vermeille *[roseus]*, pourpre *[purpureus]*.

ou bleue [*cœruleus*], ou brune [*fuscus*], ou aqueuse [*hyalinus*], ou noire [*niger*].

Quand on veut exprimer les nuances, on dit de la fleur qu'elle est d'un pourpre clair [*dilutè purpureus*], tirant sur le pourpre [*purpurascens*], pourpre foncé [*atro-purpureus*], tirant sur le bleu [*sub-cœruleus*], &c. & quand il y a diversité de couleur sur le même individu, on dit de la fleur qu'elle est panachée [*variegatus*] : on le dit aussi d'une feuille [*folium variegatum*], lorsque le vert est mélangé de quelqu'autre couleur, comme cela a lieu dans une variété du houx, & dans une de l'érable platanier.

Obs. Parmi les différens préjugés qui ont retardé les progrès de la Botanique, on doit certainement ranger l'espèce d'aversion qu'ont eue la plupart des Auteurs, & sur-tout M. Linné, pour citer comme caractère la couleur de la corolle. Vraisemblablement ils ont regardé cette couleur comme une modification trop variable, pour fournir aucune marque distinctive, solide & tranchante ; & ce qui leur aura fait prendre le change, ce sont les variétés inépuisables que l'on obtient

par la culture, dans les anémones, les tulipes
& les oreilles-d'ours.

Mais il me semble que s'ils avoient diftingué le lieu natal des Plantes, d'avec ces
parterres où elles sont comme dans un climat
étranger, ils auroient pu regarder le caractère
qui se tire de la couleur, comme presque
aussi constant que les autres : en effet, à
peine trouve-t-on une Plante, parmi celles
qui doivent tout à la Nature & rien à l'art,
dont la corolle varie dans sa couleur, lorsqu'elle est parvenue à son vrai point de
développement; car après cette époque, il
peut arriver que la couleur subisse des altérations, comme cela arrive dans le mélilot,
où la fleur en se flétrissant, passe peu-à-peu
du jaune au blanc.

J'avoue encore, qu'assez souvent les
corolles, avant de se flétrir, diffèrent pour
la couleur parmi les individus d'une même
espèce; mais dans ce cas, les variations ont
toujours des limites bien décidées, que l'on
peut assigner pour caractères : ainsi, dans
l'anémone des bois & la paquerette, la couleur
pourra bien se nuancer, ou même former

une faillie du blanc au rouge ; mais jamais on ne la verra dégénérer en jaune. Le *botanicon parifienfe* de M. Vaillant, nous indique une multitude de variétés femblables, dont les unes tiennent à l'âge de la Plante, & les autres font des jeux de la végétation; mais qui toutes tranchent fortement, par rapport à d'autres couleurs que la Nature paroît leur avoir refufées pour jamais.

Les exceptions qui font dûes à l'art du Fleurifte, ne doivent donc point arrêter le Botanifte, qui n'eft comptable, pour ainfi dire, qu'à la Nature des principes qu'il établit. La couleur n'eft point d'ailleurs, à beaucoup près, la feule modification qui s'altère dans les Plantes, dont le développement eft fecondé par la culture: fouvent les tiges penchées fe redreffent, le feuillage s'épaiffit, les parties velues deviennent prefque glabres, quelquefois même le nombre des divifions de la corolle augmente. Cependant, les Botaniftes emploient les caractères tirés de ces différentes circonftances de port & de figure; & en effet, s'en interdire l'ufage, ce feroit appauvrir une fcience qui, à raifon de l'immenfe collection d'objets qu'elle embraffe, ne peut être trop féconde en reffources : feulement, il eût été à fouhaiter que les Botaniftes n'euffent jamais obfervé les Plantes, que dans le fol qui les avoit vû naître & fe développer, & non pas dans les jardins, où elles font fouvent altérées par des traits d'emprunt, qui paffent enfuite eux-mêmes dans les defcriptions, & ne permettent plus d'y retrouver les vrais caractères de l'efpèce.

[B]

493. Le calice eft, comme nous l'avons dit (n.º 464), l'enveloppe fecondaire qui environne les fleurs d'un grand nombre de Plantes : il fuppofe toujours l'exiftence de cette autre enveloppe, plus voifine des étamines & piftils, à laquelle on donne le nom de *corolle* ; il eft de plus néceffairement diftingué de cette dernière, par une ou plufieurs qualités quelconques, que l'Obfervateur faifira toujours facilement.

Par exemple, le calice fe trouve communément vert fous une corolle bleue, ou rouge ou jaune, &c. tantôt il eft à dix divisions sous une corolle à cinq pétales, comme dans le *potentilla*, le *fragaria*, &c. tantôt il a un nombre égal de divisions, mais placées dans les intermédiaires de celles de la corolle; *alsine*, *arenaria*; ou bien ses divisions, placées sous celles de la corolle en nombre égal, sont beaucoup plus courtes [*ranunculus*], plus longues & plus étroites [*agrostemma gitago*], &c. &c.

Il résulte de ce qui vient d'être dit, que le rang extérieur des pétales de l'anémone ou de toute autre corolle semblable, ne peut jamais être pris pour un calice.

494. Il paroît que la destination du calice est de venir à l'appui de la corolle, & de doubler l'espèce de rempart que celle-ci forme autour des parties sexuelles, encore foibles & délicates. Le secours qu'il leur prête est même communément plus durable que celui de la corolle (*voyez la note au* n.° 463): aussi, quand il n'existe pas, la corolle supplée-t-elle en partie à son défaut, parce que les vaisseaux qui la composent jouissant alors d'une plus grande aisance, sont moins sujets à s'oblitérer, & ne lui permettent

de fe colorer que lentement, fouvent même la maintiennent toujours verte ; & par une fuite néceffaire, prolongent fon exiftence aux dépens de fes agrémens.

La Nature, toujours très-libérale dans les effets, mais économe dans les moyens, fe fert quelquefois du calice pour garantir le fruit, jufqu'à fa parfaite maturité : cette obfervation a fait regarder le calice, à plufieurs illuftres Naturaliftes, comme étant par fa deftination l'organe confervateur du fruit. D'après ce point de vue, ils fe font trouvés embarraffés, dans une multitude de cas, pour déterminer la partie que l'on devoit appeler calice, la corolle rempliffant auffi fouvent la même fonction auprès du fruit ; mais quelles inductions folides pouvoit-t-on tirer d'un principe ruineux en lui-même, puifqu'il eft reconnu que dans plus de la moitié des végétaux, les deux enveloppes périffent avant la maturité du fruit !

M. Linné diftingue fept efpèces de calice ; mais comme dans l'énumération qu'il en fait, il comprend des parties qui n'ont aucun rapport avec cet organe, j'ai cru devoir n'admettre que l'efpèce qu'il nomme *périanthe*, dont il faut encore reftreindre l'extenfion, aux feuls cas qui peuvent fe rapporter à la définition que j'ai donnée de cette partie.

Si l'on confidère le calice relativement à fa durée, on le nomme

495. Caduc *[caducus]* lorfqu'il tombe avant les pétales, *papaver, epimedium;* tombant *[deciduus]* lorfqu'il tombe avec les pétales, *braffica, raphanus;* & perfiftant *[perfiftens]* lorfqu'il furvit à la fleur, *falvia, meliffa.*

Si l'on fait attention à fes divifions, on l'appelle

496. Monophylle *[monophyllus]* lorfqu'il eft d'une feule pièce, c'eft-à-dire, que fes divifions ne s'étendent pas jufqu'à fa bafe. *Primula, dianthus.*

497. Polyphylle *[polyphyllus]* lorfqu'il eft compofé de plufieurs pièces, c'eft-à-dire, lorfque fes divifions s'étendent jufqu'à fa bafe ou jufqu'au réceptacle *(voyez ce mot* n.° 516 *)*; car au-deffous de cette partie, le calice paroîtra toujours monophylle, puifqu'il n'eft que l'épanouiffement de l'écorce du péduncule.

Parmi

Parmi les calices polyphylles, on nomme

498. Diphylle, celui qui est composé de deux pièces, *papaver, fumaria;* triphylle, celui qui en a trois, *alisina, tradescantia;* tétraphylle, celui qui en a quatre, *leucoium, sagina;* pentaphylle, celui qui en a cinq, *alsine, cistus,* &c.

On divise le calice en propre & en commun :

499. Le calice propre [*proprius*] est celui qui ne renferme qu'une seule fleur, comme dans l'œillet, la julienne : il est simple ou double.

500. Il est simple [*simplex*] lorsqu'il n'est composé que d'une seule enveloppe, qui est tantôt nue, & tantôt garnie de poils ou d'épines, & quelquefois même d'écailles placées à sa base : ainsi, le calice est nu dans l'*alsine*, velu dans le *papaver rheas,* épineux dans le *coris,* & écailleux dans le *dianthus*.

501. Il est double [*duplex*] lorsqu'il est composé de deux ou plusieurs enveloppes remarquables, toutes très - distinguées de la corolle. *Malva, hibiscus, epigæa.*

Tome I. K

502. Le calice commun [*communis*] eſt celui qui renferme pluſieurs fleurs, toutes diſpoſées ſur le même réceptacle, & qui peuvent encore avoir chacune leur calice propre: tel eſt le calice du *carduus*, du *lactuca*, du *chryſanthemum* & du *ſcabioſa*. On en diſtingue de trois ſortes, & l'on nomme

503. Calice commun ſimple [*calix communis ſimplex*] celui qui n'eſt compoſé que d'une ſeule pièce, comme dans le *tagetes*, l'*othonna*; ou celui qui n'eſt compoſé que d'un ſeul rang d'écailles, qui ne ſe recouvrent point les unes les autres, comme dans le *tragopogon*, le *ſeriola*.

504. Embriqué [*imbricatus*] celui qui eſt compoſé d'écailles ou de folioles diſpoſées ſur plus d'un rang, & qui ſe recouvrent par gradation comme les tuiles d'un toit. *Carduus*, *ſcorzonera*, *heliantus*.

505. Caliculé [*caliculatus*] celui qui eſt ſimple, mais garni à ſa baſe extérieure de petites écailles, qui forment preſque un ſecond calice plus court que l'autre au moins de moitié. *Cacalia*, *ſenecio*, *lampſana*.

506. On conſidère auſſi dans le calice,

foit propre, foit commun, fa forme extérieure, & fa pofition par rapport à l'ovaire
ou aux différentes parties de la fleur dont il
eft quelquefois chargé ; ainfi on dit qu'il eft
arrondi *[fubrotundus]* dans le *cyclamen,* tu-
bulé *[tubulofus]* dans le *ceftrum,* fupérieur
[fuperum] dans le *lonicera,* corollifère &
ftaminifère *[corolliferus & ftaminiferus]* dans
le *rofa,* raboteux *[fquarrofus]* dans le *conyza,*
&c.

507. On nomme communément fleur
complette *[flos completus]* celle qui eft
ornée d'une corolle & d'un calice ; & fleur
incomplette *[flos incompletus]*, celle qui n'a
qu'une corolle & point de calice.

Des parties acceffoires de certaines fleurs.

On trouve dans le voifinage d'un grand
nombre de fleurs, diverfes parties que l'on
doit néceffairement diftinguer de la corolle
& du calice : ce font des efpèces d'acceffoires
ou de défenfes, que la Nature a placées auprès
de ces fleurs, qui font ordinairement plus
imparfaites que les autres, ou qui, à raifon
de leur délicateffe, exigent de plus grands

secours. On ne doit point non plus confondre ces mêmes parties avec les feuilles de la Plante, dont elles diffèrent effentiellement : on peut en compter de quatre fortes, favoir, la bâle, le fpathe, la collerette & la bractée; mais je ne parlerai point ici de cette dernière, qui a été fuffifamment décrite dans l'article des fupports.

[a]

508. La bâle [*gluma*] eft cette partie qui tient lieu de corolle & de calice dans toutes les Plantes graminées, telles que les blés, les chiendents, les fouchets, &c. elle eft compofée de paillettes ou d'écailles, inégales entr'elles, tantôt oppofées les unes aux autres, fimples ou doubles de chaque côté; tantôt folitaires entre les fleurs, tantôt enfin em-briquées en affez grand nombre, mais jamais inférées circulairement fur le réceptacle, ce qui les fera toujours aifément diftinguer de la corolle & du calice des autres Plantes.

509. Ces paillettes font ordinairement tranfparentes, coriaces, ovales-oblongues, pointues & peu colorées : on leur a donné

le nom de valves ou valvules *[valvæ]*; ainsi, un assemblage de deux, de trois paillettes autour d'une même fleur, s'appelle une bâle à deux, à trois valves *[gluma bivalvis, trivalvis]*, &c.

510. Elles portent souvent, soit à leur extrémité, soit ailleurs, un filet pointu qu'on nomme barbe *[arista]*, & qui est très-long dans l'*hordeum*, assez court dans le *bromus*, droit dans le *secale*, & tors ou articulé dans l'*avena*.

Les deux valves qui renferment immédiatement les étamines & le pistil, représentent la corolle de la fleur, & lorsque ces valves font doubles de chaque côté, les deux extérieures tiennent lieu de calice.

Lorsque plusieurs petites fleurs qui ont chacune leur bâle propre, font réunies entre deux valves communes, ces valves représentent un calice commun; & l'assemblage des petites fleurs qui y font contenues se nomme *épillet*. (*Voyez ce mot, n.° 568).*

[b]

511. Le spathe *[spatha]* est une espèce

de coiffe ou de gaine membraneuſe, qui s'ouvre tantôt de bas en haut & tantôt de côté, & dont l'emploi eſt de renfermer une ou pluſieurs fleurs avec leurs enveloppes, leurs péduncules, & ſouvent même des bouquets entiers de fleurs en panicule.

Cette partie eſt ordinairement d'une ſeule pièce; elle périt & ſe sèche preſque auſſitôt qu'elle eſt ouverte dans l'*allium*, le *narciſſus*, & perſiſte auſſi long-temps que les fleurs, dans l'*arum*, le *calla*, &c. elle contient les panicules de fleurs que portent la plupart des palmiers.

OBS. On trouve ſous certaines fleurs des écailles membraneuſes, plus ou moins blanchâtres & tranſparentes, mais qui n'ont jamais contenu ces fleurs; on doit les mettre au rang des bractées, & ne point les confondre avec les ſpathes, comme ont fait quelques Botaniſtes, donnant ainſi à cette partie une extenſion trop vague, & qui ne s'accorde plus avec l'idée qu'on attache communément au mot de ſpathe.

[*c*]

512. La collerette [*involucrum*] eſt une

efpèce d'enveloppe qui environne une ou plufieurs fleurs; mais qui eft toujours placée à quelque diftance de ces fleurs, & jamais contiguë à leur réceptacle.

Elle diffère du fpathe, d'abord en ce qu'elle ne s'ouvre pas comme lui en forme de gaine; enfuite, en ce qu'elle eft prefque toujours découpée en plufieurs efpèces de folioles dont le nombre eft affez conftant; & enfin en ce qu'elle fe foutient, en général, dans une pofition horizontale.

La plupart des Plantes ombellifères *(voyez ce mot, n.°* 551 *)* ont des collerettes remarquables, dont on diftingue deux efpèces, à raifon du lieu de leur infertion, favoir, la collerette partielle, & la collerette générale ou univerfelle.

513. La collerette partielle *[involucrum partiale]* eft celle qui eft fituée à la bafe des péduncules propres de chaque fleur, comme dans le *chærophyllum* & le *fcandix*.

514. La collerette univerfelle *[involucrum univerfale]* eft celle qui eft fituée à la bafe des péduncules communs des fleurs, c'eft-à-dire,

à la bafe de l'ombelle univerfelle (*n.º 556*).

Les fleurs du *daucus* & de l'*ammi*, outre leurs collerettes partielles, en ont une univerfelle, qui d'ailleurs eft remarquable par fes pièces ou folioles découpées & pinnatifides : le *chærophyllum* & le *fcandix* n'ont point de collerette univerfelle.

On confidère dans la collerette fa forme, & particulièrement le nombre de fes pièces, & on dit qu'elle eft

515. Monophylle [*monophyllum*], dans l'*apium petrofelinum*; diphylle [*diphyllum*], dans l'*euphorbia*; triphylle [*triphyllum*], dans le *butomus*; tétraphylle [*tetraphyllum*], dans le *cornus*; pentaphylle [*pentaphyllum*], dans le *bubon*, hexaphylle [*hexaphyllum*], dans l'*hæmanthus*; polyphylle en général [*polyphyllum*], dans l'*athamantha*, le *daucus*, &c.

Du Réceptacle.

516. Le réceptacle [*receptaculum*] eft l'efpèce de bafe fur laquelle repofent immédiatement la fleur & le fruit : c'eft, en général, l'extrémité du péduncule, & ordinairement le centre de la cavité du calice; on lui donne le

nom de *placenta*, lorfqu'il reçoit les vaiffeaux ombilicaux, deftinés à tranfmettre la nourriture aux femences.

On divife le réceptacle en propre & en commun :

517. Le réceptacle propre [*receptaculum proprium*] eft celui qui ne porte que les organes d'une fructification fimple ; c'eft-à-dire, une feule fleur non compofée. *Lilium, convolvulus, rofa*. Il y a deux fortes de réceptacles propres, favoir, le complet & l'incomplet.

518. Le réceptacle complet [*receptaculum completum*] eft celui qui porte d'abord la fleur, & enfuite le fruit : tel eft celui du *dianthus*, du *primula*, du *leucoium*.

519. Le réceptacle incomplet [*receptaculum incompletum*] eft celui qui ne porte que le fruit & jamais la fleur ; celle-ci s'inférant alors fur l'ovaire, comme dans le *daucus*, l'*epilobium* ; ou fur le calice, comme dans le *pyrus*, le *rubus*, &c. ce qui fait que l'on diftingue fouvent le réceptacle du fruit d'avec celui de la fleur.

520. Le fruit adhère immédiatement au réceptacle dans la plupart des Plantes; mais dans quelques-unes, la communication se fait à l'aide d'un pédicule qui soutient le fruit d'une part, & de l'autre repose sur le réceptacle, comme dans le *passiflora*, l'*euphorbia*, le *capparis*, &c.

521. Le réceptacle commun [*receptaculum commune*] est celui qui porte plusieurs petites fleurs, dont l'assemblage forme une fleur composée (*voyez ce mot* n.° 573); dans ce cas, il conserve le nom de réceptacle, soit qu'il ait une figure plane, concave ou convexe, comme dans le *carduus*, le *leontodon*, le *chrysanthemum*; arrondie, comme dans l'*echinopus*, le *sphæranthus*; ou conique, comme dans le *dipsacus*, le *bellis*, &c.

522. Mais on le nomme chaton [*julus, amentum*] lorsqu'il forme une espèce d'axe, de filet ou de poinçon, imitant en quelque sorte la queue d'un chat, & environné dans toute sa longueur d'un amas de petites fleurs, ordinairement unisexuelles : ces fleurs sont presque toujours dépourvues de corolle & de calice; mais le chaton qui les porte est garni

d'écailles qui y suppléent. *Salix, populus, pinus, typha.*

523. Le chaton porte particulièrement le nom de poinçon [*spadix*] dans l'*arum*, le *dracontium*, le *calla*, l'*acorus*, l'*orontium* & le *ruppia* : il porte celui de rape [*rachis*] dans plusieurs graminées, telles que le *lolium*, le *triticum*, l'*hordeum*, le *secale*, l'*elimus*. (*Voyez le mot* Épi, n.° 568).

La considération de la surface du réceptacle commun, fournit plusieurs caractères avantageux pour distinguer la plupart des fleurs composées : c'est pourquoi on dit qu'il est

524. Nu [*nudum*] lorsqu'il n'est chargé d'aucunes productions particulières disposées entre les fleurs, & différentes de la corolle ou du calice : tel est le réceptacle du *leontodon*, qui paroît après la chute des graines comme une tête entièrement chauve.

525. Velu [*villosum, pilosum, setosum*] lorsqu'il est chargé de poils plus ou moins flexibles. *Carduus, arctium lappa, centaurea cyanus.*

526. Lamellé [*paleaceum*] lorsqu'il porte

des paillettes, ou des espèces de lames plus ou moins linéaires, très-aplaties & disposées entre les fleurs. *Cichorium, scolymus, achillæa millefolium.*

527. Alvéolé [*favosum*] lorsqu'il est chargé de rets alvéolaires, c'est-à-dire, de cellules membraneuses & tétragones, comme dans l'*onopordum.*

De la disposition des fleurs.

La Botanique attentive à profiter des secours multipliés que les fleurs lui offrent de toutes parts, a heureusement combiné la forme des organes intéressans qui les composent, avec les différentes manières dont elles sont distribuées sur la tige : elle a trouvé dans ce double point de vue des moyens sûrs & faciles, non-seulement pour distinguer les genres & les espèces, mais même pour former des groupes nombreux de Plantes, dont un modèle commun semble avoir fourni les traits les plus parlans.

Les fleurs, considérées relativement à leur disposition, se divisent principalement en simples & en composées.

[A]

De la Fleur simple.

528. La fleur simple *(d)* [*flos simplex*] est celle qui est unique sur son réceptacle : telle est la fleur de l'*anagallis*, de l'*alsine*, du *phaseolus*, & d'une multitude d'autres Plantes.

[a]

Les fleurs simples se nomment

529. Terminales [*terminales*] lorsqu'elles sont disposées à l'extrémité de la tige ou de ses rameaux. *Anemone, digitalis.*

530. Latérales [*laterales*] lorsqu'elles sont placées sur les côtés de la tige. *Teucrium chamæpitys, asperugo procumbens.*

531. Unilatérales [*secundi*] lorsqu'elles sont rangées du même côté de la tige.

532. Éparses [*sparsi*] lorsqu'elles sont distribuées sans ordre autour de la tige ou des rameaux. *Campanula rapunculoides.*

533. Sessiles [*sessiles*] lorsqu'elles n'ont

(d) Il ne faut point confondre la dénomination de *fleur simple*, dont il s'agit ici, avec celle que les Fleuristes emploient par opposition à la fleur double.

point de péduncules , & qu'elles repofent immédiatement fur la tige ou fur fes rameaux. *Herniaria, ftellera pafferina.*

534. Pédunculées [*pedunculati*] lorf-qu'elles font portées par des péduncules. *Rofa, prunus.*

535. Solitaires [*folitarii*] lorfqu'elles font ifolées dans le lieu de leur infertion. *Anagallis, geranium fanguineum.*

536. On dit auffi d'une fleur qu'elle eft folitaire [*flos folitarius*] lorfqu'elle fe trouve feule fur la tige où elle eft ordinairement ter-minale. *Galanthus, tulipa.*

537. Ramaffées [*congefti*] lorfqu'elles font raffemblées en un feul ou plufieurs pa-quets. *Daphne cneorum, illecebrum ficoideum.*

538. Deux à deux, trois à trois, &c. [*bini, terni,* &c.] lorfqu'on détermine le nombre de fleurs réunies enfemble & inférées fur le même point. *Geranium robertianum, daphne mezereum,* &c.

539. Droites [*erecti*] lorfqu'elles font difpofées prefque perpendiculairement , & qu'elles regardent le ciel. *Dianthus, gentiana centaurium minus.*

540. Penchées *[cernui, nutantes]* lorf-qu'elles s'inclinent un peu vers la terre. *Tulipa fylveftris.*

541. Verticales *[verticales]* lorfqu'elles pendent perpendiculairement, & qu'elles font tout-à-fait tournées vers la terre. *Convallaria maialis.*

542. Axillaires *[axillares]* lorfqu'elles font difpofées dans les aiffelles des feuilles ou des branches, c'eft-à-dire, lorfqu'elles naiffent dans le point de concours des feuilles ou des branches avec la tige. *Hyofcyamus, vicia.*

543. Radicales *[radicales]* lorfqu'elles naiffent immédiatement de la racine. *Colchicum.*

[b]

544. Verticillées *[verticillati]* lorfqu'elles font difpofées par étages en forme d'anneaux autour de la tige. *Phlomis, clinopodium, falvia.*

Dans ce cas, chaque anneau ou verticille s'appelle

545. Seffile *[verticillus feffilis]* lorfque

les fleurs qui le compofent n'ont point de péduncules fenfibles. *Marrubium, leonurus.*

546. Pédunculé *[verticillus pedunculatus]* lorfqu'il eft formé par des fleurs fenfiblement pédunculées. *Nepeta, meliſſa.*

547. Colleté *[involucratus]* lorfqu'il eft garni en - deſſous d'une efpèce de collerette, comme dans le *phlomis,* le *clinopodium.*

548. Feuillé *[foliatus, bracteatus]* lorfque inférieurement il eft accompagné de feuilles d'une forme particulière ou de bractées. *La-mium, lavandula.*

549. Nu *[nudus]* lorfqu'il n'a aucun acceſſoire, à moins que ce ne foit des feuilles tout-à-fait femblables à celles de la Plante.

550. Ramaſſé *[confertus]* lorfqu'il eft compofé d'un grand nombre de petites fleurs très-ferrées entr'elles. *Phlomis, marrubium.*

[c]

551. On nomme fleurs en ombelle *[flores umbellati]* celles dont les péduncules fe réuniſſent tous en un point commun, d'où ils divergent comme les rayons d'un parafol.

552.

552. Cette difpofition des péduncules fuffit pour conftituer en général l'ombelle [*umbella*]; mais il y a un ordre particulier de Plantes auxquelles on a donné dans un fens plus ftrict le nom de Plantes ombellifères [*Plantæ umbelliferæ*], ce font celles dont les fleurs, outre le caractère commun qui fe tire des péduncules, font de plus remarquables par cinq étamines, par leur ovaire placé fous la corolle qui eft compofée de cinq pétales, par deux ftyles, & par un fruit nu, formé de deux femences adoffées l'une contre l'autre. *Paftinaca, heracleum, apium,* &c.

On dit d'une ombelle qu'elle eft

553. Fauffe ou bâtarde [*umbella fpuria*] lorfque les péduncules après être partis en divergeant d'un point commun, fe divifent & fe ramifient irrégulièrement. *Sambucus, viburnum.*

554. Simple [*fimplex*] lorfque les péduncules propres des fleurs n'ont qu'un feul point de concours. *Hydrocotile.*

555. Compofée [*compofita*] lorfque plufieurs péduncules communs, chargés chacun d'une ombelle fimple, fe réuniffent en un

Tome I. L

même point, & forment ainsi une ombelle plus composée.

556. L'ensemble de toutes les parties d'une ombelle composée, forme l'ombelle universelle [*umbella universalis*].

557. On donne le nom d'ombelle partielle [*umbella partialis, umbellula*] à chacune des petites ombelles qui concourent à la formation de l'ombelle universelle. Les péduncules communs qui portent les ombelles partielles s'appellent les rayons de l'ombelle universelle; ces rayons sont au nombre de trois ou quatre dans le *sanicula*, l'*astrantia*: il y en a un grand nombre dans l'*angelica*, le *peucedanum*.

Les ombelles partielles sont globuleuses dans le *sanicula*, l'*angelica*; planes dans l'*heracleum*, le *chærophyllum*, &c.

[d]

558. On nomme corymbe [*corymbus*] ou fleurs en corymbe [*flores corymbosi*], une disposition de fleurs dont les péduncules partent graduellement de différens points d'un axe ou péduncule commun, & arrivent tous à la

même hauteur. *Spiræa opulifolia, achillæa millefolium.*

Le corymbe ressemble à l'ombelle par son sommet aplati, & en diffère par l'insertion graduée de ses péduncules.

559. Ce que les Botanistes appellent fleurs en niveau [*flores fastigiati*] se rapproche si sensiblement du corymbe, que je ne crois pas devoir en donner une définition à part; ainsi, *flores corymbosi, flores fastigiati,* seront employés dans le cours de cet. Ouvrage, comme expressions synonymes.

[*e*]

J'ai aussi fait quelques changemens aux définitions que l'on donne communément du bouquet & de la grappe, parce que ces définitions n'expriment point de limites assez déterminées.

560. J'appellerai donc fleurs à bouquet [*flores thyrsoidei*] celles dont les péduncules partent graduellement de différens points d'un axe ou péduncule commun, toujours disposé dans une situation droite, & arrivent à des hauteurs différentes, c'est-à-dire, que les inférieurs

fe terminent les premiers, & ainfi de fuite, *fyringa vulgaris*.

561. Les fleurs en grappe [*flores racemofi*] font celles au contraire dont le péduncule commun eft toujours dans une direction inclinée ou pendante, & dont les péduncules particuliers font d'ailleurs étagés comme dans le bouquet.

Ainfi le bouquet [*thyrfus*] eft diftingué du corymbe par fon fommet, qui n'eft jamais plane; d'un autre côté, la grappe [*racemus*] diffère fenfiblement du bouquet par la fituation du péduncule commun, qui eft droit dans la première, & penché dans le fecond.

La grappe eft en général

562. Simple [*fimplex*] lorfque les péduncules propres de fes fleurs n'ont aucune divifion.

563. Compofée [*compofitus*] lorfque ces mêmes péduncules font divifés, ou que l'axe commun eft tellement ramifié, qu'on a peine à le diftinguer.

564. Unilatérale [*unilateralis, fecundus*] lorfque les péduncules propres font tous fitués ou inférés du même côté.

[f]

565. On appelle fleurs en panicule [*flores paniculati*] celles qui font difpofées fur des péduncules dont les divifions font très-nombreufes & très-diverfifiées. La panicule [*panicula*] eft ordinairement affez courte, lâche & très-étalée. *Panicum miliaceum, agroftis capillaris.* Elle fe nomme

566. Diffufe [*diffufa*] lorfque les péduncules font très-ouverts & très-divergens : refferrée [*coarctata*] lorfque les péduncules font rapprochés & à peu-près, parallèles entr'eux.

La panicule peut être regardée comme un bouquet, dont les parties font éparfes & difpofées à l'aife.

[g]

567. Les fleurs en épi [*flores fpicati*] font des fleurs prefque feffiles, raffemblées fur un péduncule commun, alongé & très-fimple.

568. Si les fleurs font entièrement feffiles, comme dans plufieurs graminées, telles que le

lolium, le *triticum*, l'*hordeum*, le *fecale*, l'*elimus*, &c. alors le péduncule qui les porte eſt regardé comme un réceptacle commun qui prend le nom de *rape*, eſpèce de chaton particulier à certaines Plantes graminées *(voyez Rape*, n.° 522). L'épi s'appelle dans ce cas, épi faux ou épi chatonnier [*ſpica amentacea]*, & on le diſtingue de l'épi proprement dit, qu'on nomme ſimplement [*ſpica*], & dont le caractère eſt d'avoir les fleurs non-ſeſſiles, quoique portées ſur de courts péduncules. *Panicum viride*, *phalaris canarienſis*.

En général, l'épi eſt ſolitaire & terminal; on trouve cependant quelquefois ſur la même tige pluſieurs épis portés par des péduncules ſimples.

569. On trouve auſſi des graminées, telles que les *bromus*, les *feſtuca*, les *poa*, &c. dans leſquelles les péduncules diviſés & rameux, ſoutiennent de petits épis particuliers, dont chacun ſe nomme épillet [*ſpicula, locuſta*].

[h]

570. On nomme fleurs en tête [*flores capitati*] celles qui ſont ramaſſées & diſpoſées

en efpèce d'épi fort court, plus ou moins arrondi. *Pforalea bituminofa.*

571. La tête [*capitulum*] eft globuleufe [*globofum*], dans le *trifolium globofum*; arrondie [*fubrotundum*], dans le *trifolium ftrictum*; arrondie d'un côté & un peu aplatie de l'autre [*dimidiatum*], dans le *trifolium lupinafter*; garnie de feuilles, foit à fa bafe, foit entre les fleurs [*foliofum*], dans l'*anthyllis vulneraria*, l'*ebenus cretica*; nue, c'eft-à-dire, fans bractées quelconques [*nudum*], dans le *trifolium agrarium*, &c.

572. Si les fleurs font redreffées, parallèles, & réunies en manière de faifceau, on les nomme fafciculées [*flores fafciculati*]; telles font celles du *dianthus barbatus*, du *filene armeria*, &c.

[B]

De la fleur compofée.

573. La fleur compofée [*flos compofitus*] eft celle qui eft formée de la réunion de plufieurs petites fleurs particulières, difpofées toutes fur le même réceptacle, & ordinai-rement environnées par un calice commun

(*n.° 501*). On diftingue deux fortes de fleurs compofées, favoir, la fleur compofée proprement dite, & la fauffe qu'on nomme auffi fleur agrégée.

574. La vraie fleur compofée [*flos compofitus verus*] eft remarquable par un caractère commun à toutes les fleurettes dont elle eft l'affemblage ; chacune de ces fleurettes a cinq étamines, réunies par leurs anthères en forme de gaine ou de cylindre creux, au travers duquel paffe le piftil. *Carduus, cichorium, calendula.*

Les corolles de ces mêmes fleurettes font toujours monopétales & placées fur l'ovaire : on en diftingue de deux efpèces, à raifon de leur forme, favoir, le fleuron & le demi-fleuron.

575. Le fleuron ou la corolle tubulée [*flofculus, corolla tubulofa*] eft une petite corolle tout-à-fait en cornet ou en tube, dont le bord fupérieur eft taillé plus ou moins régulièrement en quatre ou cinq parties, mais fans avoir aucun prolongement particulier.

576. Le demi-fleuron ou la corolle ligulée

[*semi - flosculus, corolla ligulata*] eſt une petite corolle tubulée vers ſa baſe, mais dont le limbe ſe termine par une ſeule lame ou languette remarquable.

Les différentes manières dont les fleurons & demi-fleurons ſe combinent dans les fleurs vraiment compoſées, ont donné lieu à la diviſion de ces dernières, en fleurs floſculeuſes, ſemi-floſculeuſes & radiées.

577. La fleur floſculeuſe [*flos floſculoſus*] eſt celle qui eſt uniquement compoſée de fleurons. *Carduus, centaurea.*

578. La fleur ſemi - floſculeuſe [*flos ſemi-floſculoſus*] eſt celle qui n'eſt compoſée que de demi-fleurons. *Scorʒonera, laÜuca.*

579. La fleur radiée [*flos radiatus*] eſt celle dont le milieu, qu'on appelle diſque [*diſcus*] eſt occupé par des fleurons, & dont la circonférence eſt garnie de demi-fleurons, qui repréſentent autant de rayons; cependant, ce qu'on nomme communément le rayon [*radius*] dans la fleur radiée, c'eſt la totalité des demi-fleurons qui environnent le diſque. *Chryſanthemum, bellis,* &c.

580. La fleur fauſſement compoſée, ou

la fleur agrégée [*flos aggregatus*] eſt auſſi un aſſemblage de fleurettes diſpoſées ſur un même réceptacle, mais dont les étamines ne ſont point réunies par les anthères. *Scabioſa, dipſacus,* &c.

Obs. Diverſes circonſtances particulières peuvent faire ſubir aux fleurs des altérations ou des changemens conſidérables, ſoit dans la forme, ſoit dans le nombre de leurs parties : on en trouve qui dérogent à leur eſpèce par le défaut de quelques pétales, ou même de quelques étamines ; & dans ce cas les autres parties ſe rapprochent pour l'ordinaire, & la ſymétrie de la fleur n'en eſt point troublée. J'ai obſervé cette eſpèce d'altération ſur pluſieurs pieds de l'*ornithogalum album,* dont toutes les fleurs n'avoient que quatre ou cinq pétales & autant d'étamines, placées reſpectivement à des diſtances égales. Certaines Plantes des pays chauds perdent entièrement leur corolle, lorſqu'on les cultive dans un climat froid ; c'eſt ce qui arrive au *campanula perfoliata,* au *glaux maritima,* &c.

Mais les variations par excès ſont beaucoup plus communes que celles qui ſe font par

défaut, & la Nature jufque dans fes écarts,
tend prefque toujours vers l'accroiffement &
la richeffe. Qu'une Plante qui demande une
féve abondante & vigoureufe, foit portée
dans un terrein maigre & appauvri, elle fera
grêle, foible, chargée d'un petit nombre de
feuilles & de fleurs ; mais communément
chacune de fes fleurs fera pourvue de toutes
les parties qui caractérifent fon efpèce : au
contraire, que la force des engrais & le foin
de la culture, occafionnent dans certaines
Plantes une affluence extraordinaire de fucs
nourriciers, outre que leurs parties fe multiplieront & prendront de l'embonpoint, le
nombre des pétales pourra croître dans
chaque fleur, & cet accroiffement fe fera le
plus fouvent aux dépens des étamines *(e)*,
dont les unes dégénéreront en nouveaux
pétales, & les autres refteront la plupart
fans anthères & ne feront qu'ébauchées : enfin,

(e) Si l'on décompofe un narciffe double, on obfervera
que la partie inférieure des filets des étamines fubfifte encore
dans le tube de la corolle, tandis que la partie fupérieure
a acquis par la furabondance de la féve une force expanfive
qui l'affimile aux pétales ordinaires de la fleur.

tóutes les étamines, & les piftils eux-mémes, pourront fe convertir en pétales, & alors il n'y aura plus de fleur proprement dite, & par conféquent plus de fruit à attendre. On a diftingué des fleurs de plufieurs fortes, à raifon de ces différentes variations, & l'on a appelé

581. Fleur fimple *[flos fimplex]* celle qui n'a que le nombre de pétales qui convient à fon efpèce.

582. Fleur double *[flos multiplex]* celle qui acquiert un plus grand nombre de pétales qu'elle ne doit avoir naturellement, mais dans laquelle les organes fexuels fubfiftent encore en partie, & fourniffent quelques graines fécondes : l'œillet offre des exemples de la fleur double. Les Fleuriftes diftinguent encore un degré intermédiaire entre la fleur fimple & la fleur double, favoir la fleur femi-double : cette dernière variété eft très-commune parmi les renoncules & les anémones.

583. Fleur pleine *[flos plenus]* celle dont la corolle eft occupée toute entière par des pétales, provenus de l'expanfion des étamines & des piftils, & qui par cette raifon refte

abſolument ſtérile, ou ne peut ſe multiplier qu'à l'aide des rejets & des boutures. On trouve ſouvent des fleurs pleines ſur la matricaire, la pivoine, certaines eſpèces de roſiers, &c.

La fleur pleine eſt le but vers lequel tendent les ſoins du Fleuriſte, dont les intérêts ſont à tous égards ſéparés de ceux du Botaniſte. Le premier, en effet, plus jaloux de jouir que de connoître, appelle continuellement l'art au ſecours de la Nature, pour exciter celle-ci à des efforts inconnus, & ménager à l'œil des ſurpriſes par la nouveauté des couleurs & par le luxe pompeux des ornemens : il ſacrifie tout au brillant & à l'apparence ; il néglige l'eſpèce en faveur de quelques individus qu'il a adoptés, auxquels il prodigue ſes ſoins, & qu'il transforme en de nouveaux êtres, qui, ſous les dehors de la fécondité & de l'abondance, cachent une dégradation réelle.

Le Botaniſte, au contraire, uniquement attentif à étudier, à épier la Nature, ſe plaît à la contempler dans cette naïve ſimplicité, plus précieuſe ſans doute que ces agrémens

dont on ne l'embellit que par la contrainte:
il n'adopte les nuances qu'autant qu'elles
n'altèrent point d'une manière fenfible la
conftance des formes primitives; en un mot,
l'individu qui s'offre à lui dans fes recherches,
n'eft point à fes yeux un être ifolé; il y
voit comme le type & le modèle de l'efpèce
entière, & il aime à y retrouver ces traits
unis, mais vrais, que la Nature a fidèlement
prononcés dans les productions qui lui appartiennent tout entières.

Une grande partie des fleurs qui naiffent
à l'aide de la culture, font donc de véritables
monftres végétaux; mais la multiplication ou
le développement contre Nature des parties
fimples, qui dans le règne animal produit des
difformités choquantes, ne fait ici qu'ajouter à
l'individu de nouvelles grâces, & un nouveau
prix, pour ceux qui fe bornent à la fatif-
faction momentanée du coup-d'œil; au refte,
la Botanique n'aura jamais rien à craindre de
l'art du Fleurifte. La Nature eft fi riche & a
des reffources fi multipliées, que l'abandon
qu'elle fait dans nos parterres de fes plus
beaux droits, eft moins une perte pour elle,

que l'occasion d'une des plus agréables jouis-
sances qu'elle puisse accorder à l'amateur des
jardins.

584. Il arrive quelquefois que la féve,
qui se porte toujours avec plus d'affluence
dans la direction de l'axe de la Plante, tend
à faire éclore une seconde fleur à côté de celle
qui doit occuper le centre : mais insuffisante
pour fournir à ce double emploi, elle laisse
son opération imparfaite, & il n'en résulte
qu'une monstruosité d'un genre particulier,
une fleur jumelle dans laquelle le nombre
des étamines varie au-dessus de celui qui est
affecté à l'espèce, sans cependant être jamais
doublé. Cette variation, que l'on peut observer dans le *teucrium nissolianum*, a fait
regarder par plusieurs Botanistes le caractère
qui se tire des divisions de la corolle, comme
équivoque & fautif : cette difficulté, si elle
étoit solide, porteroit également contre le
nombre des étamines ; mais on auroit dû
remarquer que dans le cas même dont il
s'agit, l'intention de la Nature est toujours
marquée, outre que la constance des autres
fleurs de l'individu, empêchera qu'un accident

de l'efpèce de celui dont je parle, puiffe être une caufe de méprife pour un Obfervateur tant foit peu attentif.

585. On appelle fleur prolifère [*flos prolifer*] celle qui produit de fon centre une feconde fleur ordinairement femblable à la première, & même quelquefois accompagnée de feuilles : la camomille devient prolifère par la piqûre d'une petite mouche appelée *ichneumon*.

Du Fruit, & de fes dépendances ou acceffoires.

586. Parmi les différens moyens de re-production qui concourent à perpétuer la fucceffion des êtres végétaux, on fait que la fructification eft le plus univerfel, & comme l'opération familière de la Nature ; elle eft en même temps le but vers lequel font dirigées les principales fonctions de la végétation : à mefure qu'elles s'avancent vers ce but, à mefure que le fruit s'accroît & fe perfec-tionne, les organes qui avoient eu le plus de part à fa formation, l'abandonnent, dépé-riffent, & le laiffent parvenir à fon entier développement

développement à l'aide des feuls fucs nôurriciers, qui ceffent à leur tour de lui fournir, dès qu'il a atteint fa maturité.

C'eft dans cet organe, confervateur de l'efpèce, que la Nature déploie fes plus fécondes reffources : ce n'eft point affez pour elle d'avoir multiplié les fleurs fur la plupart des individus, elle a encore donné plufieurs femences à un grand nombre de fleurs ; il en eft même à l'égard defquelles fes profufions en ce genre ne connoiffent plus de mefures : on ne fait quelquefois ce qu'on doit le plus admirer, ou de la quantité innombrable, ou de l'extrême fineffe de ces corpufcules, qui ne font eux-mêmes que des enveloppes groffières par rapport aux germes qu'ils recèlent *(f)*. Ce terme, qui étonne déjà notre imagination, n'eft cependant pas encore le dernier effort de la Nature ; l'expérience prouve qu'une feule graine eft comme le réfervoir commun

---

(f) Un feul pied du *zea* ou *maïs* a donné jufqu'à deux mille graines ; de l'*inula*, trois mille ; de l'*helianthus*, quatre mille ; du *papaver*, trente-deux mille ; du *typha*, quarante mille ; & du *nocotiana*, trois cents foixante mille, au rapport de Rai.

Tome I. M

d'un grand nombre de jets, que des circonftances favorables peuvent faire éclorre &
développer *(g)* : en un mot, la multitude
dés femences qui fe difperfent de toutes parts
après la maturation eft fi prodigieufe, que,
par le calcul qui en a été fait, le produit
complet d'un terrein de quelques lieues de
contour, pourroit fuffire au bout de quelques
années, pour peupler de végétaux la furface
entière du globe.

Mais la Nature qui ne femble fuir l'in-
digencé & la difette qu'en fe portant vers
l'excès de l'abondance, fe trouve pour ainfi
dire arrêtéé fur fa route par divers obftacles,
qui refferrent dans de juftes bornes l'emploi
de fes facultés. La plupart des femences
avortent & demeurent ftériles, par les accidens
qu'elles effuient dans leur difperfion, par
l'intempérie de l'air, & plus encore par le
défaut de préparation dans le fol même :
par-là, l'immenfité des refources fe tourne
en précaution contre les dangers, & la terre

(g) Pline rapporte que l'on envoya à Néron trois cents
quarante tiges provenues d'un feul grain de blé. *Hift. Nat.*
liv. XVIII, chap. 10.

fans ceffer d'être prodigue, nous montre
jufque dans les préfens qu'elle nous refufe,
des traits marqués de la Sageffe infinie qui
préfide à fa fécondité.

Mais d'ailleurs, quel parti ne tire pas le
Cultivateur laborieux, de cette tendance
prefque fans bornes de la Nature vers la reproduction! Sollicitée par des mains affidues,
dégagée des obftacles qui captivoient fes puif-
fances, nourrie par des engrais falutaires, elle
recouvre une grande partie de fes droits : elle
nous reftitue avec ufure les femences que
nous lui avons confiées avec économie; elle
nous dédommage d'un léger facrifice, pris fur
fes libéralités, par ces moiffons abondantes
qui nous rendent le fer qui leur a préparé
la voie, mille fois plus précieux que l'or
dont on les paie, & qui d'un fimple gramen,
rejeté dans nos fpéculations vers la limite
du règne végétal, font à notre égard la plus
parfaite & la première de toutes les Plantes.

587. Le fruit [*fructus*] n'eft donc,
comme on a déjà pu le voir, que l'ovaire
même qui a furvécu à la plupart des autres
organes de la fleur, & que la maturité a

groſſi & développé. Cette partie prend quelquefois des accroiſſemens très-conſidérables; tout le monde ſait que le fruit dans le potiron, le melon, &c. ſurpaſſe de beaucoup en volume tout le reſte de la Plante.

On diſtingue dans le fruit, la graine que l'on appelle auſſi la *ſemence*, & ſon enveloppe qui porte le nom de *péricarpe* : il faut y joindre ſon réceptacle propre, que l'on nomme *placenta*.

De la Semence.

588. La ſemence *[ſemen]* eſt cette partie du fruit qui renferme le principe d'une nouvelle Plante, de la même eſpèce que celle dont elle eſt une production.

Si l'on décompoſe une ſemence, & que pour faire plus facilement cette opération, on choiſiſſe une féve, un pois ou un pepin de courge, que l'on aura laiſſé pendant quelques momens dans l'eau chaude, on y diſtinguera pluſieurs parties plus ou moins eſſentielles, ſavoir,

589. La tunique propre *[arillus]*; on nomme ainſi cette eſpèce de membrane ou

d'écorce qui enveloppe la femence : on l'appelle *robe* dans la féve ; elle eft très-vifible encore dans les pepins de poire, de pomme, &c. dans la graine du jafmin, &c.

590. Les lobes ou cotyledons [*cotyledones*] ; ce font deux corps charnus appliqués l'un fur l'autre, mais qui ne fe tiennent réellement que par un point commun, placé tantôt latéralement, tantôt vers leur extrémité, & auquel aboutiffent les vaiffeaux nombreux dont les ramifications fe difperfent dans leur fubftance.

Ces corps que l'on peut remarquer dans la féve, où ils fe détachent aifément après que l'on a enlevé la tunique, font ordinairement convexes à l'extérieur, aplatis du côté où ils fe touchent, & un peu concaves vers le point où fe fait leur réunion : leur fubftance eft mucilagineufe, fermentefcible dans les graminées, les légumineufes, &c. elle eft comme cornée dans le café, les ombelles, &c.

Dans le plus grand nombre des Plantes connues, les femences ont deux lobes ou cotyledons bien diftincts ; mais dans les liliacées, les graminées & les palmiers, on n'en obferve qu'un feul, & l'on croit que les mouffes & les lichens en font abfolument privés.

591. La plantule ou l'embrion [*plantula, corculum*] eft le vrai germe qui eft comme emboîté dans les cotyledons , & placé au point où fe réuniffent les vaiffeaux dont on a parlé. On diftingue dans le germe deux parties, favoir, la radicule & la plumule.

592. La radicule [*radicula, roftellum*] eft le rudiment de la racine : fa forme approche d'un petit bec qui fort des lobes, & eft couché fur la ligne de leur jonction ; ç'eft la partie inférieure de la plantule, d'où fortiront les petites racines deftinées à aller chercher dans le fein de la terre les fucs propres à la nourriture du jeune fujet.

593. La plumule [*plumula*] eft le rudiment de la tige , elle occupe la cavité des lobes , & fe termine par un petit rameau femblable à une plume ; c'eft la partie de la Plante qui monte & tend à fortir de la terre.

En obfervant avec plus d'attention le petit

rameau qui forme l'extrémité de la plumule (je fuppofe toujours que l'on fait cette obfervation fur une féve), on remarquera que cette partie eft compofée de deux petites feuilles cordiformes, dont chacune eft pliée en deux, & que l'on pourra étendre avec la tête d'une épingle : on les appelle *feuilles féminales (h)*.

Dans un grand nombre de Plantes, & en particulier dans la féve, les lobes ou cotyledons s'alongent & fortent de terre en même temps que la tige naiffante, fous la forme de deux feuilles épaiffes, qui après avoir garanti fon enfance, fe defsèchent & périffent; mais il y a des femences, comme le pepin d'orange, le pois, le gland, &c. dont les cotyledons reftent dans la terre où ils pourriffent, & alors ce font les feuilles féminales qui fervent d'abri à la jeune Plante, après qu'elle eft

____

(h) Si on jette dans l'eau bouillante quelques grains de café, au bout d'une ou deux heures on trouvera que plufieurs auront germé; la radicule fortira d'environ une ligne, & en ouvrant le grain avec précaution, on détachera la plantule entière, dont la plumule eft formée par deux petites feuilles féminales, ouvertes & exactement appliquées l'une fur l'autre.

M iv

levée : il réfulte de cette obfervation que l'on ne doit pas confondre, comme l'ont fait la plupart des Botaniftes, les feuilles féminales avec les lobes ou cotyledons.

On a remarqué que les feuilles féminales avoient très-fouvent une forme tout-à-fait différente de celles qui par la fuite naiffent fur la tige.

Telle eft en général l'organifation inté-rieure de la femence, d'après laquelle on voit que la plantule eft la feule partie vrai-ment effentielle qui la conftitue. Quant aux caractères que fournit l'afpect de la femence, ils fe tirent principalement de fa forme & de fes appendices ; ainfi on dit qu'elle eft

594. Réniforme [*reniforme*], dans le *phafeolus* ; globuleufe [*globofum*], dans le *pifum* ; arrondie [*fubrotundum*], dans l'*orobus*, le *vicia* ; triangulaire [*triangulare, triquetrum*], dans le *polygonum*, &c.

595. On la nomme échinée [*muricatum, echinatum*] lorfqu'elle eft couverte de pi-quans, *caucalis*, ou de poils rudes, *daucus*, &c.

596. Nue [*nudum*] lorfqu'elle n'a d'autre

enveloppe que sa tunique propre, comme dans les graminées, les labiées, les bourraches, les ombelles, &c.

597. Couverte *[tectum]* lorsqu'indépendamment de sa tunique propre, elle est renfermée dans une seconde enveloppe que l'on nomme péricarpe *(voyez ce mot, n.° 602)*.

598. Couronnée *[coronatum]* lorsqu'elle est chargée du calice propre de la fleur, qui est persistant, comme dans le *scabiosa*, l'*œnanthe*, &c.

599. Aigretée *[papposum]* lorsqu'elle est surmontée d'un panache ou d'une espèce de plumet; telles sont les semences de la plupart des fleurs composées.

600. L'aigrette est simple *[pappus simplex]* lorsqu'elle est composée d'un seul faisceau de poils ou de filets, *lactuca*, *sonchus*, &c. elle est branchue *[plumosus]* lorsqu'elle se divise en rameaux, *scorzonera*, *cnicus*, &c. elle est pédiculée *[stipitatus]* lorsqu'elle est portée sur un pivot ou pédicule particulier, *leontodon*, *hypochœris*, &c. elle est sessile *[sessilis]* lorsqu'elle repose immédiatement sur le sommet de la semence, &c.

601. On appelle encore femence ailée [*femen alatum*] celle qui porte une efpèce de membrane faillante, plus ou moins ferme. L'aile [*ala*] fe remarque fur les femences de l'*acer*, du *bignonia*, &c.

OBS. Les aigrettes & les ailes ont été vifiblement deftinées à faciliter la difperfion des femences. On voit quelque temps après la maturité, celles qui ont été pourvues de ces acceffoires légers & délicats, voltiger de toutes parts au gré du vent, & entretenir entre les différentes portions de terrein une forte de commerce & de circulation de richeffes. Dans certaines Plantes, l'élafticité que la capfule acquiert en fe defsèchant, fupplée aux aigrettes & aux ailes : c'eft une furprife agréable de voir cette enveloppe éclater fubitement avec explofion, & faire pour ainfi dire l'office de la main du femeur, en lançant à quelques pieds de diftance les graines qu'elle tenoit renfermées : on peut faire cette obfervation fur le genêt, le *geranium*, le *momordica elaterium*, &c. L'im- patiens noli me tangere* a été ainfi nommé, parce que quand fon fruit eft mûr, il s'ouvre avec effort au plus léger choc, & fait jaillir une multitude de femences entre les doigts de celui qui l'a touché.

Du Péricarpe.

602. Le péricarpe [*pericarpium*] eft cette partie du fruit qui enveloppe & défend les femences ; ainfi on peut dire qu'il eft à l'égard des femences, ce que la corolle eft par rapport aux étamines & piftils : lorfqu'il n'exifte pas, c'eft ordinairement le calice ou le réceptacle qui le remplace dans fes fonctions.

Le péricarpe varie dans fa forme & dans fa confiftance ; ce qui fait qu'on en diftingue de plufieurs fortes, favoir, la capfule, le follicule, la filique, la gouffe, la prunette, la pommette, la baie & le cône.

[A]

603. La capfule [*capfula*] eft une enveloppe ordinairement formée de plufieurs panneaux, qui fe joignent par leurs bords avant la maturité, & s'ouvrent enfuite comme autant de valves ou de battans, pour laiffer une iffue libre aux femences.

Le péricarpe, à raison du nombre des capsules dont il est quelquefois composé, se nomme

604. Unicapsulaire [*unicapsulare*], *lychnis, gentiana, verbascum*, &c. bicapsulaire [*bicapsulare*], *pænia, acer, asclepias;* tricapsulaire [*tricapsulare*] *veratrum, delphinium;* quadricapsulaire [*quadricapsulare*], *rhodiola, tetracera;* quinquecapsulaire [*quinquecapsulare*], *aquilegia, nolana;* & en général multicapsulaire [*multicapsulare*], *trollius, sempervivum*, &c.

Lorsque l'on considère la forme de la capsule, on dit qu'elle est

605. Cylindrique [*cylindrica*], *saponaria, dianthus, gentiana*, &c. globuleuse [*globosa*], *hydrophyllum, cyclamen*, &c. ovale [*ovata*], *alsine;* courbée [*incurvata*], *cerastium vulgatum;* anguleuse [*angulata*], *campanula,* torse [*contorta*], *spiræa ulmaria;* scrotiforme [*scrotiformis*], c'est-à-dire, composée de deux globes réunis & un peu comprimés du côté où ils se touchent, comme dans le *mercurialis.*

606. On considère aussi les différentes manières dont s'ouvre la capsule : elle s'ouvre

par le haut dans le *papaver,* le *dianthus ;* par le bas dans le *campanula ;* en travers dans l'*anagallis,* & alors on la nomme *circumciffa,* c'eft-à-dire, découpée circulairement ; enfin elle s'ouvre longitudinalement dans l'*aquilegia,* &c.

Quelquefois on confidère le nombre des valves que la capfule forme en s'ouvrant, & on dit qu'elle eft

607. Univalve *[univalvis]* lorfqu'elle ne s'ouvre que par un côté, *delphinium, pænia,* &c. bivalve *[bivalvis]* lorfqu'elle forme en s'ouvrant deux panneaux bien diftinéts, *chry-foſplenium, mitella, tiarella,* &c. trivalve *[trivalvis] lilia, polycarpon, holoſteum,* &c. quadrivalve *[quadrivalvis] epilobium, œnothera, erica,* &c. quinquevalve *[quinquevalvis] lychnis, coris,* &c.

D'autrefois on confidère dans la capfule le nombre de fes cavités que l'on nomme *loges,* & on dit qu'elle eft

608. Uniloculaire *[unilocularis]* lorfque fa cavité n'eft point divifée, comme dans le *primula,* le *viola,* le *famolus ;* biloculaire ou à deux loges *[bilocularis] hyoſciamus, lythrum,*

digitalis, &c. triloculaire [*trilocularis*] *lilia*, *phlox, croton;* quadriloculaire [*quadrilocularis*] *evonimus, vaccinium;* quinqueloculaire [*quinquelocularis*] *pyrola, andromeda;* fexloculaire [*fexlocularis*] *afarum, ariflolochia;* à huit loges [*octolocularis*] *linum radiola;* à dix loges [*decem locularis*] *linum;* à loges nombreufes [*multilocularis*] *nymphæa*, &c.

[B]

609. Le follicule ou la coque [*folliculus, conceptaculum*] eft une efpèce de péricarpe alongé, membraneux, qui s'ouvre longitudinalement d'un feul côté, & auquel les femences ne font point adhérentes. *Vinca, afclepias*, &c.

La coque eft ordinairement gonflée par l'air qui s'y dilate, *periploca, plumeria, afclepias*, &c. ou bien elle eft remplie d'une pulpe qui entoure les femences, *tabernæmontana*.

[C]

610. La filique [*filiqua*] eft une efpèce de péricarpe bivalve, ou compofé de deux panneaux réunis par des futures longitudinales.

Les semences sont attachées à l'une & à l'autre de ces sutures, à l'aide d'un filet qui fait l'office de cordon ombilical. *Cruciformes, chelidonium glaucium,* &c.

611. On lui donne le nom de silique proprement dite, lorsque sa longueur surpasse sensiblement, c'est-à-dire, une fois au moins, sa largeur; & on l'appelle silicule [*silicula*] lorsque sa longueur est égale à sa largeur, ou ne la surpasse pas d'une quantité sensible; ainsi le *cheiranthus* porte de vraies siliques, & le *lepidium* n'a que des silicules.

Tantôt on considère la figure de la silique, & on dit qu'elle est

612. Articulée [*articulata*] lorsqu'elle est rétrécie & renflée alternativement comme celle du *raphanus.*

613. Comprimée [*compressa*] lorsqu'elle est aplatie, & que ses bords sont minces & tranchans; telle est celle du *thlaspi.*

614. Tétragone [*tetragona*] lorsqu'elle a quatre angles & quatre faces opposées deux à deux, *erysimum.*

615. Arrondie [*subrotunda*], *bunias;* lancéolée [*lanceolata*], *isatis;* lobée [*lobata*],

biscutella; orbiculée *[orbiculata]*, *clypeola;* un peu en cœur *[obcordata]*, *lepidium*, *thlaspi bursa pastoris*, &c.

Tantôt on considère la position de la cloison à l'égard des panneaux, & on dit de cette dernière qu'elle est

616. Parallèle *[dissepimentum parallelum]* lorsque ses deux côtés tranchans s'insèrent dans les sutures des panneaux. *Lunaria, draba, alyssum,* &c.

617. Transversale *[dissepimentum transversum]* lorsque ses deux côtés tranchans coupent longitudinalement les panneaux par le milieu. *Thlaspi, lepidium.*

[D]

618. La gousse *[legumen]* est assez semblable à la silique par la forme & la réunion de ses panneaux, que l'on nomme *cosses;* mais elle en diffère par la disposition de ses semences, qui sont attachées seulement à l'une des sutures qui forment la ligne de jonction des panneaux.

On considère ordinairement la figure de
la gousse,

la gousse, ou sa structure intérieure, & on
dit qu'elle est

619. Ovale [*legumen ovatum*], *astragalus*, *aspalathus*; arrondie [*subrotundum*],
geoffræa, *ebenus*; linéaire [*lineare*], *clitoria*;
cylindrique [*teres*], *galega*, *coronilla*;
gonflée [*turgidum*], *cicer*, *ononis*; enflée
ou vésiculaire [*inflatum*], *colutea*; articulée [*articulatum*], *hedysarum*, *coronilla*;
contournée [*contortum*], *medicago sativa*,
scorpiurus.

620. Uniloculaire, à une seule loge
[*uniloculare*], telle est celle de la plupart
des légumineuses; biloculaire [*biloculare*]
astragalus, *bisserula*.

OBS. La gousse de l'*hippocrepis* est remarquable par les échancrures profondes de l'un
de ses bords; celle du *coronilla* est partagée
suivant sa longueur par divers étranglemens;
celle du *lotus* semble interrompue par des
espèces de petites lames perpendiculaires &
transversales; enfin celle de l'*ornithopus* paroît
formée de plusieurs petites portions soudées
les unes à la suite des autres.

Tome I. N

[E]

621. La prunette ou le fruit à noyau *[drupa]* est une espèce de péricarpe double, composé à l'extérieur d'une pulpe ou d'une enveloppe charnue, plus ou moins succulente, & intérieurement d'une petite boîte ligneuse connue sous le nom de noyau, & dans laquelle est renfermée la semence que l'on appelle *amande*. *Prunus*, *amygdalus*, *amyris*, *eugenia*, &c.

[F]

622. La pommette, ou le fruit à pepin *[pomum]* est une espèce de péricarpe composé d'une pulpe charnue & solide, divisée vers son centre en plusieurs loges membraneuses, qui contiennent des semences que l'on nomme *pepins*. *Pyrus*, *malus*, *cucumis*, *cucurbita*, &c.

623. On dit de la pommette qu'elle est ombiliquée *[pomum umbilicatum]* lorsqu'elle a une petite cavité dans sa partie supérieure, avant le développement du fruit; cette cavité étoit le réceptacle propre de la fleur, porté

fur l'ovaire : on remarque encore en fes bords les débris du calice defféché, ce qui forme cette efpèce d'ombilic que les Jardiniers nomment *œil*.

[G]

624. La baie *[bacca]* eft une efpèce de péricarpe, d'une forme ordinairement arrondie ou ovale, mou dans fa maturité, ce qui le diftingue principalement de la pommette, & renfermant une ou plufieurs femences au milieu d'une pulpe fucculente ; tantôt fans aucune apparence de loge, comme dans le *vitis*, le *ribes*, &c. & tantôt avec des loges, comme dans le *cactus*, le *folanum*, l'*atropa*, &c.

625. Lorfque les baies font petites & ramaffées en grappes ou en corymbe, on leur donne le nom de *grains* ; telles font celles du *ribes*, du *berberis*, du *fambucus*, &c. Les fruits du *morus* & du *rubus* font compofés de plufieurs petites baies, raffemblées en tête arrondie ou ovale fur un réceptacle commun.

La baie du *phyfalis* eft renfermée dans

une enveloppe membraneufe & colorée, qui n'eft autre chofe que le calice de la fleur renflé par la maturité ; celle du rofier provient de la bafe du calice, amplifiée, amolie & colorée ; celle de l'if eft un réceptacle devenu charnu & fucculent, qui s'ouvre par degrés pour laiffer échapper la femence, après l'avoir tenu enveloppée pendant quelques temps.

On confidère fouvent le nombre des femences contenues dans la baie, & felon qu'elle en renferme une, ou deux, ou trois, &c. ou un nombre indéterminé, on l'appelle

626. Monofperme *[monofperma]*, daphne, *rhus ;* difperme *[difperma]*, coffea, berberis; trifperme *[trifperma]*, convallaria, hæmanthus; tétrafperme *[tetrafperma]*, adoxa, callicarpa; polyfperme *[polyfperma]*, ceftrum, capparis, &c.

[H]

627. Le cône *[ftrobilus]* eft un compofé d'écailles ligneufes, fixées par leur bafe fur un axe commun, dont elles s'écartent par leur partie fupérieure, & qu'elles entourent,

en se recouvrant les unes les autres par gradation. Sous chacune de ces écailles on trouve
une ou deux semences anguleuses, & ordinairement garnies d'un feuillet saillant, ou
d'une espèce d'aile, comme dans le pin, &c.

On peut regarder le cône comme une
espèce de péricarpe, puisque les écailles en
font les fonctions, & servent d'enveloppes
aux semences, jusqu'au temps de la maturité;
mais si l'on considère le cône dans le temps
de la floraison, alors c'est un vrai chaton ou
un réceptacle commun, autour duquel font
disposées, entre des écailles, de petites fleurs
incomplettes.

La forme du cône est ovale ou un peu
oblongue dans les pins, les sapins & les
melefes ; celui du *thuya* est court & obtus,
& celui du cyprès est arrondi & presque
orbiculaire.

Obs. La noix [*nux*] doit être rangée
parmi les fruits à noyau; c'est une espèce de
fruit osseux, composé de deux pièces qu'on
nomme *écailles*, qui contiennent une semence
ovale à quatre lobes sinueux, & terminée
d'un côté par une pointe où se trouve la

plantule : ces lobes font féparés par une cloifon que l'on appelle *zeſt*. Les deux écailles de la noix font recouvertes d'une enveloppe coriace, un peu charnue, liſſe & d'un goût très - amer, que l'on nomme *brou*. Cette enveloppe répond à la pulpe fucculente de la prunette ; & la coque ligneufe ou offeufe qui renferme les lobes, répond au noyau de la prunette, dans lequel eſt logée la femence.

Du Placenta.

628. Le placenta [*receptaculum feminale*] eſt le réceptacle propre de la femence ; c'eſt la partie du fruit fur laquelle porte immédiatement la femence, lorfqu'elle eſt environnée d'un péricarpe, comme dans le *gentiana*, l'*epilobium*, &c. c'eſt le réceptacle propre du fruit, lorfque la femence n'a point de péricarpe, & que l'ovaire étoit placé fous la corolle, comme dans les plantes ombellifères, & dans la plupart des compofées ; enfin c'eſt en même temps le réceptacle du fruit & celui de la fleur, lorfque la femence n'a point de péricarpe, & que l'ovaire n'étoit

point placé fous la corolle, comme dans le *polygonum*, les graminées, &c.

Ce réceptacle eft fec & adhérent dans le *potentilla ;* il eft charnu, fucculent & caduc dans le *fragaria ;* il eft formé, comme on l'a remarqué, par une des futures de la gouffe, & par les deux futures de la filique ; par les cloifons ou les bandelettes de la capfule dans le *nicotiana*, le *datura*, le *gentiana ;* par un axe feuilleté & libre dans la coque de l'*afclepias*, de l'*apocynum ;* & par une colonne dans les mauves, &c.

De la Végétation.

629. Après avoir décrit fucceffivement les différentes parties qui entrent dans la ftructure des végétaux, il ne fera pas inutile de réunir fous une même vue générale, les fonctions de ces mêmes parties, & de faire, pour ainfi dire, l'hiftoire de la Plante, en la fuivant dans les diverfes époques par lefquelles elle paffe, depuis le moment de fa naiffance, jufqu'au dernier terme de fon dépériffement.

630. Lorfqu'aux approches du printemps, la température de l'air s'eft adoucie, & qu'un

premier degré de chaleur a disposé toute la Nature au mouvement, les semences confiées à la terre commencent à s'imbiber des parties aqueuses qui les environnent, & en même temps des sucs nourriciers que ces parties entraînent avec elles. Les lobes ou cotyledons se gonflent ; la radicule qui a participé à leur nourriture, s'étend & fort par une petite ouverture pratiquée à la tunique qui les recouvre : cette première époque du développement de la Plante s'appelle *germination (germinatio)*.

631. Bientôt la dilatation de l'air fait crever la tunique & force les lobes de s'écarter ; la plantule monte peu-à-peu, accompagnée des lobes ou seulement des feuilles séminales qui la tiennent comme empaquetée par son extrémité. La partie moyenne est assez souvent la première qui se montre, sous la forme d'un petit arc qu'elle avoit déjà lorsqu'elle étoit encore renfermée entre les lobes : on dit alors que la Plante lève.

Jusque-là les lobes avoient comme allaité le jeune sujet, & lui avoient fait une nourriture légère & délicate de la séve, qui s'étoit épurée en paffant à travers leur fubftance ; mais à mefure que la Plante s'élève, ils lui deviennent inutiles, & ceffant eux-mêmes de recevoir les fucs nourriciers, que la radicule tranfmet immédiatement à la petite tige, ils fe defsèchent & périffent : les feuilles fémi- nales qui n'ont auffi qu'un ufage momentané, éprouvent le même fort.

632. Les graines en tombant dans la terre comme au hafard, ont pris néceffairement toutes fortes de fituations, de manière qu'il y en a une grande partie qui s'y trouvent renverfées, c'eft-à-dire, que la plumule eft tournée vers le bas, & la radicule vers le haut. Dans ce cas, celle-ci monte d'abord, & la plumule defcend, ce qui dure tant que l'une & l'autre ne tirent leurs fucs que des lobes ; mais bientôt la racine, à raifon de fes canaux plus dilatés, fe trouve en état d'exercer fur la féve même qui vient de la terre, la force de fuccion dont elle eft douée, fur-tout à fon extrémité. Alors elle fe recourbe, & fe dirige infenfiblement vers cette même féve dont le mouvement fe fait de bas en haut, comme celui de toutes les

vapeurs qui s'exhalent par l'action de la chaleur ; enfin elle va chercher dans le sein même de la terre une nourriture plus abondante. La féve, en continuant d'enfiler la racine de bas en haut, fait effort pour redreffer la tige à l'endroit où celle-ci forme un coude, & agiffant de proche en proche fur les parties enfoncées dans la terre, elle parvient à les relever, & à corriger le vice d'une fituation qui eût été mortelle pour l'individu.

633. Les tiges tendent conftamment à s'élever, à moins que leur foibleffe ne foit telle, qu'elles fe trouvent obligées de céder à leur poids : en général, elles fe portent toujours de préférence vers le côté d'où viennent l'air & la lumière, qui, comme nous le verrons plus bas, contribuent auffi à leur nourriture & à leur développement. Les Plantes qui croiffent dans des caiffes fur les fenêtres, ou dans des endroits qui d'un côté leur dérobent l'air & la lumière, prennent bientôt une direction inclinée qui les ramène vers la partie voifine de l'atmofphère. Si l'on détache de terre une tige du *feaum*

telephium, & qu'on la suspende par la partie inférieure à l'aide d'un fil dans un appartement, au bout de quelques jours, on verra cette tige se recourber de bas en haut, tendre vers la fenêtre; & comme la Plante est très-grasse, & ne se dessèche que difficilement, on pourra jouir de cette expérience pendant des mois entiers *(i)*.

634. Les Plantes s'accroissent, comme l'on sait, en longueur & en grosseur. Quand la Plante est parvenue à une certaine élévation, on voit sortir du milieu des feuilles séminales une nouvelle portion de tige, terminée ordinairement par une touffe de feuilles, qui sont disposées autour d'un axe très-raccourci, & qui iront se placer sur cet axe à différentes distances, à mesure qu'il se prolongera. Ce prolongement se fait d'une

(i) Quelques personnes se procurent un effet récréatif du même genre, à l'aide d'un navet que l'on a retiré de la terre, avant que la tige parût. On suspend ce navet par son extrémité, on pratique une ouverture sur le côté pour y verser de l'eau, que l'on a soin de renouveler à mesure que le creux se vide : la tige du navet sort à l'ordinaire, & après s'être recourbée, elle continue de croître de bas en haut, & donne même des fleurs.

manière graduelle, & n'eſt d'abord ſenſible
que dans la partie inférieure, en ſorte que
tous les entre-nœuds ſemblent être autant
de jets qui ſortent ſucceſſivement les uns des
autres, & dont chacun eſt comme prolifère
par rapport au ſuivant. Souvent avec le jet
principal, qui forme la continuation de la
tige, il ſort d'autres jets latéraux qui donneront les branches, & pourront ſe ramifier
eux-mêmes par de nouvelles extenſions.

635. Dans les Plantes qui ont une hampe,
il n'y a qu'un ſeul jet, à compter depuis la
racine ; c'eſt, comme on l'a remarqué, une
eſpèce de péduncule dont l'extrémité ſe développe avec le temps pour donner des fleurs
& quelquefois auſſi des feuilles. Dans les
arbres, les arbriſſeaux & les plantes dont la
tige eſt perſiſtante, chaque année ne donne
communément qu'un ſeul jet, garni de
quelques feuilles qui tomberont aux premiers
froids, & terminé par un bouton deſtiné à
garantir, pendant la ſaiſon rigoureuſe, le
principe du nouveau jet, ou de la petite
Plante qui paroîtra l'année d'après.

636. Le bouton ou bourgeon [*gemma,*

oculus] s'obferve facilement durant l'hiver, lorfque la chute des feuilles le laiffe comme ifolé fur les tiges ou fur les rameaux des arbres. Les Plantes annuelles, & celles d'entre les vivaces qui perdent leurs tiges à la fin de l'automne, n'ont point de bouton ; cette production manque même dans quelques arbriffeaux ou herbes dont les tiges perfiftent, tels que le *frangula*, l'alaterne, le bec de grue, &c.

637. On diftingue trois fortes de boutons ; le bouton à fleurs [*gemma florifera*], le bouton à feuilles [*gemma foliifera*], & le bouton en même temps à fleurs & à feuilles, que l'on pourroit appeler bouton mixte [*gemma mixta*]. Les différentes parties des Plantes que le bouton renferme comme en raccourci, y font repliées les unes fur les autres avec une forte d'artifice, & logées dans des efpèces d'écailles qui fe recouvrent par gradation, & qui tombèront fucceffi-vement, lorfque ces mêmes parties qu'elles défendoient fe feront développées.

638. Le cayeu peut être confidéré comme un bouton qui naît fur la racine des Plantes

bulbeuses; il paroît être l'unique moyen de reproduction que la Nature emploie par rapport à certaines espèces de Plantes, telles que les *orchis*, dont on ne peut faire lever les graines; mais par une forte de compensation, le succès de la multiplication qui se fait par les cayeux, est beaucoup plus sûr en général, que celui de la reproduction par les semences.

639. À mesure que le cayeu s'accroît, la bulbe d'où étoit fortie la Plante-mère se desseche & tombe en pourriture; c'est ce qui donne lieu à la surprise que l'on éprouve, lorsqu'on déracine une tulipe qui a pris tous ses accroissemens: cette tulipe paroît s'être déplacée, parce que l'oignon qui l'a produite s'est pourri dans la terre, & qu'on n'apperçoit plus que le cayeu d'où doit fortir l'année fuivante une nouvelle tulipe, & qui est situé fur le côté de la tige.

640. L'accroissement en grosseur dans les Plantes se fait par de nouvelles couches que forme la séve, en dilatant les canaux par lesquels elle passe, & en y déposant des parties qui y prennent de la consistance, & s'incorporent avec celles qu'elles y ont trouvées,

Ces couches qui se recouvrent les unes les autres, sont très-sensibles dans les arbres, où elles présentent à la vue, lorsqu'on a scié le tronc horizontalement, autant de couronnes concentriques, dont le nombre peut faire juger de celui des années de l'arbre. On a prétendu que ces couronnes se trouvoient toujours aplaties vers le Nord, & enflées vers le Midi, & l'on a attribué cette différence à la manière même dont l'arbre étoit orienté, & à la plus grande abondance de séve que l'aspect du Midi devoit attirer de ce côté. Mais les expériences de M.rs de Buffon & du Hamel, prouvent que l'épaississement dont il s'agit, se fait vers différens points cardinaux, & toujours du côté où les racines & les branches sont en plus grand nombre & ont plus de vigueur. *Hist. Nat. Supplém. t. IV, p. 1 & suiv.*

641. La foliation *[frondescentia]* indique en général l'époque de la naissance des Plantes annuelles, & du renouvellement de celles qui sont vivaces. Cependant, parmi les unes & les autres, il y en a qui produisent leurs fleurs avant les feuilles : du nombre de celles-

là font les tuffilages ; & à l'égard des Plantes vivaces, tout le monde a obfervé, dans les arbres fruitiers & autres, l'anticipation des fleurs fur les feuilles.

642. Toutes les pofitions refpectives des feuilles ainfi que des branches, peuvent fe réduire à deux, c'eft-à-dire, qu'elles font en général alternes ou oppofées. Cette dernière difpofition fe remarque toujours dans les feuilles féminales, du moins lorfqu'elles font récentes, & affez ordinairement dans les feuilles qui occupent le bas de la tige. Souvent même, celles qui font alternes ont commencé par être exactement oppofées, & ne fe font quittées que par l'effet d'un alongement inégal dans les fibres de la Plante, qui ont été plus tirées d'un côté que de l'autre par l'action de la féve. Communément les irrégularités fe trouvent vers les parties fupérieures, où la féve eft en quelque forte dévoyée, comme on peut s'en convaincre par l'infpection de plufieurs fauffes labiées, telles que les fcorphulaires, les *antirrhinum*, &c. dans lefquelles les feuilles jufque-là conf-tamment oppofées, commencent à devenir alterres

alternes vers le sommet de la tige. L'exacte symétrie, qui est le cas le plus rare, n'est nulle part plus admirable que dans les vraies labiées, comme le *lamium*, le *sideritis*, le *mentha*, &c. où la forme carrée de la tige, l'opposition des branches & des feuilles dont les paires voisines se coupent à angles droits, la situation des fleurs, soit verticillées, soit en égal nombre de chaque côté dans les aisselles, où tout en un mot semble contraster par l'uniformité & la précision, avec ces jeux si variés que la Nature offre ailleurs à notre admiration.

643. Jusqu'ici nous n'avons parlé que de la féve ascendante, c'est-à-dire, de celle que la racine pompe dans la terre, & communique à la tige; mais la féve a aussi un mouvement descendant, par lequel elle va des feuilles à la racine : elle monte pendant le jour, par un effet de l'action de la chaleur qui dilate les canaux de la Plante; alors les feuilles font les fonctions de vaisseaux excrétoires, & exhalent au-dehors le superflu, ou la portion trop fluide des sucs nourriciers. Pendant la nuit, la fraîcheur resserre & rapproche les

Tome I.   O

parties qui font reſtées, ce qui produit néceſſairement leur dépôt dans les mailles ou interſtices des fibres du livret, & enfin leur aſſimilation avec la ſubſtance même de la Plante : en même temps les feuilles changent de fonction ; les petites trachées qui ſont à leur ſurface, reçoivent les ſucs de l'atmoſphère, qui n'éprouvant plus aucun obſtacle de la part de l'air intérieur condenſé dans les canaux, continuent leur route & deſcendent juſqu'à la racine. Cette théorie eſt fondée ſur des expériences qui paroiſſent déciſives, contre le ſentiment de ceux qui attribuent à la ſéve un vrai mouvement de circulation, ſemblable à celle du ſang humain *(k)*.

644. On a reconnu encore que la lumière conſidérée même indépendamment de la chaleur, non-ſeulement contribue à donner aux fleurs un ton de couleur plus vif & plus

---

(k) Lorſqu'on a lié fortement une jeune branche par ſon extrémité, & qu'on l'a miſe en terre pour la faire reprendre de bouture *(voyez ce mot, n.° 664)*, il ſe forme au-deſſus des ligatures, des bourrelets qui renferment les principes d'une multitude de petites racines, & qui ne peuvent être attribués qu'au mouvement de la ſéve deſcendante.

animé, mais favorise même le développement de toute la Plante : peut-être cette propriété de la lumière tient-elle à son analogie, ou même à son identité avec la matière électrique. On sait en effet que celle-ci accélère le cours des liquides, & doit par conséquent augmenter l'affluence des sucs nourriciers, & hâter le progrès de la végétation : c'est aussi ce que confirme l'expérience.

645. La floraison [*florescentia*], c'est-à-dire, le moment où les Plantes poussent leurs premières fleurs, est de tous les états du végétal celui qui a le plus fourni à l'observation ; c'est comme l'époque à laquelle le Botaniste attendoit la Nature : alors, invité par la présence des parties de la fructification, il entreprend ces courses savantes que l'on nomme *herborisations* ; il va, le système ou la méthode à la main, cultiver, étendre ses connoissances ; & à l'aide d'une combinaison ingénieuse de caractères, il démêle, au milieu d'une nomenclature immense, le point commun dans lequel se réunissent les recherches de tant d'hommes célèbres, sur l'objet particulier qu'il a devant les yeux.

O ij

646. C'eſt lorſque la fleur eſt ouverte que s'opère la fécondation [*fecundatio*], c'eſt-à-dire, la fonction par laquelle l'étamine tranſmet au piſtil la pouſſière vivifiante qu'elle recéloit : on peut obſerver, aux premiers rayons du ſoleil, cette merveille momentanée ſur la pariétaire, où elle s'opère par un jet élaſtique qui la rend très-ſenſible. Les reſſources ont été encore ici prodiguées par le Créateur, pour parer à la multiplicité des dangers, & aſſurer l'eſpérance des récoltes à venir. Outre que les fleurs dans le plus grand nombre des Plantes ont été pourvues de pluſieurs étamines, la ſageſſe des précautions éclate encore en diverſes manières, tantôt dans la poſition des étamines qui ſont courbées vers le piſtil, tantôt dans la ſituation de la fleur même, qui ſe penche pour faciliter la communication du *pollen* au piſtil, ſi ce dernier eſt plus long que les étamines, ou ſe dreſſe s'il eſt plus court. L'agitation de l'air concourt avec ces circonſtances avantageuſes & d'autres ſemblables, pour déterminer la pouſſière à ſe porter vers le ſtigmate : la moindre parcelle ſuffit au ſuccès de l'opération. Les

abeilles profitent du fuperflu, qui eft, comme on l'a dit, la matière de la cire, en même temps qu'elles recueillent la partie la plus fubtile de la féve qui a fuinté à travers la corolle, & dont ces infectes compofent leur miel.

647. Les différens degrés de chaleur propres à faire fortir les premières fleurs des Plantes, ont fourni à M. Linné l'idée de fon calendrier de Flore, auquel d'autres Auteurs ont ajouté leurs propres obfervations, en marquant l'époque de la floraifon pour chacune des Plantes les plus connues; mais comme ces époques tiennent à des circonftances que la diverfité des climats, le retard ou l'anticipation de la chaleur & la nature du terrein peuvent faire varier, on fent affez que ces fortes de déterminations ne peuvent fe réduire qu'à affigner les termes moyens ou les cas extrêmes.

648. Il en faut dire autant de ce que le même Auteur appelle l'*horloge de Flore*; c'eft une Table des différentes heures du jour auxquelles s'épanouiffent les fleurs d'un certain nombre de Plantes, à raifon du degré de température qu'exige la délicateffe plus ou

moins grande de leurs fibres, pour produire l'épanouissement.

649. La naissance successive des fleurs sur un même individu, procure au Botaniste l'avantage d'observer à la fois dans certaines Plantes la fleur & le fruit, & d'avoir sous les yeux le tableau presque entier du développement de l'individu. Cet effet a lieu dans les crucifères, où le fruit se forme promptement, & dans les *geranium*, les véroniques, &c. & beaucoup d'autres Plantes où la pousse des jets supérieurs est assez retardée, pour donner le temps aux fruits qui sont sur les jets inférieurs de prendre de l'accroissement.

650. On nomme *biferæ* les Plantes qui donnent des fleurs deux fois l'année, comme la violette, la primevère, la pervenche, &c. & *multiferæ* celles qui renouvellent souvent leurs fleurs, comme la rose de tous les mois, &c.

651. La maturation [*frutescentia*] est le temps qui suit la floraison. Le fruit se montre & commence à grossir ; alors on dit qu'il est noué : en même temps toute la Plante acquiert une nouvelle consistance. Le vert des feuilles se charge d'une teinte plus foncée, & des

traits plus mâles & plus vigoureux fuccèdent aux grâces & à la fraîcheur de la jeuneffe.

652. Tant que le fruit continue de fe développer, l'affluence non interrompue de la féve parmi les fucs hétérogènes qui le rempliffent, entretient dans ces mêmes fucs les fonctions propres au mécanifme de l'organifation; mais dès que le fruit eft parvenu à un certain point d'accroiffement, les fibres par lefquelles il tient à la Plante, roidies & oblitérées par la vieilleffe, refufent le paffage à la féve que la tige continue d'envoyer vers eux. Les fucs dont il s'eft nourri ceffent alors d'être dirigés felon les loix de la végétation, & abandonnés pour ainfi dire à eux-mêmes, ils éprouvent néceffairement des changemens & des altérations : s'ils peuvent s'exhaler promptement, comme cela a lieu dans les fubftances farineufes, telles que le blé, le pois, le haricot, &c. la portion aqueufe abandonnera la maffe, dont les parties en s'uniffant plus étroitement, prendront une forte de fixité ; & telle eft la raifon pour laquelle ces efpèces de fruits fe durciffent & deviennent plus fermes en mûriffant.

O iv

Il n'en est pas ainsi des baies & des fruits pulpeux ; les sucs hétérogènes qui s'y trouvent renfermés, étant trop abondans pour être épuisés par une prompte évaporation, & devenus libres par l'interruption du cours de la séve, commencent à éprouver ce mouvement intestin que les Chimistes appellent *fermentation*. D'un côté, leur activité se déploie contre les fibres qui maintenoient la substance du fruit dans un état de roideur ; ils entament ces fibres, les agitent, & opèrent en elles une sorte de dissolution, qui est la cause de cette mollesse que prend alors le fruit : d'un autre côté, le nouveau mélange qu'ils forment, en se combinant les uns avec les autres, modifie, tempère leur saveur, & les fait passer à ce point de perfection qui n'existe qu'un instant, & qui tient le milieu entre leur première âpreté, & la fadeur à laquelle de nouveaux degrés de fermentation les conduiroit.

653. On sait que ces fruits si agréables au goût ne sont point la production primitive de l'arbre. La Nature rude & agreste par-tout où la main de l'homme n'a point passé, a

beſoin encore ici d'être perfectionnée , & pour ainſi dire civiliſée, par l'inſertion de ces branches adoptives que l'on nomme *greffes,* & que le Cultivateur ſubſtitue aux branches véritables.

654. L'idée en a été conçue ſans doute d'après l'obſervation de ce qui arrive dans les forêts, lorſque les branches de deux arbres voiſins, après s'être froiſſées & dépouillées mutuellement d'une partie de leur écorce, s'appliquent exactement par les aubiers, & bientôt jouiſſent en commun de la ſéve qui coule dans les canaux de l'une & l'autre tige. L'art inſtruit par la Nature même a imité ſon procédé, & nous a fourni une nouvelle occaſion d'admirer combien elle devient complaiſante & docile , lorſqu'elle eſt ſecondée par l'induſtrie & le travail.

655. Toutes les manières de greffer ou d'enter *(1)* peuvent ſe réduire à deux. Ou bien c'eſt une branche de l'arbre de bonne qualité que l'on insère dans une entaille faite

____

(1) L'action de greffer s'appeloit en général *inſitio* chez les Latins.

au fauvageon, foit après avoir détaché cette branche de fon fujet, foit en l'y laiffant fubfifter, pour la couper lorfqu'elle aura repris fur le fauvageon; ou bien c'eft une portion d'écorce enlevée fur le bon arbre & chargée d'un bourgeon, laquelle s'applique fur le côté de la tige du fauvageon, après qu'on l'a dépouillé lui-même de fon écorce en cet endroit. Ces opérations diverfifiées ont fait naître une multitude de procédés ingénieux, dont on peut voir le détail dans la première partie de l'Ouvrage de M. Adanfon, qui a pour titre *Familles des Plantes*.

656. Tout l'art confifte à faire en forte que les aubiers des deux arbres fe touchent exactement, & que les vaiffeaux renfermés entre les écorces & ces aubiers puiffent s'aboucher, & établir une communication entre les deux féves. La tête du fauvageon eft toujours retranchée par le fer du Cultivateur, foit à l'inftant même, foit au printemps fuivant : fi on la laiffoit fubfifter, elle continueroit de donner des fruits d'un goût âpre & défagréable; elle eft remplacée par la greffe, qui fe développe, fe ramifie, & profite aux dépens

de la tige du sauvageon, en même temps que la séve de celui-ci s'élabore, se rafine, & se perfectionne en passant par d'autres conduits que ceux qui l'attendoient.

657. Le temps de la maturité est suivi de la dispersion des semences que l'on appelle la *semination* [*seminatio*]. Nous avons déjà observé combien les ressources de la Nature étoient admirables dans la variété des agens qu'elle employoit pour favoriser cette dispersion : on peut joindre à ce que nous avons dit des ailes & des aigrettes, ainsi que du jeu élastique des capsules, la considération des crochets ou hameçons par lesquels une quantité de graines, comme celles de l'*aparine*, du *lappa*, &c. s'attachent aux animaux, qui s'en débarrassent par une légère secousse ; & l'action même des eaux coùrantes & des torrens qui servent de véhicule à une multitude d'autres, & souvent vont enrichir un terrein éloigné par de nouvelles productions qui s'y naturalisent peu-à-peu.

658. Après que les végétaux ont jeté leurs semences, tout tend en eux au dépérissement. Les uns ayant les vaisseaux d'autant

plus prompts à s'oblitérer, qu'ils font plus délicats, ceffent de recevoir les fucs nourriciers de la terre & de l'air : en même temps l'ardeur du foleil les mine & les épuife par une évaporation qui ne fe répare plus ; ou fi la Plante eft plus tardive, & qu'elle paffe l'automne, les premiers froids produifent dans fes canaux un refferrement qui éteint le mouvement de la féve, & conduit l'individu à la mort. Dans la plupart des arbres & des plantes vivaces, la dégradation fe borne à la chute des feuilles, que l'on nomme l'*effeuillaifon* [*effoliatio*], à moins que leurs fibres n'aient acquis par la vétufté une rigidité fi grande, que la végétation, dans laquelle confifte le principe vital de la Plante, n'en foit entièrement fupprimée.

659. Les feuilles de plufieurs végétaux réfiftent à la rigueur de l'hiver, à raifon de leur fubftance plus ferme & moins fucculente ; telles font celles de l'alaterne, du buiffon ardent, de l'if, &c. on dit par cette raifon de ces arbres ou arbuftes, qu'ils font toujours verts [*femper virentes*].

660. Les feuilles après leur chute ne reftent

pas inutiles : elles recouvrent les femences, les garantiſſent de l'âpreté du froid, les aident à germer au printemps fuivant, & même en fe pourriſſant, fervent encore d'engrais au terrein qu'elles ne peuvent plus orner, & lui reſtituent une partie des fucs qu'elles en avoient reçus.

661. Il ne nous reſte plus qu'un mot à dire fur les divers moyens de propagation que l'art emploie pour feconder la fécondité de la Nature : ces moyens fe réduifent en général à faire d'une branche détachée d'un arbre, un nouvel arbre complet dans toutes fes parties. Les branches que l'on fait reprendre ont reçu différens noms, felon les diverfes pofitions qu'elles avoient fur l'arbre auquel on les enlève, ou les divers genres d'opération qu'on leur fait fubir : on appelle

662. Drageons ou rejets [*ſtolones*] des branches enracinées qui tiennent au pied de l'arbre, d'où on les arrache pour les replanter.

663. Vives racines, plants enracinés [*vivi radices*] des branches qui croiſſent à une certaine diſtance du tronc & fur les racines,

avec une partie defquelles on les enlève, ce qui rend le fuccès de l'opération plus affuré.

664. Boutures *[taleæ]* des branches garnies de bourgeons, que l'on fépare du tronc & qu'on met en terre, après les avoir préparées par des entailles ou des ligatures faites à l'extrémité dont on veut obtenir des racines. Quelquefois on courbe la branche, & on l'enterre par les deux bouts qui reprennent également : on coupe enfuite à l'endroit de la courbure, & l'on a deux arbres au lieu d'un feul.

665. D'autres fois on fait reprendre la branche fans la détacher du fujet, foit en lui faifant faire un coude que l'on enfonce dans le fol même, foit en la faifant paffer dans un mannequin que l'on remplit enfuite de terre. Quand la branche a pouffé des racines, alors on la coupe près du tronc, & on la laiffe vivre uniquement de fa propre féve : cette opération fe nomme *marcote [circumpofitio]*. On la pratique communément fur la vigne; c'eft ce qui s'appelle *provigner,* ou *faire des provins [facere propagines]*.

Ainfi les phénomènes de la reproduction,

déjà fi multipliés dans les végétaux abandonnés à eux-mêmes, femblent ne plus
reconnoître de limites dans ceux que l'homme
entreprend de gouverner. Par fes foins induf-
trieux, le même arbre qu'il voit renaître
chaque année de fes graines, lui cède encore
avec une partie de fes branches des arbres
tout formés, & qui paffant tout d'un coup
à une vigoureufe jeuneffe, hâteront leurs
libéralités & fes jouiffances.

FIN des Principes & du premier Volume.

TABLE

MÉTHODE ANALYTIQUE.

Suite des Plantes qui croissent naturellement en France, servant à compléter celles qui sont analysées dans le second & le troisième Volume de cet Ouvrage.

1240.   *Fleurs indistinctes.*

                  Cryptogamie. Lin.

Les plantes de cette division n'ont point de fleurs vraiment distinctes. Dans quelques-unes la fructification est comme nulle ou tout-à-fait insensible ; dans les autres, on observe des parties qui paroissent réellement en tenir lieu ; mais la nature & le véritable usage de ces parties, ne sont encore malgré cela que soupçonnés. Outre que ces plantes sont extrêmement nombreuses, les caractères qui doivent servir à les déterminer, se cachent en général sous des nuances si délicates, que la distinction des genres, & sur-tout des espèces qui les composent, est on ne sauroit plus difficile à établir. J'en excepte celles que M. Linné a réunies sous la dénomination commune de fougères qui forment une division moins composée, & dont les différences sont d'ailleurs plus faciles à saisir. Je me bornerai donc ici à analyser ces dernières ; & en attendant que des observations suffisantes m'aient mis à portée d'appliquer ma méthode à l'ensemble des plantes qui composent la cryptogamie, je vais présenter simplement les quatre ordres formés par M. Linné, & je les disposerai selon le rang qu'il leur a assigné dans son système.

Ordres de M. Linné.

Fougères ...... { Fructification ramassée ou en épi terminal, ou sur le dos des feuilles, ou dans le voisinage des racines. 1241

Mousses ...... { Fructification non ramassée, formée par des urnes libres, simples, très-entières, & qui naissent immédiatement des tiges. 1258

Algues ...... { Fructification, ou non apparente, ou non formée par des urnes ; mais par des cupules simples, ou bifides, ou quadrifides, ou multifides. 1268

Champignons ... { Fructication tout-à-fait insensible ; plantes non feuillées & composées d'une substance fongueuse, poreuse ou lamellée. 1280

1241.

Fougères.

Les Fougères peuvent être distinguées en fougères fausses ou improprement dites, & en fougères vraies ; les premières n'ont point leur fructification disposée sur le dos des feuilles, mais ou elle est située dans le voisinage de leur racine, ou elle forme, soit un épi, soit une espèce de grappe, qui termine une véritable tige tout-à-fait différente des feuilles, même en naissant : les fougères vraies sont remarquables par leurs feuilles roulées en crosse, avant leur développement, & chargées sur leur dos de globules ou vésicules sphériques, qui contiennent une poussière séminiforme. Quelques - unes de ces plantes n'ont pas toutes leurs feuilles chargées de fructification ; elles n'en ont souvent qu'une seule, encore ne

1241. l'est-elle quelquefois que dans sa partie supérieure, & alors l'abondance des fructifications déforme presque entièrement cette feuille ou cette portion de feuille, la fait paroître comme mutilée, & lui donne l'aspect d'une espèce de grappe ; mais il est toujours facile de s'apercevoir que c'est une véritable feuille.

Division des Fougèes.

Fougères fausses.....

Fructification disposée dans le voisinage de la racine ; feuilles toutes radicales, ou situées sur des tiges rampantes 1242

Fructification disposée en une espèce de cône écailleux & terminal ; feuilles verticillées ou nulles. 1245

Fructification disposée en épi linéaire ou rameux ; une seule feuille caulinaire............. 1246

Fougères vraies......

Fructification disposée sur le dos des feuilles & jamais sur de véritables tiges ; feuilles roulées en crosse avant leur développement. 1247

1242. *Fructification disposée dans le voisinage de la racine ; feuilles toutes radicales, ou situées sur des tiges rampantes..............*

Feuilles simples, linéaires & sessiles................. 1243

Feuilles pétiolées, quaternées, ou opposées & point linéaires. 1244

1243. *Feuilles simples, linéaires & sessiles.*

Pilulaire globulifère. *Pilularia globulifera.* Lin. Sp. 1563.

Pilularia palustris, juncifolia. Vail. Parif. 159, t. XV, f. 6.

Sa tige est une souche grêle, rampante, longue de deux

1243. à trois pouces, fortement attachée à la terre par des fibres chevelues, qui naissent de distance en distance comme par paquets; ses feuilles sont très-menues, cylindriques, presque filiformes, longues de trois pouces, & naissent deux ou trois ensemble, à chaque nœud de la souche : à leur base, on trouve un globule sphérique, velu, d'un brun roussâtre, presque sessile & quadriloculaire. Cette plante croît dans les lieux humides & sur le bord des mares, qu'elle tapisse en formant des gazons fins & d'un vert gai.

1244. *Feuilles pétiolées, quaternées, ou opposées & point linéaires.*

Marsile.　*Marsilea.*

Les fleurs de Marsile ont leurs sexes séparés, & sont ou contenues dans une enveloppe fermée & globuleuse, qui naît sur les pétioles des feuilles ou aux articulations de la tige [*Hall. Hist. n.° 1608*], ou disposées les unes parmi les racines, & les autres sur la surface des feuilles.

A N A L Y S E.

Feuilles disposées quatre ensemble au sommet de longs pétioles. I.	Feuilles opposées, & portées chacune sur de très-courts pétioles. I I.

I. *Feuilles disposées quatre ensemble au sommet de longs pétioles.*

Marsile à quatre feuilles. *Marsilea quadrifolia.* Lin. Sp. 1563.

Lenticula palustris, quadrifolia. Mapp. Alsat. 166.

Sa tige est une souche assez longue, rampante, & qui pousse à différens intervalles, des paquets de racines fibreuses; ses feuilles sont composées de quatre folioles lisses, vertes, arrondies à leur sommet, réunies à leur base, disposées en manière de croix, & soutenues par de longs pétioles : les globules, qui contiennent la fructification de cette plante,

1244. ſont velus & ſolitaires ou géminés ſur leurs péduncules. On trouve cette plante en Alſace, dans les lieux humides & ſur le bord des étangs. ♃

II. *Feuilles oppoſées, & portées chacune ſur de très-courts pétioles.*

Marſile flottante. *Marſilea natans.* Lin. Sp. 1562.

Lenticula paluſtris, latifolia. Bauh. prodr. 153.

Cette plante diffère beaucoup de la précédente par ſon port & par ſa fructification ; ſes tiges ſont menues, rampantes ou flottantes, garnies de beaucoup de feuilles dans toute leur longueur, & pouſſent des racines à leurs articulations : ſes feuilles ſont ovales-obrondes, oppoſées le long des tiges, peu écartées les unes des autres, & remarquables par leur ſuperficie chargée de points ou de verrues, que Micheli dit être des fleurs mâles. Entre les racines de la baſe des tiges, on trouve pluſieurs globules ou eſpèces de capſules unilo-culaires, polyſpermes, & diſpoſées ſouvent deux à quatre enſemble. Cette plante croît dans les environs de Montpellier, dans les foſſés aquatiques & les étangs.

1245. *Fructification diſpoſée en une eſpèce de cône écailleux & terminal ; feuilles verticillées ou nulles.*

Prêle. *Equiſetum.*

Les fleurs de Prêle ſont diſpoſées en un épi terminal, ovale-oblong, reſſemblant à une maſſue, & compoſé d'écailles ſoutenues chacune par un pivot perpendiculaire à l'axe de cet épi ; la face intérieure de ces écailles eſt garnie de cellules qui contiennent une pouſſière aſſez abondante : ces parties ſont regardées comme des fleurs mâles ; les fleurs femelles, en ce cas, ſont encore inconnues.

A N A L Y S E.

Gaines des articulations preſque entières, & légèrement crénelées en leurs bords.	Gaines des articulations bordées de dents profondes & aiguës.
I.	I I.

1245. **I.** *Gaines des articulations presque entières, & légèrement crénelées en leurs bords.*

Prêle d'hiver. *Equisetum hyemale.* Lin. Sp. 1517.

*Equisetum foliis nudum, non ramosum, seu junceum, hippuris
aphyllos.* Tournef. 533. Bauh. theatr. 248.

Ses tiges sont hautes d'un pied & demi, nues, lisses,
sillonnées, articulées & d'un vert un peu glauque ; ses articulations sont écartées les unes des autres, & forment des
entre-nœuds de deux ou trois pouces de grandeur : les gaines
des articulations sont noirâtres en leur bord qui est légèrement
crénelé, & n'ont que deux lignes de longueur : elles ont aussi
quelquefois un cercle brun ou roussâtre à leur base. On trouve
cette plante dans les lieux humides. ♃

II. *Gaine des articulations bordées de dents profondes
& aiguës.*

Tiges fleuries nues, & les stériles feuillées. **III.**	Tiges fleuries garnies de feuilles. **VI.**

III. *Tiges fleuries nues, & les stériles feuillées.*

Verticilles des tiges stériles, composés de huit à quinze feuilles. **IV.**	Verticilles des tiges stériles, composés de plus de quinze feuilles. **V.**

IV. *Verticilles des tiges stériles, composés de huit à quinze
feuilles.*

Prêle des champs. *Equisetum arvense.* Lin. Sp. 1516.

Equisetum arvense, longioribus setis. Tournef. 533.

Ses tiges stériles sont longues d'un pied ou environ, couchées dans leur partie inférieure & garnies de feuilles longues,
grêles, articulées, anguleuses & en petit nombre à chaque
verticille ; ces feuilles ne sont que des espèces de rameaux

1245. menus & verticillés. Les tiges fleuries font nues, droites & hautes de fix ou fept pouces ; les gaines de leurs articulations font brunes dans leur partie fupérieure & profondément divifées en dents aiguës. On trouve cette plante dans les champs humides. ♃

V. *Verticilles des tiges ftériles, compofés de plus de quinze feuilles.*

Prêle majeure. *Equifetum maximum.*

> *Equifetum paluftre, longioribus fetis.* Tournef. 533.
> *Equifetum fluviatile.* Lin. Sp. 1517.

Cette efpèce eft remarquable par fa grandeur, par la longueur de fes feuilles, & par leur grand nombre à chaque verticille ; fes tiges ftériles font droites, épaiffes, garnies de beaucoup d'articulations peu écartées les unes des autres, & s'élèvent à la hauteur de trois pieds ; fes feuilles font menues, fort longues, articulées, tétragones, & difpofées vingt à quarante par verticilles ; les tiges fleuries font nues, épaiffes, hautes d'un pied & naiffent au printemps. On trouve cette plante fur le bord des bois humides, & dans les marais & les prés couverts. ♃

VI.   *Tiges fleuries garnies de feuilles.*

Feuilles fimples.	Feuilles compofées.
V I I.	V I I I.

VII.   *Feuilles fimples.*

Prêle des marais. *Equifetum paluftre.* Lin. Sp. 1516.

> *Equifetum paluftre, brevioribus fetis.* Tournef. 533.
> β. *Equifetum paluftre, minus polyftachion.* Bauh. théatr. 245.
> γ. *Equifetum limofum.* Lin. Sp. 1517. Hal. hift. n.° 1677.

Ses tiges font hautes d'un pied ou environ, articulées, fillonnées & garnies à leurs articulations, de cinq à neuf feuilles redreffées. fimples & affez courtes : la variété β eft remarquable par fes feuilles ou efpèces de rameaux terminés la plupart par un fort petit épi. La variété γ eft prefque entièrement nue, particulièrement dans fa jeuneffe ; fa tige eft

1245. lisse & fistuleuse. On trouve cette espèce dans les lieux marécageux & aquatiques, ♃ ; elle passe pour astringente, ainsi que les autres espèces.

VIII.   *Feuilles composées.*

Prêle des bois. *Equisetum sylvaticum.* Lin. Sp. 1516.

Equisetum sylvaticum, tenuissimis setis. Tournef. 533.

Sa tige est grêle, articulée & s'élève jusqu'à un pied & demi ; les gaines de ses articulations sont lâches & fort grandes ; ses verticilles sont composés de feuilles extrêmement menues, assez nombreuses & chargées elles-mêmes d'autres verticilles à leurs articulations, mais fort petits : l'épi est terminal, un peu long & comme panaché. On trouve cette plante dans les bois & les prés montagneux. ♃

1246.   *Fructification disposée en épi linéaire ou rameux ; une seule feuille caulinaire.*

Ophioglosse.   *Ophioglossum.*

Les Ophioglosses ont leur fructification composée de petites verrues, sessiles, unilatérales ou distiques, & disposées au sommet d'une tige simple, en un épi linéaire ou en une espèce de grappe rameuse.

A N A L Y S E.

Feuille caulinaire très-simple.	Feuille caulinaire ailée.
I.	I I.

I.   *Feuille caulinaire très-simple.*

Ophioglosse vulgaire. *Ophioglossum vulgatum.* Lin. Sp. 1518.

Ophioglossum vulgatum. Tournef. 548.

Sa racine est composée de plusieurs fibres ramassées en faisceau, & pousse une tige grêle, simple, & haute de cinq

1246. à sept pouces ; cette tige est garnie, à deux pouces de distance de sa racine, d'une feuille ovale, amplexicaule, très-entière, glabre & sans nervure : l'épi est distique, pointu, long presque d'un pouce & demi, & termine la tige qui s'élève beaucoup au-dessus de la feuille. On trouve cette plante dans les prés humides, les marais, ♃ ; elle est vulnéraire.

II.   *Feuille caulinaire ailée.*

Ophioglosse ailée. *Ophioglossum pinnatum.*

Osmunda foliis lunatis. Tournef. 547.
Osmunda lunaria. Lin. Sp. 1519.

Sa racine est disposée comme celle de l'espèce précédente, & pousse une tige grêle, cylindrique, simple & haute de quatre à six pouces ; cette tige est garnie dans sa partie moyenne, d'une feuille glabre un peu charnue, ailée, & composée de huit ou dix folioles arrondies à leur sommet, & qui ont un peu la forme d'un croissant : la fructification est disposée en une espèce de grappe rameuse, & termine la tige, qui est, dès sa naissance, très-distinguée de la feuille ; les petites verrues qui la composent, sont situées sur la partie antérieure des rameaux, & disposées sur deux rangs en quoi cette plante diffère sensiblement des Osmondes & les autres vraies fougères, qui portent leur fructification sur le dos de véritables feuilles. On trouve cette plante dans prés secs & montagneux, ♃ ; elle est vulnéraire & astringente.

1247.

Fructification disposée sur le dos des feuilles & jamais sur de véritables tiges ; feuilles roulées en crosse avant leur développement. .

Partie supérieure des feuilles, mutilée, tout-à-fait déformée par l'abondance de la fructification, & ressemblant à une espèce de grappe. 1248

Feuilles plus ou moins chargées de fructification, mais conservant leur forme, & ne ressemblant point à une grappe. 1249

1248. *Partie supérieure des feuilles, mutilée, tout-à-fait déformée par l'abondance de la fructification, & ressemblant à une espèce de grappe.*

Osmonde royale. *Osmunda regalis.* Lin. Sp. 1521.

Osmunda vulgaris & palustris. Tournef. 547.

Cette plante s'élève à la hauteur de trois ou quatre pieds ; ses feuilles sont droites, très-grandes, deux fois ailées, composées de pinnules opposées, oblongues, lancéolées, sessiles, & garnies d'une nervure longitudinale, d'où partent de chaque côté d'autres petites nervures très-nombreuses : les pétioles communs des feuilles naissent de la racine, & ressemblent par leur grandeur, à des espèces de tiges divisées dans leur partie supérieure, en rameaux opposés. La fructification est composée de globules ou verrues roussâtres très-ramassées, & qui changent, par leur grand nombre, le sommet des feuilles en une espèce de grappe paniculée ou rameuse. On trouve cette plante dans les lieux marécageux, aquatiques, & dans les bois humides, ♃ ; elle est vulnéraire, anti-herniaire & déterfive.

1249.

Feuilles plus ou moins chargées de fructification, mais conservant leur forme, & ne ressemblant point à une grappe.

{ Fructification couvrant entièrement le dos des feuilles, sans vide remarquable............ 1250

{ Fructification ne couvrant pas entièrement le dos des feuilles, & laissant des vides sur leur disque 1251

1250. *Fructification couvrant entièrement le dos des feuilles sans vide remarquable.*

Acrostique. *Acrostichum.*

La fructification des Acrostiques est abondante, couvrant entièrement le dos des feuilles, & n'affecte dans sa distribution, aucune forme particulière.

ANALYSE.

Feuilles linéaires & bifides, ou trifides ou laciniées. I.	Feuilles ailées, & à pinnules nombreuses & confluentes. I I.

I. *Feuilles linéaires & bifides, ou trifides ou laciniées.*

Acrostique septentrionale. *Acrostichum septentrionale.* Lin. Sp. 1524.

Filix saxatilis, corniculata. Tournef. 542.

Cette plante est fort petite ; ses feuilles sont radicales, très-menues, linéaires, & bifides ou trifides dans leur partie supérieure ; elles sont hautes de deux ou trois pouces, & courbées à leur sommet en manière de crochet ou de corne : leurs divisions ne sont point chargées de fructification à leur base ni à leur extrémité. On trouve cette plante dans les lieux pierreux & les fentes des rochers, ♃ elle a été observée en Champagne, par M. Renault.

II. *Feuilles ailées, & à pinnules nombreuses & confluentes.*

Acrostique des bois. *Acrostichum nemorale.*

Polypodium angustifolium, folio vario. Tournef. 540.
Osmunda spicant. Lin. Sp. 1522.

Sa racine pousse plusieurs feuilles ramassées en un faisceau très-ouvert ; ces feuilles sont longues de sept à dix pouces, ailées dans presque toute leur longueur, rétrécies à leur sommet & à leur base, & ressemblent à celles du polypode commun : leurs pinnules sont nombreuses, oblongues, très-entières & légèrement confluentes à leur base ; celles du milieu des feuilles sont plus grandes que celles de leurs extrémités : les feuilles extérieures du faisceau commun sont stériles, & celles du centre sont plus longues, plus étroites, & abondamment chargées sur leur dos, de fructification, qui ne laisse sur chaque foliole qu'un sillon médiocre. On trouve cette plante dans les bois montagneux. ♃

1251.

Fructification ne couvrant pas entièrement le dos des feuilles, & laissant des vides sur leur disque.

{ Fructification rangée sur une ligne qui borde le contour de la partie postérieure des feuilles. 1252

{ Fructification interrompue, & ne bordant pas le contour de la partie postérieure des feuilles. . . . 1253

1252. *Fructification rangée sur une ligne qui borde le contour de la partie postérieure des feuilles.*

Pteris.

Les Pteris sont remarquables par leur fructification disposée en manière d'ourelet, le long du bord postérieur des feuilles.

ANALYSE.

Feuilles trois ou quatre fois ailées, & larges de plus de six pouces.	Feuilles décomposées, & larges de moins de six pouces.
I.	I I.

I. *Feuilles trois ou quatre fois ailées, & larges de plus de six pouces.*

Pteris aquilin. *Pteris aquilina.* Lin. Sp. 1533. [Fougère femelle].

Filix ramosa, major, pinnulis obtusis, non dentatis. Tournef. 536.

Sa racine est oblongue, brune ou roussâtre en-dehors, & remarquable lorsqu'on la coupe en travers, par deux lignes qui se croisent, & représentent, en quelque sorte, l'Aigle de l'Empire; les feuilles sont radicales, droites, hautes de deux à cinq pieds, trois ou quatre fois ailées, fort amples & portées sur des pétioles nus dans toute leur moitié inférieure, & qui ressemblent à des tiges : les pinnules des feuilles sont très-nombreuses, & les dernières ou celles des extrémités, sont lancéolées & très-entières. La fructification est peu apparente, & forme une ligne blanchâtre qui borde le contour de la partie postérieure des pinnules; ces pinnules sont glabres en-dessus & velues en-dessous. Cette plante est

1252. commune dans les bois & les lieux stériles, ♃ ; sa racine est astringente, & un spécifique contre le ver solitaire.

II. *Feuilles décomposées, & larges de moins de six pouces.*

Pteris à feuilles menues. *Pteris tenuifolia.*

Filicula fontana, folio vario. Tournef. 542.
Osmunda crispa, Lin. Sp. 1522.

Sa racine pousse plusieurs feuilles hautes de sept ou huit pouces, portées sur des pétioles très-grêles & nus dans leur plus grande partie ; ces feuilles sont de deux sortes, les unes stériles, & les autres chargées de fructification : les premières ont leurs folioles ou pinnules un peu élargies & dentées à leur sommet ; celles qui sont fertiles, ont leurs folioles étroites, presque linéaires, très-entières, & garnies en leur bord postérieur, de fructification rangée en une ligne qui borde très-distinctement le contour de ces folioles, & laisse sur leur disque, un vide longitudinal ou un sillon enfoncé. Ces feuilles, en général, n'ont pas trois pouces de largeur, & ont la forme d'un triangle un peu alongé ; leurs folioles sont petites, alternes, & portées sur des ramifications assez fines. Cette plante croît dans les montagnes du Dauphiné, & m'a été communiquée par M. Liottard, neveu. ♃

1253. *Fructification interrompue, & ne bordant pas le contour de la partie postérieure des feuilles.*

Fructification disposée par paquets arrondis & épars sur le dos des feuilles 1254

Fructification non disposée par paquets arrondis & épars sur le dos. 1255

1254. *Fructification disposée par paquets arrondis & épars sur le dos des feuilles.*

Polypode. *Polypodium.*

Les Polypodes ont leur fructification composée de petits paquets arrondis, isolés & qui ressemblent à des points dispersés sur le dos des feuilles.

1254.

A N A L Y S E.

Feuilles simplement pinnatifides ; leurs pinnules principales font confluentes à leur base.	Feuilles une ou plusieurs fois ailées ; leurs pinnules principales ne font point confluentes à leur base.
I.	I V.

I.   *Feuilles simplement pinnatifides.*

Pinnules des feuilles très-entières ou légèrement dentées.	Pinnules des feuilles laciniées & presque pinnatifides.
I I.	I I I.

II. *Pinnules des feuilles très-entières ou légèrement dentées.*

Polypode commun. *Polypodium vulgare.* Lin. Sp. 1544.

> *Polypodium vulgare.* Tournef. 540.
>
> β. *Polypodium minus.* Ibid.

Sa racine est épaisse, alongée, couverte d'écailles brunes, garnie de beaucoup de fibres noirâtres, & pousse plusieurs feuilles longues de six à dix pouces ; ces feuilles ont leur pétiole nu vers sa base & chargé dans le reste de sa longueur de folioles ou pinnules-lancéolées, parallèles, disposées alternativement, confluentes à leur base & qui vont en diminuant de grandeur vers le sommet des feuilles : les paquets de fructification forment deux rangées sur le dos de chaque pinnule. On trouve cette plante dans les lieux pierreux, sur les vieux murs & au pied des arbres, ♃ ; sa racine est apéritive & hépatique : on l'emploie quelquefois avec succès dans la toux & contre la goutte.

III. *Pinnules des feuilles laciniées & presque pinnatifides.*

Polypode lacinié. *Polypodium laciniatum.*

> *Polypodium cambro-britannicum, pinnulis ad margines laciniatis.* Tournef. 540.
>
> *Polipodium cambricum.* Lin. Sp. 1546.

Sa racine est oblongue, horizontale, garnie de fibres &

254. pousse plusieurs feuilles moins longues & plus larges que celle du polypode commun ; ces feuilles ont leurs pinnules presque opposées, lancéolées, pointues, laciniées, & plus étroites vers leur base que dans leur partie moyenne. On trouve cette plante dans les environs de Montpellier. ♃

IV. *Feuilles une ou plusieurs fois ailées.*

Feuilles une seule fois ailées ou imparfaitement bipinnées ; leurs pinnules principales sont simples, ou ont des folioles confluentes. **V.**	Feuilles deux fois ailées ou davantage très-distinctement ; leurs pinnules principales ont des folioles non confluentes **XVI.**

V. *Feuilles une seule fois ailées ou imparfaitement bipinnées.*

Pinnules bordées de cils spinuliformes. **VI.**	Pinnules non bordées de cils spinuliformes. **IX.**

VI. *Pinnules bordées de cils spinuliformes.*

Pinnules simples, appendiculées, légèrement dentées & ciliées. **VII.**	Pinnules pinnatifides, appendiculées, dentées & ciliées. **VIII.**

VII. *Pinnules simples, appendiculées, légèrement dentées & ciliées.*

Polypode lonkite. *Polypodium lonchitis.* Lin. Sp. 1548.

Lonchitis aspera. Tournef. 538.

Sa racine pousse plusieurs feuilles longues de près d'un pied, un peu dures, & ailées dans presque toute leur longueur,

1254. ces feuilles ont leur pétiole commun chargé d'écailles rouſ-sâtres, & garni de pinnules nombreuſes, très-rapprochées les unes des autres, aſſez petites, ſimples, à peine dentées, ciliées, rudes, un peu courbées en croiſſant, & remarquables par une appendice ou oreillette ſituée à l'angle ſupérieur de leur baſe : ces pinnules ſont convexes en leur ſurface poſtérieure, & les inférieures ſont ſouvent ſtériles. On trouve cette plante dans les lieux montagneux de l'Alſace & des provinces méridionales. ♃

VIII. *Pinnules pinnatifides, appendiculées, dentées & ciliées.*

Polypode à aiguillons. *Polypodium aculeatum.* Lin. Sp. 1552.

Lonchitis aculeata, major. Tournef. 538.

Sa racine eſt garnie de beaucoup de fibres noirâtres, écail-leuſe à ſon collet, & pouſſe pluſieurs feuilles longues de ſix à dix pouces ; ces feuilles ont leur pétiole couvert d'écailles rouſſâtres, & chargé dans preſque toute ſa longueur, de pinnules aſſez nombreuſes, très-rapprochées les unes des autres, ovales-oblongues, un peu courbées en forme de croiſſant, ciliées, ſimplement dentées vers leur ſommet, pin-natifides dans leur partie inférieure, & remarquables par une oreillette ſituée à l'angle ſupérieur de leur baſe : ces pinnules ſont moins dures que celles de l'eſpèce précédente, & ne ſont certainement pas ailées. Cette plante eſt commune dans les haies épaiſſes & les bois montagneux. ♃

O B S. La plante de Moriſon, *ſect. 14, tab. 3, fig. 15,* citée par M. Linné, *mant. 506,* diffère beaucoup de celle que je viens de décrire. Je l'ai dans mon herbier, & je la regarde comme une eſpèce tout-à-fait à part ; mais j'ignore ſi on la trouve en France.

IX. *Pinnules non bordées de cils ſpinuliformes.*

Pinnules ayant à peine ſix lignes de longueur. X.	Pinnules longues de plus d'un pouce. X I.

X.

1254. X. *Pinnules ayant à peine six lignes de longueur.*

Polypode de fontaine. *Polypodium fontanum.* Lin. Sp. 1550.

Filicula fontana, minor. Tournef. 542.

Cette espèce est très-petite ; sa racine est un paquet de fibres noirâtres, d'où s'élèvent cinq à huit feuilles étroites, simplement ailées, & longues de trois pouces ; ces feuilles sont garnies dans presque toute leur longueur de pinnules alternes fort courtes & incisées ou légèrement pinnatifides : ces pinnules sont obtuses à leur sommet & ont leurs découpures presque arrondies ; celles de la partie inférieure des feuilles sont lâches & fort écartées entr'elles. On trouve cette plante en Alsace, en Dauphiné & en Provence. ♃

XI. *Pinnules longues de plus d'un pouce.*

Pinnules ayant leurs folioles dentées.	Pinnules ayant leurs folioles très-entières.
X I I.	X I I I.

XII. *Pinnules ayant leurs folioles dentées.*

Polypode fougère-mâle. *Polypodium filix mas.* Lin. Sp.

Filix non ramosa, dentata. Tournef. 536.

Ses feuilles sont grandes, larges, longues d'un pied & demi, garnies de pinnules dans presque toute leur longueur, & naissent de la racine, disposées en un faisceau un peu ouvert ; leurs pinnules inférieures sont courtes, celles du milieu sont très-grandes, & les supérieures diminuent insensiblement, & forment une pointe au sommet de la feuille ; ces pinnules sont profondément pinnatifides & ont des folioles obtuses, dentées, confluentes à leur base & inclinées sur la nervure commune : les paquets de fructification sont réniformes, & ne bordent point le contour des folioles comme ceux de l'espèce suivante. Cette plante est commune dans les bois & les lieux stériles, ♃ ; sa racine passe pour apéritive, anti-hydropique, & sa décoction a la propriété d'expulser le fœtus mort.

1254. **XIII.** *Pinnules ayant leurs folioles très-entières.*

Pinnules n'ayant aucune de leurs folioles plus étroite à sa base que vers son sommet. **X I V.**	Pinnules ayant leur première foliole inférieure, longue , pendante & rétrécie à sa base. **X. V.**

XIV. *Pinnules n'ayant aucune de leurs folioles plus étroite à sa base que vers son sommet.*

Polypode ptérioïde. *Polypodium pterioides.*

> *Polypodium pinnis ramorum integris , frequentibus , ordinatim decrescentibus.* Hall. enum. Helv. p. 139.
>
> β. *Filix minor , non ramosa.* Mapp. alsat. 107, ic. VII.
>
> *Acrosticum thelipteris.* Lin. Sp. 1528.

Cette espèce ressemble beaucoup à la précédente par son port ; ses feuilles sont radicales, garnies de pinnules dans la plus grande partie de leur longueur, & s'élèvent presque jusqu'à deux pieds ; leurs pinnules sont longues, assez rapprochées les unes des autres , & vont en diminuant vers le sommet de la feuille , qui est terminée en pointe ; ces pinnules sont pinnatifides & composées de folioles ovales , obtuses & très-entières. La fructification est formée par de petites verrues, rangées sous les folioles en ligne exactement marginale comme dans les pteris , mais toutes séparées les unes des autres. La variété β est beaucoup plus petite , & sa fructification couvre plus fortement le disque des folioles. Cette plante m'a été communiquée par M. Liottard neveu ; elle croît en Dauphiné & en Alsace. ♃.

XV. *Pinnules ayant leur première foliole inférieure longue , pendante & rétrécie à sa base.*

Polypode phégoptère. *Polypodium phegopteris.* Lin. Sp. 1550.

> *Polypodium foliis pinnatis , reflexis , pinnis ovatis , hirsutis , primis cum nervo confluentibus.* Hall. hist. n.º 1698.

Ses feuilles sont radicales, longues d'un pied ou environ , molles, d'un vert gai, & garnies de pinnules dans la plus

1254. grande partie de leur longueur : leurs pinnules ſont pinnatifides & compoſées de folioles ovales, très-entières, preſque obtuſes, confluentes à leur baſe & chargées de quelques poils en leurs bords ; la première foliole de la rangée inférieure de chaque pinnule eſt plus longue que les autres, pendante & rétrécie à ſa baſe. On trouve cette plante dans les bois & les lieux humides.

XVI. *Feuilles deux fois ailées, ou davantage, très-diſtinctement.*

Pétiole chargé de paillettes ou écailles rouſſâtres.	Pétiole glabre ou velu, mais point chargé de paillettes.
X V I I.	**X V I I I.**

XVII. *Pétiole chargé de paillettes ou écailles rouſſâtres.*

Polypode à crête. *Polypodium criſtatum.* Lin. Sp. 1551.

> *Filix mas, ramoſa, pinnulis dentatis.* Vail. Pariſ. 53.
>
> *Filix ramoſa, dentata, ramulis & pinnulis longius ab invicem diſtantibus.* Mapp. alſat. 106, f. 8.

Ses feuilles ſont radicales, longues d'un à deux pieds, chargées de paillettes rouſſâtres ſur leur pétiole & garnies dans la plus grande partie de leur longueur de pinnules, la plupart alternes & lâches ou un peu écartées les unes des autres ; ces pinnules ſont ailées & ont elles-mêmes des folioles oblongues, obtuſes, un peu lâches, pinnatifides & dentées : les pinnules inférieures ſont ordinairement ſtériles. On trouve cette plante dans les lieux humides & montueux.

XVIII. *Pétiole glabre ou velu, mais point chargé de paillettes.*

Pinnules inférieures des feuilles n'étant pas plus grandes que celles du milieu.	Pinnules inférieures des feuilles beaucoup plus grandes que celles du milieu.
X I X.	**X X V I.**

1254.

XIX. *Pinnules inférieures des feuilles n'étant pas plus grandes que celles du milieu.*

Feuilles deux fois ailées & point décomposées. **X X.**	Feuilles trois fois ailées & presque décomposées. **X X V.**

XX. *Feuilles deux fois ailées & point décomposées.*

Pinnules ayant plus de vingt folioles étroites, & toutes très-rapprochées les unes des autres. **X X I.**	Pinnules ayant moins de vingt folioles, lesquelles font la plupart lâches & peu serrées entre elles. **X X I I.**

XXI. *Pinnules ayant plus de vingt folioles étroites, & toutes très-rapprochées les unes des autres.*

Polypode fougère femelle. *Polypodium filix femina.* Lin. Sp. 1551.

> *Filix mollis five glabra, vulgari mari non ramofæ accedens.* Tournef. 537. Morif. fec. 14, t. 3, f. 7.
> β. *Filix non ramofa, petiolis tenuiſſimis & tenuiſſime dentatis.* Tournef. 537.

Ses feuilles font radicales, hautes d'un pied & demi, & garnies dans la plus grande partie de leur longueur, de pinnules nombreuses, peu écartées entre elles, ailées, pointues, longues de quatre à cinq pouces, & qui vont en diminuant de grandeur vers le sommet de chaque feuille qui est pointu ; ces pinnules font composées de trente à quarante folioles un peu étroites, longues de deux à quatre lignes, profondément & finement dentées en leurs bords dans toute leur longueur, & point confluentes à leur base comme celle du polypode fougère-mâle, n.° *XII.* Ces folioles font un peu obtuses à leur sommet, & toutes fort rapprochées les unes des autres. La variété β a ses pinnules principales plus écartées entre elles & garnies de folioles tout-à-fait pointues. Cette plante est commune dans les bois montagneux & humides. ♃

1254.

XXII. *Pinnules ayant moins de vingt folioles, lesquelles font la plupart lâches & peu ferrées entr'elles.*

Pinnules compofées de folioles obtufes. XXIII.	Pinnules compofées de folioles pointues. XXIV.

XXIII. *Pinnules compofées de folioles obtufes.*

Polypode blanc. *Polypodium album.*

> *Filicula fontana, major, five adiantum album, filicis folio.* Tournef. 542. *Dryopteris candida, dodonæi.*
>
> *Polypodium fragile.* Lin. Sp. 1553. *Quoad defcriptionem.*
> β. *Filicula regia, fumariæ pinnulis.* Vail. t. 9, f. 1.
> *Polypodium regium.* Lin. Sp. 1553.

Sa racine pouffe plufieurs feuilles hautes de cinq à huit pouces, dont les pétioles font nus dans leur partie inférieure, rouffâtres à leur bafe & garnis dans les deux tiers de leur longueur, de pinnules lâches, fur-tout les inférieures, & qui vont en diminuant de grandeur vers le fommet de chaque feuille; ces pinnules font prefque oppofées, ailées & ont des folioles lâches, ovales, obtufes, crénelées, incifées & prefque laciniées : les découpures de ces folioles font plus profondes d'un côté que de l'autre, & arrondies ou fenfiblement émouffées à leur fommet. On trouve cette plante dans les lieux humides & fur le bord des ruiffeaux. ♃

XXIV. *Pinnules compofées de folioles pointues.*

Polypode rhéthique. *Polypodium rhæticum.*

> *Filix faxatilis non ramofa, nigris maculis punctata.* Bauh. pin. 358. Morif. fec. 14, t. 4, f. 28.
> *Filix pumila faxatilis.* 2. Cluf. hift. 2, p. 212.

Cette efpèce eft très-diftinguée de la précédente; fa racine eft horizontale, garnie de fibres, & pouffe plufieurs feuilles hautes d'un pied ou environ; ces feuilles ont leur pétiole nu dans toute fa moitié inférieure, glabre, d'un rouge-brun, & chargé dans fa moitié fupérieure, de pinnules lâches, dont la longueur n'excède pas deux pouces: ces pinnules font ailées,

I254. compofées de folioles un peu lâches, petites, lancéolées, pointues & dentées : les folioles de la bafe des pinnules font un peu pinnatifides : la fructification eft d'une couleur brune, & couvre prefqu'entièrement le dos des feuilles. Cette plante rare & peu connue des Auteurs modernes, croît dans les montagnes du Dauphiné, parmi les rochers, & m'a été communiquée par M. Liottard, neveu.

XXV. *Feuilles trois fois ailées & prefque décompofées.*

Polypode des Alpes. *Polypodium alpinum.*

> *Filicula alpina, crifpa.* Bauh. pin. 358.
>
> *Polypodium pinnis pinnarum pinnatis, laxiffime divifis, lobulis obtufis, dentatis.* Hall. hift. n.° *1709.*

Cette efpèce a un port très-élégant; fa racine eft horizontale, & pouffe plufieurs feuilles d'un vert clair, découpées extrêmement menu, & hautes de cinq ou fix pouces : ces feuilles ont leur pétiole nu & rouffâtre à fa bafe, garni dans les deux tiers de fa longueur, de pinnules, la plupart alternes, bipinnées, pointues, peu ferrées entre elles, furtout les inférieures, & à peine longues d'un pouce & demi; les pinnules du fecond ordre font alternes, un peu étroites, longues de deux à quatre lignes, & compofées de folioles très-petites, pareillement alternes, bifides ou trifides, & émouffées à leur fommet. La fructification naît par paquets arrondis & fouvent folitaires fur chaque foliole ou pinnule du troifième ordre. Cette plante croît dans les montagnes du Dauphiné, & m'a été communiquée par M. Liottard, neveu.

XXVI. *Pinnules inférieures des feuilles beaucoup plus grandes que celles du milieu.*

Feuilles deux fois ailées, & d'un vert obfcur; pétiole glabre. X X V I I.	Feuilles trois fois ailées, & d'un vert clair; pétiole velu. X X V I I I.

1254. **XXVII.** *Feuilles deux fois ailées, & d'un vert obscur;*
pétiole glabre.

Polypode dryoptère. *Polypodium dryopteris.* Lin. Sp.
1555.

Filix ramosa, minor, pinnulis dentatis. Tournef. 536.

β. *Filix pumila saxatilis I.* Cluf. Hift. II, p. 212.

Sa racine eft cylindrique, horizontale, noirâtre, garnie
de fibres menues, & pouffe plufieurs feuilles qui s'élèvent
depuis huit pouces jufqu'à un pied; ces feuilles ont leur
pétiole très-grêle, nu dans la plus grande partie de fa longueur,
& chargé vers fon fommet de plufieurs pinnules, la plupart
oppofées : les deux pinnules inférieures font ailées, & chacune
prefque auffi grande que toutes les autres enfemble, de forte
que chaque feuille a une forme triangulaire, & paroît compofée de trois folioles grandes & ailées; les pinnules du
fecond ordre font ovales-oblongues, obtufes, groffièrement
dentées & prefque pinnatifides. La variété β s'élève un peu
plus; fes pinnules font beaucoup plus amples, plus lâches
& tout-à-fait pointues, même celles du fecond ordre. On
trouve cette plante dans les lieux pierreux, montueux &
humides.

XXVIII. *Feuilles trois fois ailées, & d'un vert clair;*
pétiole velu.

Polypode de montagne. *Polypodium montanum.*

Filix montana, ramosa, minor, argutè denticulata. Vail. 53.

Polypodium triplicato-pinnatum, pinnulis tertiis semipinnatis,
lobulis trifidis. Hall. Hift. n.° 1710.

Sa racine pouffe plufieurs feuilles hautes de fept à dix
pouces, & foutenues chacune par un pétiole très-grêle,
légèrement velu, & nu dans fa plus grande partie; ces feuilles
ont une forme triangulaire, & reffemblent, en quelque
manière, à celles du cerfeuil fauvage : leurs pinnules font
prefque toutes oppofées; les deux inférieures font bipinnées,
& auffi grandes chacune que toutes les autres enfemble, ce
qui fait que les feuilles de cette efpèce paroiffent, comme

1254. celles de la précédente, composées de trois parties, mais simplement ailées dans la première, & bipinnées dans celle-ci : les folioles du troisième ordre sont dentées en leurs bords, ou même un peu pinnatifides. Cette plante croît dans les lieux montagneux & couverts.

1255.

Fructification non disposée par paquets arrondis & épars sur le dos des feuilles.....

Fructification disposée sur le dos des feuilles, par paquets oblongs, & épars ou presque parallèles entre eux.................. 1256

Fructification disposée sur le bord postérieur & terminal des feuilles ou de leurs folioles..... 1257

1256. *Fructification disposée sur le dos des feuilles, par paquets oblongs, & épars ou presque parallèles entre eux.*

Doradille. *Asplenium.*

Les Doradilles sont remarquables par leur fructification disposée par paquets ovales-oblongs, ou qui ressemblent quelquefois à de petites lignes éparses sur le dos des feuilles.

ANALYSE.

Feuilles très-simples, & entières ou lobées.	Feuilles pinnatifides, ou ailées ou surcomposées.
I.	I V.

I.   *Feuilles très-simples, & entières ou lobées.*

Feuilles dont la largeur beaucoup plus grande à leur base que dans leur milieu, va toujours en diminuant jusqu'à leur sommet.	Feuilles presque point plus larges à leur base que dans leur milieu, & dont les bords sont parallèles dans la plus grande partie de leur longueur.
I I.	I I I.

1256. **II.** *Feuilles dont la largeur beaucoup plus grande à leur base que dans leur milieu, va toujours en diminuant jusqu'à leur sommet.*

Doradille hemionite. *Asplenium hemionitis.* Lin. Sp. 1536.

Hemionitis vulgaris. Tournef. 546.

Sa racine pousse plusieurs feuilles lisses, hastées, échancrées en cœur, fort élargies inférieurement, distinguées par deux grandes oreillettes à leur base, & portées sur des pétioles glabres; la fructification naît sur le dos des feuilles, disposée par petits paquets oblongs, presque parallèles entre eux, & inclinés ou obliques par rapport à la nervure moyenne de chaque feuille. On trouve cette plante dans les environs de Marseille, ♃; elle est pectorale, un peu astringente & vulnéraire.

III. *Feuilles presque point plus larges à leur base que dans leur milieu, & dont les bords sont parallèles dans la plus grande partie de leur longueur.*

Doradille scolopendre. *Asplenium scolopendrium.* Lin. Sp. 1537.

Lingua cervina officinarum. Tournef. 544.
β. *Lingua cervina, multifido folio.* Ibid. 545.

Ses feuilles sont radicales, longues presque d'un pied, larges d'un pouce ou quelquefois un peu plus, échancrées en cœur à leur base, légèrement ondulées en leurs bords, pointues, vertes, lisses, un peu coriaces, & portées sur des pétioles chargés de poils roussâtres; la fructification naît sur leur dos, disposée par paquets linéaires, nombreux, parallèles entre eux, & presque perpendiculaires à la nervure commune. La variété β est remarquable par ses feuilles laciniées à leur sommet. On trouve cette plante dans les lieux couverts & humides, dans les puits & sur le bord des ruisseaux ; elle a les mêmes vertus que l'espèce précédente.

1256.   **IV.**   *Feuilles pinnatifides, ou ailées ou surcomposées.*

Feuilles pinnatifides, ou une seule fois ailées. **V.**	Feuilles plusieurs fois ailées, ou surcomposees. **X.**

V.   *Feuilles pinnatifides, ou une seule fois ailées.*

Feuilles pinnatifides. **VI.**	Feuilles ailées. **VII.**

VI.   *Feuilles pinnatifides.*

Doradille ceterach. *Asplenium ceterach.* Lin. Sp. 1538.

Asplenium sive ceterach. Tournef. 544.

Cette espèce est fort petite; sa racine pousse un faisceau de feuilles longues de deux ou trois pouces, larges de quatre à six lignes, vertes en-dessus, & couvertes en-dessous de petites écailles très-abondantes, roussâtres ou ferrugineuses, & brillantes comme des paillettes d'or: ces feuilles sont garnies, dans la plus grande partie de leur longueur, de pinnules la plupart alternes, confluentes à leur base & obtuses à leur sommet. On trouve cette plante dans les lieux pierreux & sur les murailles, ♃; elle est pectorale & un peu astringente.

VII.   *Feuilles ailées.*

Folioles très-petites, ovales-obrondes, & au-delà de vingt. **VIII.**	Folioles assez grandes, ovales, appendiculées, cunéiformes à leur base, & point au-delà de vingt. **IX.**

1256. **VIII.** *Folioles très-petites, ovales-obrondes, & au-delà de vingt.*

Doradille politric. *Asplenium trichomanes.* Lin. Sp. 1540.

> *Trichomanes sive polytrichum officinarum.* Tournef. 539.
> β. *Trichomanes minus & tenerius.* Ibid. 540.
> γ. *Trichomanes foliis eleganter incisis.* Ibid. 539.

Sa racine est chevelue, fibreuse, & pousse beaucoup de feuilles longues de trois ou quatre pouces, étroites, ailées & composées souvent de plus de trente folioles fort petites ; ces folioles sont ovales-arrondies, légèrement crénelées, sessiles & disposées en manière d'aile, le long d'un pétiole commun très-grêle & d'un pourpre noirâtre : les inférieures sont un peu triangulaires ; la fructification forme cinq ou six petites lignes courtes & divergentes sur le dos de chaque foliole. On trouve cette plante dans les lieux couverts & humides, dans les rochers garnis de mousses & sur les vieux murs, ♃ ; elle est apéritive & béchique.

IX. *Folioles assez grandes, ovales, appendiculées, cunéiformes à leur base, & point au-delà de vingt.*

Doradille marine. *Asplenium marinum.* Lin. Sp. 1540.

Lonchitis maritima. Tournef. 538.

Cette espèce a beaucoup de rapport avec la précédente, & n'en est peut-être qu'une variété ; mais ses feuilles ont des folioles beaucoup plus grandes, moins nombreuses, presque triangulaires, dentées en scie, & presque toutes remarquables par une appendice ou un lobe en leur bord latéral supérieur ; elle croît dans les îles d'Hières.

X. *Feuilles plusieurs fois ailées ou surcomposées.*

Pétioles nus dans leur plus grande partie, & divisés à leur sommet en rameaux courts, chargés la plupart de trois folioles obtuses.	Pétioles nus seulement dans leur moitié inférieure, & garnis dans l'autre, de pinnules lancéolées, & ailées ou pinnatifides.
X I.	X I I.

256. XI. *Pétioles nus dans leur plus grande partie, & divisés à leur sommet en rameaux courts, chargés la plupart de trois folioles obtuses.*

Doradille des murs. *Asplenium murorum.* [Sauve-vie].

Ruta muraria. Tournef. 541.

Asplenium ruta muraria. Lin. Sp. 1541.

Sa racine est chevelue & pousse des feuilles longues de deux ou trois pouces, un peu dures, décomposées & imitant en quelque sorte celles de la rue ; ces feuilles ont un pétiole grêle, nu dans la plus grande partie de sa longueur, ramifié à son sommet & chargé de folioles courtes, obtuses, denticulées en leur bord supérieur, quelquefois incisées ou lobées, & un peu fermes : la fructification forme sur le dos de chaque foliole deux ou trois lignes fort petites, & qui par la suite de leur développement se réunissent en un seul paquet ovale. Cette plante est commune dans les fentes des murs, des vieux édifices, & des rochers, ♃ ; on la regarde comme très-pectorale & apéritive. M. de Haller doute de ses qualités adoucissantes & béchiques. Hall. hist. n.° 1691.

XII. *Pétioles nus seulement dans leur moitié inférieure, & garnis dans l'autre de pinnules lancéolées, & ailées ou pinnatifides.*

Doradille noire. *Asplenium nigrum.*

Filicula quæ adiantum nigrum officinarum, pinnulis obtuso-ribus [& acutioribus]. Tournef. 542.

Asplenium adiantum. Lin. Sp. 1542.

Sa racine pousse plusieurs feuilles hautes de cinq ou six pouces, un peu luisantes en-dessus & d'un vert foncé presque noirâtre ; leur pétiole est brun à sa base & garni dans toute sa moitié supérieure de pinnules, dont les inférieures sont les plus grandes, & chargées de deux ou trois folioles à leur base, très-distinctes, non confluentes, incisées & dentées : les autres pinnules vont en diminuant de grandeur jusqu'au sommet de la feuille qui est pointu, & sont simplement pinnatifides : leurs lobes sont dentés & un peu obtus. On trouve cette plante dans les lieux couverts & les bois humides, ♃ ; elle passe pour pectorale & apéritive.

1257. *Fructification disposée sur le bord postérieur & terminal des feuilles ou de leurs folioles.*

Capillaire à feuilles de coriandre. *Adiantum coriandrifolium.*

Adiantum foliis coriandri. Tournef. 543.
Adiantum capillus veneris. Lin. Sp. 1558.

Ses feuilles sont radicales, ramifiées, décomposées & hautes de cinq ou six pouces ; leur pétiole est lisse, luisant, d'un rouge-noirâtre & très-grêle ; ses ramifications sont presque capillaires & soutiennent des folioles glabres, minces, cunéiformes, incisées & découpées en leur bord supérieur : le sommet de chaque découpure est réfléchi ou replié en-dessous, & recouvre les paquets de fructification qui sont disposés postérieurement au bord supérieur des folioles. On trouve cette plante dans les lieux pierreux, couverts & humides, au bord des fontaines & aux parois des puits, dans les provinces méridionales, ♃ ; elle est regardée comme pectorale, béchique & apéritive.

1258. *Mousses.*

Les Mousses sont des plantes communément fort petites, vivaces, & toujours vertes, particulièrement pendant l'hiver, où la plupart fleurissent ou fructifient, tandis que presque tous les autres végétaux paroissent dans un état d'anéantissement ou de langueur ; elles végètent lentement, & ont la faculté de reverdir & de revivre lorsqu'on les met dans l'eau, même après avoir été gardées en dessication pendant un temps considérable. Ces plantes sont ramassées en gazon, ou rampent en s'étendant sur la terre, sur les pierres & sur le tronc des arbres, en forme de tapis ; elles ont de véritables tiges plus ou moins rameuses, & des feuilles qui en sont tout-à-fait distinguées : leurs feuilles sont très-petites, simples, sessiles, nombreuses, très-rapprochées les unes des autres, éparses, presque embriquées, & quelquefois opposées ou même verticillées. Leur fructification est très-sensible, mais peu connue ; elle se fait principalement remarquer par des urnes ou des espèces de capsules simples, ovales ou arrondies, & communément portées chacune sur un pédicule assez long, qui naît latéralement ou qui est tout-à-fait terminal : ces urnes contiennent la plupart une espèce de

1258. pouſſière compoſée de globules arrondis & de nature inflam-
mable; elles ont ſouvent leur bord ſupérieur un peu renflé
en manière de bourelet, ou quelquefois couronné de cils,
& ſont preſque toujours chargées d'un couvercle particulier,
obtus, ou pointu ou conique, que l'on nomme *opercule*.
Dans un grand nombre de mouſſes, le ſommet des urnes
eſt caché pendant un temps plus ou moins long, ſous une
eſpèce de coiffe membraneuſe, caduque, ſouvent velue,
& qui a la forme d'un bonnet pointu ou d'un éteignoir.

On a donné aux urnes le nom d'*anthere*, & pluſieurs
Auteurs les regardent comme des fleurs mâles; ils prennent
pour fleurs femelles, certains boutons ſeſſiles, que l'on
obſerve aſſez ſouvent ſur les tiges non garnies d'urnes de
pluſieurs eſpèces : ces boutons ſont compoſés de petites feuilles
ramaſſées d'abord en manière de cône ovale, mais qui s'ouvrent
enſuite, & forment une roſette ou une étoile campanulée,
au centre de laquelle on remarque quelquefois de petites
écailles rouſſâtres qui ſe ſèchent, tombent, & reſſemblent
alors à de la limaille ou de la ſciure de bois. Je ne connois pas
d'expérience qui prouve bien clairement que ces parties
ſoient de véritables fleurs; & le ſentiment des Botaniſtes,
qui les prennent pour des bourgeons, d'où devoient naître
de nouveaux jets, me paroît d'autant plus fondé, que le
Polytric commun & pluſieurs eſpèces de *Mnium* en fourniſſent ſouvent des exemples; l'on donne auſſi le nom de
fleurs femelles à certains globules nus, fongueux ou poudreux,
& d'une nature tout-à-fait différente des roſettes de feuilles
dont je viens de parler.

D'après ce que j'ai dit à l'entrée de la Cryptogamie,
ſur l'extrême difficulté que l'on éprouve en général dans la
formation, ſoit des genres, ſoit des eſpèces qui compoſent
cette diviſion de plantes; on me permettra d'adopter pour
le préſent les genres de M. Linné, quoique pluſieurs ne
ſoient qu'imparfaitement diſtingués entre eux, & d'y rapporter ſans analyſe les eſpèces qui ont été juſqu'à préſent
obſervées en France.

Genres ſelon M. Linné,

<table>
<tr><td rowspan="3">Urnes n'ayant jamais de coiffe . . . .</td><td>Lycopode. . . . .</td><td>1259</td></tr>
<tr><td>Sphaigne. . . . .</td><td>1260</td></tr>
<tr><td>Phaſque. . . . .</td><td>1261</td></tr>
</table>

1258.

Urnes chargées de coiffe dans leur jeunesse . . . . .

Individus de deux sortes ; les uns portent des urnes, & les autres ont seulement des rosettes de feuilles ou des globules nus & poudreux.

Mnie. 1262
Splanc. 1263
Polytric. 1264

Individus, non de deux sortes ; ils portent tous des urnes très-distinctes.

Bry. 1265
Hipne. 1266
Fontinale. 1267

1259.   ◆ **Lycopode.** *Lycopodium.*

Les Lycopodes ont leurs urnes réniformes, bivalves, privées d'opercule & de coiffe, sessiles, & cachées dans les aisselles de bractées ou paillettes nombreuses, disposées vers l'extrémité des tiges ou des rameaux, souvent en manière d'épi ou de massue.

Espèces.

I. Lycopode à massue. *Lycopodium clavatum.* Lin. Sp. 1564.

> *Muscus squamosus, vulgaris, repens, clavatus.* Tournef. 553.

Sa tige est longue de deux à quatre pieds, rampante, rameuse, & couverte de feuilles éparses, très-rapprochées & presque embriquées ; ces feuilles sont étroites, aiguës, & terminées par un poil assez long ; les péduncules qui soutiennent la fructification, naissent de l'extrémité des rameaux, sont presque nus, chargés de très-petites écailles écartées entre elles, & se divisent dans leur partie supérieure, en deux rameaux courts, terminés chacun par une massue écailleuse & d'un blanc jaunâtre. Les urnes répandent dans

1259. leur maturité une poussière abondante, jaunâtre, qui s'en-flamme facilement, fulmine presque comme la poudre à canon, & qu'on nomme vulgairement *soufre végétal*. On trouve cette plante dans les bois & dans les lieux monta-gneux, pierreux & couverts, ♃ ; elle passe pour diurétique & anti-dyssentérique : la poussière des urnes est regardée comme anti-spasmodique & carminative. On la croit aussi utile contre la plique.

II. Lycopode cilié. *Lycopodium ciliatum.*

Selaginoides foliis spinosis. Dillen. musc. 460, t. LXVIII, f. 2.

Lycopodium selaginoides. Lin. Sp. 1565.

Cette espèce est fort petite ; ses tiges sont rampantes & divisées en rameaux, la plupart assez droits & longs de deux ou trois pouces : ses feuilles sont éparses, lisses, luisantes, lancéolées, pointues, dentées & comme ciliées en leurs bords. Celles qui servent de bractées sont plus grandes que les autres & d'une couleur jaunâtre. Cette plante croît dans les mon-tagnes du Dauphiné, & m'a été communiquée par M. Faujas de Saint-Fond.

III. Lycopode des marais. *Lycopodium palustre.*

Lycopodium palustre, repens, clava singulari. Vail. Paris. 123, t. XVI, f. 11. Dillen. musc. t. LXI, f. 7.

Lycopodium inundatum. Lin. Sp. 1565.

Ses tiges sont longues de trois à cinq pouces, rameuses, rampantes & entièrement couvertes de feuilles. Les rameaux fertiles sont redressés, feuillés, longs d'un pouce & demi, & se terminent chacun par une massue également feuillée & longue de sept ou huit lignes. Les feuilles sont éparses, très-rapprochées les unes des autres, étroites-lancéolées, pointues, très-entières, glabres & d'un vert pâle ou jaunâtre ; celles des rameaux rampans sont courbées, & les autres sont droites & embriquées. On trouve cette plante dans les lieux maré-cageux & humides.

IV.

1259. **IV.** Lycopode épais. *Lycopodium densum.*

> *Muscus squamosus, abietiformis.* Tournef. 553.
> *Lycopodium selago.* Lin. Sp. 1565.

Ses tiges font assez droites, longues de trois à cinq pouces, rameuses, cylindriques, épaisses, compactes, disposées en faisceau corymbiforme, & tout-à-fait couvertes de feuilles; ces feuilles font lancéolées, pointues, un peu fermes, très-nombreuses & embriquées sans ordre remarquable. Les urnes font axillaires & éparses; on observe en outre dans les aisselles supérieures des feuilles, de petites rosettes particulières, composées de quatre feuilles dures & inégales, que M. de Haller regarde comme des bourgeons. On trouve cette plante sur les montagnes de l'Alsace : elle est purgative & un peu émétique.

V. Lycopode à feuilles de Genévrier. *Lycopodium juniperifolium.*

> *Muscus squamosus, foliis juniperinis, reflexis.* Tournef. 453.
> *Lycopodium annotinum.* Lin. Sp. 1566.

Ses tiges font longues d'un pied ou davantage, rampantes, & ont leurs rameaux fertiles longs & redressés; ses feuilles font éparses, étroites, aiguës, légèrement dentées, un peu fermes, lâches, ouvertes & souvent réfléchies. La fructification forme des massues sessiles, terminales & embriquées d'écailles ou folioles un peu élargies & pointues. Cette plante croît dans les montagnes du Dauphiné, où elle a été observée par M. de Villars.

VI. Lycopode des Alpes. *Lycopodium alpinum.* Lin. Sp. 1567.

> *Muscus squamosus, montanus, repens, sabinæ folio.* Tourn. 553.

Ses tiges font longues, rampantes, presque nues & garnies de rameaux courts, nombreux, disposés par faisceaux, & tout-à-fait couverts de feuilles; ces feuilles font petites, lancéolées, pointues, un peu épaisses; serrées contre les rameaux & embriquées sur quatre rangs ou côtés opposés : les massues font grêles, sessiles & terminent les rameaux fertiles. On trouve cette plante dans les bois des montagnes de la Provence & du Dauphiné.

1259.

VII. Lycopode aplati. *Lycopodium complanatum.* Lin. Sp. 1567.

Lycopodium cupreſſi foliis. Vaill. Pariſ. 1567.

Lycopodium ſpicis petiolatis , quaternis, caulibus complanatis, foliis adpreſſis. Hall. hiſt. n.° 1723.

Cette eſpèce a beaucoup de rapport avec la précédente; ſes tiges ſont rampantes, preſque nues & pouſſent des rameaux la plupart redreſſés, faſciculés, aplatis & tout - à - fait couverts de feuilles ; ces feuilles ſont fort petites, embriquées comme ſur deux rangs , & ſerrées contre les rameaux : les épis ſont cylindriques , pédunculés , & géminés ou bigéminés. Cette plante croît dans les environs de Paris.

VIII. Lycopode denticulé. *Lycopodium denticulatum.* Lin. Sp. 1569.

Muſcus denticulatus , minor. Tournef. 556.

β. *Muſcus denticulatus, major.* Ibid.

Lycopodium helveticum. Lin. Sp. 1568.

Ses tiges ſont très - menues , rampantes, rameuſes & ont quelquefois preſque un pied de longueur ; elles ſont garnies de feuilles très - petites, ovales, inégales entr'elles, liſſes, d'un vert - clair, alternes & qui paroiſſent embriquées ſur deux rangs ; ces feuilles, par leur diſpoſition, donnent aux tiges & aux rameaux, un aſpect denticulé & diſtique : les urnes ſont preſque éparſes, ou forment des maſſues lâches , feuillées & terminales. On trouve cette plante en Provence.

1260.

Sphaigne. *Sphagnum.*

Les urnes de Sphaigne ſont ovales ou globuleuſes, non ciliées en leur bord, chargées d'un opercule, dépourvues de coiffe, & ſeſſiles ou preſque ſeſſiles.

Eſpèces.

I. Sphaigne des marais. *Sphagnum paluſtre.* Lin. Sp. 1569.

Muſcus ſquamoſus, paluſtris, candicans, molliſſimus. Tourn. 554.

β. *Sphagnum paluſtre, molle, deflexum ſquamis capillaceis.* Dillen. muſc. 243 , t. XXXII, f. 2.

Ses tiges ſont longues de trois ou quatre pouces , aſſez

1260. droites & garnies de beaucoup de rameaux courts, feuillés, remarquables par leur mollesse & communément réfléchis ; elles sont ramassées & forment des gazons très - épais, qui occupent souvent un grand espace de terrein : leurs rameaux supérieurs sont presque pendans & forment un paquet dense & terminal, ou une espèce de tête : les feuilles sont très-petites, lancéolées, pointues, embriquées, molles, d'un vert-glauque, & deviennent presque blanches : les urnes sont globuleuses & disposées plusieurs ensemble au sommet des tiges, sur de très-courts péduncules. On trouve cette plante dans les lieux humides & marécageux.

II. Sphaigne des arbres. *Sphagnum arboreum.* Lin. Sp. 1570.

Muscus apocarpos, arboribus adnascens, polyspermos. Vaill. Paris. 129, tab. XXVII, f. 17.

Ses tiges sont longues d'un pouce ou un peu plus, rameuses, rampantes, & ramassées en petits gazons assez touffus & d'un vert foncé : elles sont garnies de feuilles très-petites, pointues, & fort serrées les unes contre les autres : les urnes sont ovales, latérales, sessiles & disposées la plupart du même côté le long de chaque rameau.. On trouve cette espèce sur le tronc des arbres.

1261.

Phasque. *Phascum.*

Les Phasques ont leurs urnes sessiles, ciliées en leur bord, chargées d'un opercule & dépourvues de coiffe.

Espèces.

I. Phasque sans tige. *Phascum acaulon.* Lin. Sp. 1570.

Muscus trichoides, acaulos, minor, latifolius. Vaill. 128, t. XXVII, f. 2.

Cette mousse extrêmement petite, forme des gazons dont la hauteur égale à peine une ligne & demie ; ses feuilles sont ovales-lancéolées, pointues, d'un vert-jaunâtre & ramassées en une petite rosette, au centre de laquelle est disposée une urne ovale, roussâtre, & dont l'opercule est terminé par une petite pointe. On trouve cette plante sur la terre, dans les allées des jardins, & sur les bords des fossés.

1261. II. Phafque fubulé. *Phafcum fubulatum.* Lin. Sp. 1570.

Mufcus trichoides minor, acaulos, capillaceis foliis. Vail. 128, t. XXIX, f. 4.

Cette mouffe eft une des plus petites que l'on connoiffe ; fa tige eft longue d'une ligne ou environ, & garnie de feuilles très-étroites, fubulées, auffi menues que des cheveux, d'un vert-jaunâtre, & d'un afpect foyeux ou luifant : l'urne eft feffile, globuleufe, d'un roux-pâle & extrêmement petite. On trouve cette efpèce fur la terre, dans les bois, & fur les bords des foffés.

1262. Mnie. *Mnium.*

Les Mnies font la plupart remarquables par deux fortes d'individus ; les uns portent des urnes pédunculées, pourvues d'opercule & furmontées d'une coiffe : les autres ont feulement ou des rofettes de feuilles, ou des globules nus & poudreux.

Efpèces.

I. Mnie tranfparent. *Mnium pellucidum.* Lin. Sp. 1574.

Mufcus coronatus, minimus, capillaceis foliis, capitulis oblongis. Vail. 130, t. XXIV, f. 7.

Ses tiges font longues de quatre à fix lignes, droites, fimples, nues & rouffes à leur bafe, ramaffées par faifceaux ou petits gazons, & garnies de feuilles ovales, pointues, tranfparentes & d'un vert-pâle : les urnes font droites, cylindriques & foutenues chacune par un péduncule terminal & un peu plus long que la tige qui le porte : la coiffe des urnes eft d'un blanc-fale à fa bafe, & brune ou rouffâtre à fon fommet. On trouve cette plante dans les bois.

II. Mnie androgin. *Mnium androgynum.* Lin. Sp. 1574.

Mufcoides qui mufcus capillaceus minimus, capitulo minimo, pulverulento. Tournef. 552. Vail. 128, t. XXIX, f. 6.

Ses tiges font hautes de quatre à huit lignes, un peu rameufes, ramaffées en petit gazon, & garnies de feuilles fort petites, étroites, très-rapprochées les unes des autres ; les unes font terminées par des globules pédiculés, poudreux

§ 262. & extrêmement petits, & les autres ; selon Dillen, portent des urnes droites, pédunculées & terminales. Cette plante est commune dans les bois.

III. Mnie des fontaines. *Mnium fontanum.* Lin. Sp. 1574.

Muscus capillaceus, tenuissimus, pediculo longissimo, purpurascente, capitulo rotundiori. Tournef. 551. Vail. tab. XXIV, f. 10.

Muscus parvus, stellaris. Vail. 129, pluk. 225, t. XLVII, f. 6.

Ses tiges sont longues de deux pouces, droites, grêles, cylindriques, simples ou rameuses, ramassées en gazon dense, & garnies de feuilles extrêmement petites, aiguës, & d'un vert jaunâtre ; les rameaux naissent communément plusieurs ensemble d'un point commun : les urnes sont courtes, assez grosses, un peu inclinées, & portées sur de longs pédicules ; les rosettes sont composées de feuilles d'un jaune orangé, disposées en une petite étoile concave. On trouve cette plante dans les lieux humides & fangeux des marais.

IV. Mnie des marais. *Mnium palustre.* Lin. Sp. 1574.

Muscus capillaceus, palustris, flagellis longioribus bifurcatis. Tournef. 551. Vail. tab. XXIV, f. 1.

Ses tiges sont longues de trois à cinq pouces, une ou plusieurs fois fourchues, & d'un jaune un peu rougeâtre ; elles sont garnies de feuilles assez longues, aiguës, molles, lâches, & dont le sommet est un peu rejeté en-dehors ; les urnes sont ovales, garnies d'un opercule presque conique, & portées sur des pédicules grêles, longs & rougeâtres. On trouve cette mousse dans les lieux marécageux.

V. Mnie hygromètre. *Mnium hygrometricum.* Lin. Sp. 1575.

Muscus capillaceus, folio rotundiore, capsulâ oblongâ, incurvâ. Tournef. 551. Vail. tab. XXVI, f. 16.

Ses tiges sont ramassées en gazon extrêmement bas, & n'ont qu'une ou deux lignes de longueur ; elles sont garnies de feuilles ovales-lancéolées, pointues, d'un vert clair, lisses & transparentes : les pédicules sont longs presque d'un pouce & demi, rougeâtres, courbés à leur sommet, & soutiennent

1262. des urnes penchées ou pendantes, & qui ont à peu-près
la forme d'une poire ; ces urnes ont un opercule fort court
& convexe : leur coiffe est large dans sa partie inférieure,
& se termine en une pointe aiguë, droite ou quelquefois
légèrement inclinée. On trouve cette plante dans les terreins
sablonneux & sur les murs.

VI. Mnie purpurin. *Mnium purpureum.* Lin. Sp. 1575.

> *Muscus capillaceus, ramosus, parvus, erectus, setis ruben-*
> *tibus.* Vail. Paris. 138.

Ses tiges sont droites, fourchues, s'élèvent jusqu'à un
pouce, & forment de petits gazons touffus & très-verts ; les
feuilles sont étroites-lancéolées, aiguës, & fort rapprochées les
unes des autres : les pédicules naissent dans les aisselles des
rameaux, sont droits, purpurins, & soutiennent des urnes
cylindriques, à peine inclinées ; ces urnes ont un opercule conique. On trouve cette espèce dans les bois & les pâturages
humides.

VII. Mnie sétacé. *Mnium setaceum.* Lin. Sp. 1575.

> *Bryum stellare nitidum, pallidum, capsulis tenuissimis.* Dillen.
> musc. 381, tab. XLVIII, f. 44.

Ses tiges sont plus ou moins droites, longues de trois à
six lignes, quelquefois un peu rameuses, & garnies de feuilles
étroites, presque en alène, vertes & luisantes ; les pédicules
sont rougeâtres, longs de six à huit lignes, & soutiennent
des urnes droites, grêles & cylindriques : les opercules sont
aigus, aussi longs ou plus longs que les urnes, & d'une
couleur purpurine. On trouve cette plante dans les lieux pierreux
& humides, & sur les murs.

VIII. Mnie crêpé. *Mnium cirratum.* Lin. Sp. 1576.

> *Muscus capillaceus, minimus, muralis, stellatus.* Tournef.
> 552. Vail. tab. XXIV, f. 8.

Ses tiges sont fort petites, rameuses, droites, & ramassées
en gazons touffus ; elles sont garnies de feuilles très-étroites,
aiguës, lâches, qui forment une étoile au sommet de chaque
rameau, & qui se roulent, se tortillent, & ont un aspect
crêpé à mesure qu'elles se sèchent : les urnes sont droites,

1262. & foutenues par des pédicules à peu - près de la longueur des tiges, & la plupart latéraux. On trouve cette mouffe fur les murs humides, & au pied des arbres dans les bois.

IX. Mnie étoilé. *Mnium ftellatum.*

> *Mufcus capillaceus, major, ftellatus.* Tournef. 551. Vail. tab. XXIV, f. 4 & 5.

> *Mnium hornum.* Lin. Sp. 1576.

Ses tiges font hautes de deux ou trois pouces, droites, fouvent fimples, & garnies de feuilles lancéolées, pointues, rudes en leur bord, & d'un vert clair; ces feuilles font d'autant moins grandes, qu'elles font plus près de la bafe des tiges, qui paroît prefque nue : celles du fommet font affez longues & un peu ouvertes en étoile; le pédicule eft terminal, long d'un pouce, courbé à fon extrémité fupérieure, & foutient une urne fort grande, ovale-cylindrique, & penchée ou prefque pendante. On trouve cette plante dans les bois & les lieux humides.

X. Mnie chevelu. *Mnium capillare.* Murr. Syft. veget. 796.

> *Mufcus capillaceus, major, capitulis craffioribus, cylindraceis, nutantibus.* Tournef. 551. Vail. 134, tab. XXIV, f. 6.

> *Bryum capillare.* Lin. Sp. 1586.

Ses tiges font hautes de quatre à huit lignes, & ramaffées en petits gazons ferrés, d'un vert foncé & luifant; elles font garnies de feuilles ovales-lancéolées, terminées par une pointe en filet, fort ferrées entre elles & comme embriquées; celles de la partie inférieure des tiges font fanées & rouffâtres : les pédicules font longs prefque d'un pouce & demi, naiffent de la bafe des tiges ou dans leurs divifions, & foutiennent des urnes affez grandes, ovales - cylindriques & pendantes. On trouve cette plante dans les lieux humides & pierreux, & fur les murs.

1262. XI. Mnie polytriqué. *Mnium polytrichoides.* Lin. Sp. 1576.

> *Muscus capillaceus, minor, calyptrâ tomentosâ.* Tournef. 552. Vail. tab. XXVI, f. 15.

> β. *Adiantum aureum, medium, in ericetis proveniens.* Vail. tab. XXIX, f. 11.

Sa tige est presque nulle ; ses feuilles sont étroites-lancéolées, pointues, très-entières, d'un vert foncé, & disposées en un petit faisceau radical, comme celles des aloès ; le pédicule est droit, long de huit ou dix lignes, naît du milieu des feuilles, & soutient une urne ovale, courte, & dont l'opercule est chargé d'une petite pointe ; la coiffe, qui recouvre cette urne, est velue, pointue à son sommet, laciniée en son bord inférieur, & d'un blanc roussâtre. M. de Haller regarde la plante β comme une espèce qu'il distingue de celle que je viens de décrire, par ses feuilles dentées en leurs bords. *Hall. Hist. n.° 1837.* On trouve cette plante dans les terreins sablonneux & sur le bord des bois.

XII. Mnie à feuilles de serpolet. *Mnium serpyllifolium.* Lin. Sp. 1577.

α. Pédicules fasciculés ; feuilles oblongues - lancéolées & ondulées.

> *Muscus polygoni folio.* Tournef. 555. Vaill. t. XXIV ; f. 3, *m. s. undulatum.*

β. Pédicules fasciculés ; feuilles ovales-arrondies.

> *Muscus palustris, foliis subrotundis.* Tournef. 555. Vaill. t. XXVI, f. 18, *m. s. rotundifolium.*

γ. Pédicules solitaires ; feuilles ovales-arrondies.

> *Muscus folio lato, subrotundo, &c.* Vail. t. XXVI, f. 5 ; *m. s. punctatum.*

δ. Pédicules solitaires ; feuilles ovales-pointues.

> *Bryum pendulum, foliis variis, pellucidis.* Dill. 413, tab. LIII, f. 79. A. B. C. *m. s. cuspidatum.*

Cette mousse est remarquable par ses feuilles lâches, plus grandes que celles des autres espèces, minces, lisses, transparentes & d'un vert-clair ; ses tiges stériles sont ordinairement couchées ; les autres sont assez droites, nues à leur base, & quelquefois rameuses dans leur partie supérieure : les pédicules

[1262.

font rougeâtres inférieurement & foutiennent des urnes ovales, penchées & fouvent pendantes. On trouve cette plante dans les bois, les haies & les lieux couverts.

XIII.   Mnie rouillé. *Mnium rubiginofum.*

Brium annotinum , paluftre , capfulis ventricofis , pendulis. Dillen. mufc. 404 , t. L I, f. 72. Item. 73 & 74.

An mufcus denticulatus , lucens, fluviatilis, maximus , ad ramu-lorum apices adianthi capitulis vrnatus. Vail. t. XXIV, f. 2.

Mnium triquetrum. Lin. Sp. 1578.

Ses tiges font longues d'un à trois pouces, droites, un peu rameufes vers leur fommet, d'un rouge-brun ou d'une couleur de rouille dans leur plus grande partie & ramaffées en gazon denfe ; elles font garnies dans leur partie fupérieure de feuilles lancéolées, liffes, & remarquables par une nervure faillante & rougeâtre ; ces feuilles font éparfes & non difpofées fur trois côtés ou trois rangs diftincts : les pédicules font longs prefque de deux pouces, d'un rouge - noirâtre, blancs dans leur jeuneffe, courbes à leur fommet, & foutiennent des urnes pendantes, rougeâtres, oblongues & rétrécies vers leur bafe ; cette mouffe eft couverte inférieurement d'un duvet ou efpèce de byffus rouffâtre. On la trouve dans les lieux humides & fangeux.

XIV.   Mnie globulifère. *Mnium globuliferum.*

Mnium trichomanis facie , foliolis integris Dillen. t. XXXI, f. 5.

Mnium trichomanis. Lin. Sp. 1578.

Sa tige eft longue d'un pouce, fouvent un peu rameufe, couchée, rampante & garnie dans toute fa longueur de feuilles ovales, obtufes, entières, fort rapprochées les unes des autres, & difpofées fur deux rangs oppofés. Cette plante ne porte point d'urnes, mais feulement des globules extrêmement petits, poudreux & terminaux : on la trouve fur le bord des foffés humides & des étangs : elle a été obfervée dans les environs de Paris à Meudon, par M. de Bauvois.

1262. XV. Mnie découpée. *Mnium fissum.* Lin. Sp. 1579.

> *Mnium trichomanis facie, foliis bifidis.* Dillen. t. XXXI, f. 6.

Cette espèce ressemble beaucoup à la précédente, mais ses feuilles sont fendues à leur sommet, & terminées par deux dents inégales & plus ou moins aiguës. On la trouve dans les lieux humides, & sur le bord des ruisseaux.

1263. Splanc ampoulé. *Splanchnum ampullaceum.* Lin. Sp. 1572.

> *Muscus capillaceus, minor, capitulis geminatis.* Tournef. 552. Vail. Paris. 130, tab. XXVI, f. 4.

Ses tiges sont courtes, ramassées en gazon d'un vert foncé, & garnies de feuilles lancéolées, aiguës & un peu lâches ; les pédicules sont rougeâtres, longs d'un pouce ou environ, & soutiennent des urnes droites, cylindriques à leur sommet, & remarquables par un renflement considérable à leur base, que M. Linné regarde comme une apophyse ou un réceptacle particulier, & qui leur donne l'aspect d'une bouteille. On trouve cette plante dans les lieux humides.

1264. Polytric. *Polytricum.*

Les Polytrics ont leurs urnes garnies à leur base d'une apophyse ou espèce de renflement particulier ; leur coiffe est conique & ordinairement velue : ceux, dont la tige est terminée par une rosette de feuilles, sont des individus femelles selon M. Linné.

Espèces.

I. Polytric commun. *Polytricum commune.* Lin. Sp. 1573. [Perce-mousse].

> *Muscus capillaceus, major, pediculo & capitulo crassioribus.* Tournef. 550. Vail. tab. XXIII, f. 8.
>
> β. *Muscus erectus, juniperi folio glauco, rigido, calyptrâ longissimâ.* Vail. tab. XXIII, f. 6.

Ses racines sont longues, & poussent des tiges droites, simples, & hautes d'un à quatre pouces ; ces tiges sont couvertes de feuilles très-étroites, aiguës, communément redressées ou montantes, longues de plusieurs lignes, & d'un

1264. vert - brun : les bords de ces feuilles font denticulés, mais leur contraction rend fouvent ce caractère imperceptible ; les urnes font quadrangulaires, un peu courtes, épaiffes & inclinées fur leurs pédicules qui terminent les tiges : elles ont un opercule court & prefque plane, & font chargées d'une coiffe velue, blanche & laciniée à fa bafe, pointue & d'une couleur rouffâtre à fon fommet : les rofettes des individus non garnis d'urnes, avortent moins fouvent dans cette mouffe, que dans la plupart des autres, pouffent de nouveaux jets & d'autres rofettes pareillement fertiles, & font paroître leur tige articulée. Cette plante eft commune dans les bois ; on la regarde comme fudorifique & incifive.

II. Polytric des Alpes. *Polytricum Alpinum.* Lin. Sp. 1573.

Polytricum Alpinum ramofum, capfulis e fummitate ellipticis. Dillen. mufc. 127, t. LV, f. 4.

Sa tige eft rameufe, & haute d'un à deux pouces ; fes feuilles font étroites, aiguës & d'un vert foncé : les pédicules terminent la tige ou fes rameaux, & foutiennent des urnes ovales, légèrement inclinées, & dont l'opercule eft conique. Cette plante croît dans les montagnes des provinces méridionales.

III. Polytric axillaire. *Polytricum axillare.*

Mufcus erectus, juniperi folio, ramofus. Vail. 131, t. XXVIII, f. 13.

Polytricum urnigerum. Lin. Sp. 1573.

Ses tiges font rameufes, hautes d'un pouce ou environ, & garnies de feuilles étroites, aiguës, dentées felon M. de Haller, & ferrées les unes contre les autres ; les pédicules naiffent des aiffelles des feuilles, à l'origine des rameaux, & foutiennent des urnes ovales - cylindriques & prefque droites. On trouve cette plante dans les bois & les lieux fablonneux.

1265.

Bry. *Bryum.*

Les Brys n'ont point les rosettes de feuilles particulières, que l'on trouve dans la plupart des espèces qui composent les trois genres précédens, ni de gaine à la base du pédicule de leur urne, comme les Hypnes, mais seulement une espèce de tubercule qui est souvent terminal.

Espèces.

* Urnes sessiles.

I. Bry à fruits sessiles. *Bryum apocarpum.* Lin. Sp. 1579.

> *Muscus apocarpos, hirsutus, saxis adnascens, capitulis obscuré rubris.* Vail. 129, tab. XXVII, f. 15.

Ses tiges sont rameuses, longues de six à dix lignes, cylindriques, d'un vert brun, & ramassées en gazon ; ses feuilles sont lancéolées, serrées entre elles, & terminées par une pointe fine, molle, & qui donne à la plante un aspect presque velu : les urnes sont terminales, sessiles, & purpurines ou rougeâtres ; leur coiffe est d'un blanc jaunâtre & très-petite. On trouve cette plante sur les pierres.

II. Bry strié. *Bryum striatum.* Lin. Sp. 1579.

> *Muscus apocarpos, arboreus, ramosus.* Vail. 129, t. XXV, f. 5 & 6.

> β. *Muscus capillaceus, minimus, acaulos, calyptrâ striatâ.* Vail. tab. XXVII, f. 10.

> γ. *Muscus capillaceus, minimus, calyptrâ villosâ.* Vail. tab. XXVII, f. 9.

Ses tiges sont rameuses, longues de quatre à huit lignes, assez droites, ramassées en gazon, & couvertes de feuilles lancéolées, pointues, glabres, d'un vert foncé, embriquées, & comme crispées dans leur vieillesse ; les urnes sont droites, axillaires, imparfaitement sessiles, & ont leur coiffe un peu roussâtre, striée & velue. On trouve cette plante sur les troncs d'arbres.

** *Urnes pédiculées & droites.*

III. Bry pomiforme. *Bryum pomiforme.* Lin. Sp. 1580.

Muscus trichoides, minimus, sericeus, capillaceus, capitulis sphæricis. Morif. fec. 15, t. VI, f. 6. Vail. 129, tab. XXIV, f. 9 & 12.

Muscus capillaceus, medius, capitulis globosis. Tournef. 551.

Cette espèce forme de petits gazons très-fins & d'un vert clair ou un peu jaunâtre; ses tiges font hautes de fix à huit lignes, ramassées, roussâtres dans leur partie inférieure, & garnies vers leur fommet de feuilles vertes, très-étroites, presque capillaires & assez longues. Les pédicules font latéraux, axillaires, rougeâtres, longs de moins d'un pouce, & foutiennent des urnes globuleuses & striées. On trouve cette plante dans les lieux frais, fablonneux & pierreux.

IV. Bry pyriforme. *Bryum pyriforme.* Lin. Sp. 1580.

Muscus capillaceus, minimus, capitulis pyriformibus, turgidis. Tournef. 553. Vail. 129, tab. XXIX, f. 3.

Cette mousse est plus petite que la précédente; fa tige est extrêmement courte & garnie de feuilles ovales-lancéolées, d'un vert un peu pâle, & disposées en une rosette qui paroît sessile : le pédicule est terminal, long de quatre à sept lignes, & foutient une urne droite, ovale, rétrécie vers fa base, & d'une forme approchante de celle de la poire. On trouve cette plante dans les terreins argilleux.

V. Bry éteignoir. *Brium extinctorium.* Lin. Sp. 1581.

Muscus capillaceus, minimus, calyptrâ longâ, conoideâ, nitidâ. Tournef. 552. Vail. tab. XXVI, f. 1.

Sa tige n'a qu'une ou deux lignes de hauteur; elle est garnie de feuilles ovales-lancéolées, d'un vert clair & disposées presque en rosette : du milieu des feuilles naît un pédicule long de trois à cinq lignes, rougeâtre, & terminé par une urne droite, cylindrique & pointue. Cette urne est tout-à-fait cachée fous une coiffe longue, conique, pointue, lisse, d'un jaune verdâtre & qui ressemble à un éteignoir. On trouve cette plante dans les lieux fablonneux & fur les pierres.

1265. VI. Bry fubulé. *Bryum fubulatum.* Lin. Sp. 1581.

> *Mufcus capillaris, corniculis longiſſimis, incurvis.* Vail. 133, t. XXV, f. 8.

Cette mouſſe n'eſt pas beaucoup plus grande que la précédente, & forme de petits gazons fort bas & d'un vert gai ; ſes tiges ſont courtes & garnies de feuilles lancéolées, diſpoſées en roſettes qui paroiſſent preſque feſſiles : les pédicules ſont longs de cinq à huit lignes, naiſſent du centre des roſettes, & ſoutiennent des urnes longues, aiguës, en alène, d'abord droites, & qui ſe courbent lorſqu'elles vieilliſſent : la coiffe des urnes eſt très-aiguë & d'un roux pâle. On trouve cette plante dans les lieux frais & les bois.

VII. Bry ruſtique. *Bryum rurale.* Lin. Sp. 1581.

> *Mufcus capillaris, tectorum, denſis ceſpitibus naſcens, capitulis oblongis, foliis in pilum definentibus.* Vail. 133, t. XXV, f. 3.

Ses tiges ſont droites, ſouvent rameuſes, hautes d'un pouce ou un peu plus, & ramaſſées en gazon denſe ; elles ſont garnies de feuilles lancéolées, ouvertes, preſque réfléchies & terminées par un poil : les pédicules naiſſent au ſommet des tiges ou à l'origine des rameaux, & ont une gaine conique à leur baſe, ſelon M. de Haller. [*Hypnum, n.º 1789*, Hall.] Ils ſoutiennent des urnes droites, cylindriques & pointues. Cette plante eſt commune ſur les toits des maiſons ruſtiques, & ſur les vieux murs.

VIII. Bry des murs. *Bryum murale.* Lin. Sp. 1581.

> *Mufcus capillaris, minor, capitulis erectis, vulgatiſſimus, foliis in pilum definentibus.* Vail. 133, t. XXIV, f. 15.

> β *Mufcus capillaris, minor, capitulis erectis, vulgatiſſimus.* Vail. ibid. fig. 14.

Cette mouſſe eſt moins élevée que la précédente, & forme des gazons ferrés, convexes, d'un beau vert, mais qui deviennent bruns en vieilliſſant ; ſes tiges ſont extrêmement courtes & garnies de feuilles lancéolées, terminées chacune par un poil, & ouvertes en roſette : du milieu de ces feuilles s'élève un pédicule long de ſix à neuf lignes, & qui porte

1265. à son sommet une urne droite, grêle, cylindrique & d'un rouge brun. La variété β n'a point ses feuilles terminées par des poils. Cette plante est commune sur les murailles & sur les pierres.

IX. Bry à balais. *Bryum scoparium.* Lin. Sp. 1582.

Muscus capillaceus, major, pediculo & capitulo tenuioribus. Vail. Parif. 132, tab. XXVIII, f. 12.

Cette mousse forme des gazons touffus, d'un vert gai, quelquefois pâles ou jaunâtres, luisans & presque soyeux; ses tiges sont plus ou moins droites, tortueuses, souvent rameuses, & s'élèvent jusqu'à deux pouces : elles sont garnies de feuilles longues, étroites, très-fines, courbées en faucille, & tournées d'un seul côté; les pédicules naissent tantôt au sommet des tiges & tantôt sur leur côté; ils ont près d'un pouce & demi de longueur, sont enveloppés chacun à leur base par une gaine, & portent des urnes inclinées, un peu courbées, & dont l'opercule est très-pointu. On trouve cette plante dans les bois.

X. Bry ondulé. *Bryum undulatum.* Lin. Sp. 1582.

Muscus capillaceus, minor, capitulo longiori falcato. Tournef. 551. Vail. tab. XXVI, f. 17.

Ses tiges sont simples, droites, hautes d'un à deux pouces, & garnies de feuilles éparses assez grandes, étroites-lancéolées, aiguës, ondulées, presque dentées, très-minces & transparentes; le pédicule est terminal, rougeâtre, long d'un pouce ou un peu plus, & porte une urne courbée, grande & d'un rouge brun : cette urne est chargée d'un opercule alongé en manière de bec & très-pointu. On trouve cette plante dans les bois.

XI. Bry glauque. *Bryum glaucum.* Lin. Sp. 1582.

Muscus erectus, capillaceus, densissimus, glauco folio. Vail. Parif. 131, tab. XXVI, f. 13.

Muscus capillaceus, sericeus, coridis facie. Tournef. 552.

Cette espèce forme des gazons extrêmement serrés, épais, & remarquables par leur couleur glauque & blanchâtre; ses tiges sont rameuses, droites, longues d'un à trois pouces, & couvertes de feuilles étroites-lancéolées, aiguës, droites,

1265. embriquées, ferrées & comme entaffées les unes fur les autres : les pédicules naiffent au fommet ou fur le côté des tiges, font garnis de gaines, felon M. de Haller, & portent des urnes légèrement inclinées, & dont l'opercule eft pointu. On trouve cette plante dans les lieux fablonneux & couverts, les landes & les bois.

XII. Bry élégant. *Bryum elegans.*

Mufcus capillaceus, minimus, plumofus, elegans. Tournef. 552. Vail. tab. XXVII, f. 7.

Bryum heteromallum. Lin. Sp. 1583.

Ses tiges font hautes de trois à fept lignes, affez droites, & ramaffées en petits gazons foyeux & d'un beau vert ; elles font garnies de feuilles capillaires, tournées prefque toutes d'un feul côté, & la plupart courbées en faucille : les pédicules font très-fins, d'une couleur pâle, un peu plus longs que les tiges, & foutiennent des urnes ovales, droites, & dont l'opercule eft pointu. On trouve cette plante dans les bois, au pied des arbres.

XIII. Bry de montagne. *Bryum montanum.*

Bryum alpinum capillaceis foliis, cauli adpreffis Hall. Helv. p. 109, n.° 7, tab. IV, f. 1, & Hift. n.° 1806.

Cette mouffe a beaucoup de rapport avec la précédente, mais elle eft plus élevée, & a fes feuilles moins longues ; fes tiges font droites, longues d'un pouce ou un peu plus, d'une couleur rouffe & ferrugineufe dans leur moitié inférieure, ferrées & ramaffées en gazon : elles font garnies dans leur partie fupérieure de feuilles capillaires, médiocrement unilatérales, plus ou moins ouvertes, légèrement courbées à leur extrémité, fouvent un peu tortillées & très-vertes. Les pédicules font rougeâtres, terminent les tiges, ont une gaine à leur bafe, & foutiennent des urnes droites, dont l'opercule eft court & un peu conique. Cette plante m'a été communiquée par M. Faujas de Saint-Fond. On la trouve en Dauphiné.

XIV.

1265. XIV. Bry verdoyant. *Brium viridulum.* Lin. Sp. 1584.

Muscus capillaceus omnium minimus, foliis longioribus & angustioribus. Vail. 130, tab. XXIX, f. 5.

β. *Brium paludosum.* Lin. Sp. 1584.

Cette espèce est extrêmement petite, & forme des gazons fins, très-bas & d'un vert-clair ; ses tiges sont hautes d'une à trois lignes, & garnies de feuilles étroites, presque en alène, serrées contre les tiges dans leur partie inférieure, & ouvertes ou même réfléchies vers leur sommet : le pédicule est rougeâtre, terminal, long de quatre ou cinq lignes, & soutient une petite urne droite, ovale, & dont l'opercule est pointu. On trouve cette plante dans les bois & sur les bords des fossés humides.

XV. Bry tronqué. *Brium truncatulum.* Lin. Sp. 1584.

Muscus capillaceus, omnium minimus. Tournef. 552. Vail. tab. XXVI, f. 2.

Cette mousse est plus petite que la précédente ; sa tige a à peine une ligne de longueur, & est garnie de feuilles très-petites, ovales, pointues & disposées en une rosette qui paroît sessile : du centre de cette rosette s'élève un pédicule long de deux ou trois lignes ; il soutient une urne droite, ovale, grosse à proportion de la petitesse de la plante, & qui semble tronquée lorsqu'elle est privée de son opercule. On trouve cette espèce dans les lieux argileux.

XVI. Bry hypnoïde. *Bryum hypnoides.* Lin. Sp. 1584.

An muscus capillaceus, lanuginosus, densissimus. Tournef. 551.

Hypnum ramis alternatim brevioribus, foliis pilosis, petiolis brevibus flexuosis. Hall. hist. n.º 1780.

Cette mousse n'a point le port des autres espèces de ce genre ; ses tiges sont longues de deux à cinq pouces ; très-rameuses, couchées & entrelacées en formant un gazon étalé & assez épais ; elles sont garnies de feuilles très-petites, serrées, embriquées & terminées chacune par un poil blanc, ce qui donne à la plante un aspect laineux : les pédicules sont longs de quatre ou cinq lignes, naissent au sommet des rameaux, & plus souvent sur leur côté, & portent des urnes droites,

Tome I. S

1265. dont l'opercule eſt très-aigu. J'ai trouvé cette plante aux environs de Rouen, entre Celloville & Belbeuf, ſur une pierre qu'elle couvroit en grande partie, à la manière des hypnes.

*** *Urnes penchées ou pendantes.*

XVII. Bry argenté. *Bryum argenteum.* Lin. Sp. 1596.

Muſcus argenteus, capitulis reflexis. Tournef. 555.

Muſcus ſquamoſus, argenteus, ericæ folio. Vail. 134. t. XXVI, f. 3.

Ses tiges ſont cylindriques, grêles, longues de trois à cinq lignes & ramaſſées en petits gazons ſerrés, luiſans & d'une couleur argentée très-remarquable ; ſes feuilles ſont très-petites, embriquées & ſerrées les unes contre les autres : les inférieures ſont ſimplement verdâtres : les pédicules ſont longs de quatre à ſix lignes, naiſſent de la baſe des tiges & portent des urnes ovales, petites & pendantes. On trouve cette plante ſur les murailles & ſur les pierres.

XVIII. Bry couſſinet. *Bryum pulvinatum.* Lin. Sp. 1586.

Muſcus capillaceus, lanuginoſus, minimus. Tournef. 552. Vaill. 133, tab. XXIX, f. 2.

Cette mouſſe forme de petits gazons ſerrés, denſes, convexes, orbiculaires, d'un vert noirâtre & laineux ; ſes tiges ſont hautes d'une à trois lignes, & garnies de feuilles lancéolées, pliées en gouttière, & terminées chacune par un poil blanc aſſez long : les pédicules naiſſent tantôt au ſommet des tiges & tantôt latéralement ; ils ſont très-courts, foibles, courbés & réfléchis, & portent des urnes ovales & pendantes. Cette plante eſt commune ſur les murailles & ſur les pierres.

XIX. Bry des gazons. *Bryum ceſpiticium.* Lin. Sp. 1586.

Muſcus capillaceus minimus, capitulo nutante, pediculo purpureo. Tournef. 552. Vail. 134, tab. XXIX, f. 7.

Ses tiges ſont hautes de deux ou trois lignes, & forment de petits gazons ſerrés & d'un vert clair ; elles ſont garnies de feuilles lancéolées, liſſes & terminées par une pointe en

1265. filet : les pédicules naissent du sommet des tiges, sont longs de près d'un pouce, purpurins dans leur partie inférieure, d'une couleur pâle vers leur sommet, & portent des urnes ovales & pendantes. On trouve cette plante dans les lieux frais, pierreux, & sur les murs.

1266.

Hypne. *Hypnum.*

Les Hypnes ont les pédicules de leurs urnes latéraux, & enveloppés à leur base par une gaîne écailleuse & feuillée : la plupart des espèces sont rameuses, & couchées ou rampantes.

Espèces.

* *Feuilles distiques.*

I. Hypne à feuilles d'if. *Hypnum taxifolium.* Lin. Sp. 1587.

Muscus pennatus, capitulis adianti. Vail. 136, tab. XXIV, f. 11.

Sa racine pousse plusieurs jets, longs de quatre à sept lignes, & garnis de petites feuilles planes, lancéolées, vertes, transparentes, fort rapprochées les unes des autres, & disposées en manière d'aile sur deux côtés opposés : les pédicules sont rougeâtres, n'ont pas tout-à-fait un pouce de longueur, naissent de la base des jets, & soutiennent des urnes un peu inclinées, dont l'opercule est pointu. On trouve cette plante sur le bord des bois, sur les pentes des fossés.

II. Hypne denticulé. *Hypnum denticulatum.* Lin. Sp. 1588.

Muscus squamosus, non ramosus, major [& minor], capitulis incurvis. Tournef. 553. Vail. tab. XXIX, f. 8.

Ses jets sont radicaux, garnis dans toute leur longueur de petites feuilles lancéolées, pointues, un peu recourbées en-dehors, d'un vert pâle, distiques, disposées comme celles de la précédente, en manière d'aile, & tellement rapprochées les unes des autres, qu'elles paroissent doubles ou geminées par pinnules : les pédicules naissent de la base des jets, & soutiennent des urnes légèrement inclinées dans leur maturité. On trouve cette plante sur la terre dans les bois.

1266. III. Hypne bryoïde. *Hypnum bryoides.* Lin. Sp. 1588.

Muscus pennatus, omnium minimus. Tournef. 556.

Muscus polytrichoides, exiguis capitulis in summis surculis, seu foliis subrotundis erectis. Vail. tab. XXIV, f. 13.

Cette espèce est la plus petite de ce genre ; sa racine pousse plusieurs jets longs de trois à cinq lignes, & garnis de très-petites feuilles distiques disposées en manière d'aile, & fort rapprochées les unes des autres : les pédicules naissent au sommet des jets, sont longs de quatre lignes, & portent chacun une petite urne droite & pointue. On trouve cette plante dans les lieux couverts & sur les pentes des fossés.

IV. Hypne adiantin. *Hypnum adiantoides.* Lin. Sp. 1588.

Muscus taxiformis, ramosus. Vail. tab. XXVIII, f. 5.

Ses jets sont longs d'un à deux pouces, rameux & garnis de beaucoup de feuilles planes, lancéolées, d'un vert un peu jaunâtre, transparentes, distiques, disposées en manière d'aile, & fort rapprochées les unes des autres : les pédicules naissent à peu-près de la partie moyenne des jets, & soutiennent des urnes médiocrement inclinées. On trouve cette plante dans les lieux couverts & humides.

V. Hypne aplati. *Hypnum complanatum.* Lin. Sp. 1588.

Muscus squamosus, denticulatus, splendens, arboreus. Tournef. 555.

Muscus trichomanoides, filicifolius, splendens. Vail. 139, t. XXIII, f. 4.

Ses tiges sont longues de [deux à quatre pouces', très-rameuses, diffuses & couchées ; elles sont chargées de petites feuilles ovales, pointues, distiques, fort rapprochées les unes des autres, luisantes & d'un vert un peu jaunâtre : les pédicules sont très-fins, longs de sept ou huit lignes, rougeâtres, & portent de petites urnes ovales, chargées dans leur jeunesse d'une coiffe lisse, d'un blanc-pâle, & très-aiguës. On trouve cette plante sur le tronc des arbres.

1266.

VI. Hypne luisant. *Hypnum lucens.* Lin. Sp. 1589.

Hypnum pennatum, aquaticum, lucens, longis latisque foliis. Dillen. musc. 270, tab. XXXIV, f. 10.

Ses tiges sont longues de deux pouces, simples ou garnies d'un rameau dans leur partie moyenne, & sont couvertes de feuilles ovales, pointues, d'un vert jaunâtre ou roussâtre, un peu luisantes & embriquées d'une manière lâche; ces feuilles, vues à la loupe, paroissent comme chagrinées, & chargées de points brillans extrêmement petits : les pédicules soutiennent des urnes un peu inclinées. Cette plante m'a été envoyée du Dauphiné par M. Faujas de Saint-Fond.

VII. Hypne frisé. *Hypnum crispum.* Lin. Sp. 1589.

Hypnum pennatum, undulatim crispum, setis & capsulis brevibus. Dillen. musc. 273, tab. XXXVI, f. 12.

β. *Foliis glaucis.*
An hypnum lucens. Scop. carn. 11, p. 331, n.° *1319.*

γ. *Hypnum pennatum, undulatum, lycopodii instar sparsum.* Dill. t. XXXVI, f. 11.
Hypnum undulatum. Lin. Sp. 1589.

Ses tiges sont plus ou moins droites, longues de trois ou quatre pouces, garnies de rameaux un peu écartés entre eux, & roussâtres dans leur partie inférieure; elles sont planes ainsi que leurs rameaux, & couvertes de feuilles embriquées, ovales, luisantes, & traversées dans leur largeur par des plis ou des ondulations qui les font paroître comme frisées : les pédicules n'ont pas un pouce de longueur, & soutiennent des urnes ovales, presque droites & d'un rouge-brun. La variété β a ses feuilles d'un vert un peu glauque, chargées de petits points brillans & argentés, & distinguées par des ondulations semi-lunaires. La variété γ a ses tiges moins droites, diffuses, garnies de feuilles très-vertes, un peu pointues, & moins plissées ou à ondulations moins considérables; on la distingue aussi par ses pédicules, dont la longueur surpasse souvent un pouce. On trouve cette plante dans les lieux montagneux & pierreux.

266. VIII. Hypne triangulaire. *Hypnum triquetrum.* Lin. Sp. 1589.

> *Muscus squamosus, major, sive vulgaris.* Tournef. 553.
> Vail. 137, tab. XXVIII, f. 9.

Ses tiges font longues de quatre à fix pouces, prefque droites, & garnies de rameaux la plupart fimples, affez longs, difpofés fans ordre & ouverts à angles droits; elles font couvertes de feuilles ovales, pointues, éparfes, un peu ferrées entre elles, ouvertes ou même recourbées à leur fommet, minces, tranfparentes, d'un vert pâle, & d'une roideur affez fenfible : les pédicules font longs d'un pouce & demi, rougeâtres, & portent des urnes ovales, inclinées, & chargées d'un opercule obtus. On obferve fouvent au fommet des rameaux, certains paquets de feuilles ou efpèce de borgeons particuliers, non ouverts en étoile. Cette plante eft commune dans les bois.

IX. Hypne fourgon. *Hypnum rutabulum.* Lin. Sp. 1590.

> *Muscus myofuroides, rutabuli fructu.* Vail. tab. XXVII, f. 8.
> *Muscus erectus, major foliis anguftioribus acutis.* Ibid. tab. XXIII, f. 2.

Ses tiges font rampantes, longues de deux à quatre pouces, & garnies de rameaux la plupart redreffés; fes feuilles font petites, ovales, très-pointues, vertes, luifantes, embriquées & ouvertes ou un peu lâches : les pédicules font longs de huit ou neuf lignes, & portent chacun une urne ovale inclinée & dont l'opercule eft conique. On trouve cette plante dans les bois au pied des arbres.

*** *Rameaux difpofés en manière d'aile.*

X. Hypne fougère. *Hypnum filicinum.* Lin. Sp. 1590.

> *Hypnum repens, filicinum, crifpum.* Dillen. 282, tab. XXXVI, f. 19.
> *Muscus filicinus, paluftris.* Vail. 138, tab. XXIX, f. 9.
> ß. *Muscus terreftris, repens, &c.* Ibid. tab. XXVII, f. 9.
> *Hypnum crifta caftrenfis.* Lin. Sp. 1591.

Cette mouffe eft d'un vert-jaunâtre, quelquefois même d'un jaune tirant fur l'or, & reffemble à une petite fougère par la difpofition de fes rameaux; fes tiges font couchées, longues

1266. d'un à trois pouces, & garnies de beaucoup de rameaux menus, opposés sur deux rangs, en manière d'aile, parallèles entre eux, très-rapprochés les uns des autres, recourbés ou crochus à leur extrémité, & d'autant plus courts qu'ils sont plus près du sommet des tiges ou de leurs principales divisions; ces rameaux sont couverts de feuilles extrêmement petites, embriquées, aiguës, terminées comme par un poil, courbées, crochues & comme frisées : les pédicules sont fins, longs de près de deux pouces, & portent des urnes ovales & un peu inclinées. La variété *β* est moins grande, & a ses rameaux secondaires tellement rapprochés les uns des autres, que souvent on a de la peine à les bien distinguer. On trouve cette plante dans les lieux montagneux & humides.

O B S. M. de Haller en forme trois espèces *[Hypnum n.ᵒˢ 1766, 1767 & 1768. Hall. hist. musc. p. 34]*; mais les individus que j'ai observés me paroissent se refuser à ces séparations.

XI. Hypne prolifère. *Hypnum proliferum.* Lin. Sp. 1590.

Muscus filicinus, major, sericeus. Vail. tab. XXIX, f. 1.

β. Muscus filicinus major. Ibid. XXV, f. 1.

Ses tiges sont longues de trois à cinq pouces, tortueuses, nues par intervalles, & deux ou trois fois sous-divisées en rameaux disposés en manière d'aile; les principales ramifications de ces tiges sont pointues, vont en s'élargissant vers leur base, & ont chacune l'aspect d'une petite feuille de fougère, dont les pinnules seroient extrêmement fines : les feuilles sont très-petites, étroites, aiguës, & d'un vert souvent un peu jaunâtre; les pédicules naissent à l'origine des principaux rameaux, ont un pouce & demi de longueur, sont souvent disposés par faisceaux, & soutiennent des urnes inclinées. La variété *β* a ses ramifications très-fines, plus lâches & d'un vert plus foncé. On trouve cette plante dans les bois.

XII. Hypne des murs. *Hypnum parietinum.* Lin. Sp. 1590.

Muscus vulgaris, pennatus, major. Vail. Parif. tab. XXVIII, f. 1.

Cette mousse est d'un vert jaunâtre, un peu luisant & soyeux; ses tiges sont longues de quatre ou cinq pouces, point nues par intervalles, & ont leurs principales ramifications

1266. moins élargies à leur base que celles de la précédente, moins planes & moins alongées en pointe : les pédicules sont rougeâtres, longs d'un pouce, fasciculés dans la partie supérieure des tiges, géminés dans leur partie moyenne, & solitaires à leur base. On trouve cette plante au pied des arbres & sur les murs des villages.

XIII. Hypne alongé. *Hypnum prælongum.* Lin. Sp. 1591.

Muscus filicinus, minor. Vail. tab. XXIII, f. 9.

Ses tiges sont garnies de ramifications lâches & extrêmement menues ; ses feuilles sont très-petites, aiguës, & comme terminées par un poil : les pédicules sont longs d'un pouce, & portent des urnes ovales & inclinées. On trouve cette plante au pied des arbres ou sur leur tronc.

XIV. Hypne sapinet. *Hypnum abietinum.* Lin. Sp. 1591.

Muscus pennatus, minor, cauliculis ramosis, in summitate veluti spicatus. Vail. tab. XXIX, f. 12.

Muscus palustris, abietinus. Vail. tab. XXIII, f. 12, melius.

Cette mousse est d'un vert jaunâtre, & a beaucoup de rapport avec l'hypne fougère, n.° X ; sa tige est longue de deux pouces, divisée dans sa partie moyenne en plusieurs rameaux finement ramifiés en manière d'aile, & alongés à leur sommet en une pointe qui ressemble en quelque sorte à un épi, & qui n'est point recourbée en crochet, comme on l'observe dans l'espèce n.° X : ses feuilles sont très-petites, aiguës, terminées en poil, & ouvertes ou un peu recourbées en-dehors. Je n'ai pas vu les urnes. On trouve cette plante dans les bois & les lieux humides.

**** *Feuilles réfléchies,*

XV. Hypne cupressiforme. *Hypnum cupressiforme.* Lin. Sp. 1592.

Muscus squamosus, ramosus minor & crispus. Tournef. 553. Vail. paris. 139, tab. XXVII, f. 13.

Ses tiges sont couchées, rameuses, diffuses, comprimées & d'un vert un peu jaunâtre & luisant ; ses feuilles sont petites, embriquées, serrées les unes contre les autres, tournées presque

p 266.

d'un feul côté, terminées par une pointe en filet, & crochues à leur fommet, ou courbées en faucille : les rameaux ont auffi leur extrémité en crochet , & la difpofition des feuilles fait paroître leur fuperficie treffée : les pédicules font longs de fept à dix lignes, & portent des urnes prefque droites, dont l'opercule eft légèrement pointu. On trouve cette plante au pied des arbres & fur leur tronc.

XVI. Hypne fcorpion. *Hypnum fcorpioides.* Lin. Sp. 1592.

Hypnum fcorpioides, paluftre magnum lycopodii inftar fparfum. Dillen. tab. XXXVII, f. 25.

Ses tiges font longues de quatre ou cinq pouces , couchées & garnies de rameaux fimples ; elles font d'un vert obfcur ou prefque noirâtre, mais d'un vert jaunâtre & luifant au fommet de leurs rameaux, qui eft plus ou moins courbé en crochet : les feuilles font embriquées , ferrées les unes contre les autres, aiguës , terminées en poil & un peu crochues ou courbées en dehors. J'ai trouvé cette plante dans les environs de Péronne parmi des pierres. Je n'ai pas vu fa fructification.

XVII. Hypne farmenteux. *Hypnum viticulofum.* Lin. Sp. 1592.

Mufcus fquamofus, viticulis longioribus, glabris. Tournef. 555. Vail. Parif. 137, tab. XXIII , f. 1.

Ses tiges font rampantes & pouffent des rameaux grêles , cylindriques, farmenteux, reffemblant à de petites cordes, longs d'un à trois pouces & rouffâtres dans leur partie inférieure ; fes feuilles font lancéolées, aiguës, recourbées ou réfléchies en dehors à leur fommet, embriquées, & un peu plus ferrées entr'elles que ne le repréfente la figure de Vaillant : les pédicules font longs de fix à dix lignes, naiffent de la partie moyenne ou fupérieure des rameaux, & portent de petites urnes tout-à-fait droites, cylindriques, rougeâtres & dont l'opercule eft conique. On trouve cette plante fur les côtes sèches & pierreufes.

XVIII. Hypne crochu. *Hypnum aduncum.* Lin. Sp. 1592.

Hypnum paluftre erectum , fummitatibus aduncis. Dillen. mufc. 292. tab. XXXVII, f. 26.

Ses tiges font droites, longues d'un à deux pouces, ramifiées dans leur partie fupérieure & d'un vert très-clair ; fes

1266. feuilles font étroites, aiguës, très - courbées en dehors, &
paroiffent comme frifées ; elles donnent aux fommités des
rameaux la forme de crochets très-apparens : les pédicules font
longs de deux pouces, très-fins, d'un rouge noirâtre à leur
bafe, & portent des urnes un peu cylindriques & inclinées.
Cette plante croît dans les marais. Je l'ai trouvée parmi les
plantes du Dauphiné, qui m'ont été communiquées par
M. Faujas de Saint-Fond.

XIX. Hypne rude. *Hypnum fquarrofum.* Lin. Sp. 1593.

Mufcus erectus, foliis reflexis. Vail. 139, t. XXVII, f. 5.

Ses tiges font longues de quatre à cinq pouces, couchées,
tortueufes, & garnies de rameaux, la plupart redreffés ; elles
font rouffâtres dans leur partie inférieure : les feuilles font
aiguës, courbées ou réfléchies en-dehors, embriquées, d'un
vert un peu jaunâtre, tranfparentes & luifantes ; les pédicules
font longs d'un pouce ou environ, & portent des urnes
ovales, inclinées, & dont l'opercule eft conique. On trouve
cette plante dans les lieux humides & les landes.

XX. Hypne à courroies. *Hypnum loreum.* Lin. Sp. 1593.

Mufcus fquamofus, major, foliis anguftioribus, acutiffimis.
Tournef. 553. Vail. tab. XXV, f. 2.

Ses tiges font longues, rampantes, & garnies de rameaux
vagues, cylindriques, un peu longs & redreffés ; fes feuilles
font étroites, aiguës, un peu réfléchies & d'un vert foncé :
celles de l'extrémité des rameaux font légèrement jaunâtres
& luifantes ; les pédicules foutiennent des urnes arrondies.
On trouve cette plante dans les lieux montueux.

***** *Rameaux fafciculés.*

XXI. Hypne arboré. *Hypnum dendroides.* Lin. Sp. 1593.

Mufcus fquamofus, erectus, alopecuroides. Tournef. 554.
tab. CCCXXVI, f. B. Vail. tab. XXVI, f. 6.

Sa tige eft une fouche rampante, qui pouffe quelques
jets affez droits, nus, & fimples dans leur moitié inférieure,
& chargés dans l'autre de beaucoup de rameaux cylindriques,
redreffés & ramaffés en un faifceau terminal ; ces jets ont
l'afpect de petits arbres, & n'ont que trois ou quatre pouces

1266. de hauteur : les feuilles recouvrent les rameaux, & font lancéolées, aiguës, d'un vert foncé & un peu luifantes ; les pédicules font longs d'un pouce au moins, & portent des urnes droites, dont l'opercule eft conique. On trouve cette plante dans les prés humides & fur le bord des bois.

XXII. Hypne queue de renard. *Hypnum alopecurum.* Lin. Sp. 1594.

Mufcus dendroides elatior, radice repente. Tournef. 554. Vail. tab. XXIII, f. 5.

Cette mouffe a, comme la précédente, des jets droits, nus dans leur partie inférieure, très-ramifiés vers leur fommet, & reffemblant à de petits arbres ; elle en diffère par fes rameaux moins fimples, plus grêles, plus lâches, & dont les inférieurs font quelquefois inclinés ou pendans : fes feuilles font ovales-lancéolées, pointues & d'un vert très-foncé ; les pédicules font très-fins, rougeâtres, & portent des urnes légèrement inclinées. On trouve cette plante dans les bois humides.

---

* * * * * * *Jets & rameaux cylindriques.*

XXIII. Hypne pur. *Hypnum purum.* Lin. Sp. 1594.

Mufcus fquamofus, cupreffiformis. Tournef. 554. Vail. t. XXVIII, f. 3.

Ses jets font couchés, longs de trois ou quatre pouces, & garnis de rameaux épars, cylindriques & pointus ; les feuilles font ovales, un peu obtufes, embriquées, ferrées, conniventes, très-liffes, luifantes & fouvent jaunâtres ; les pédicules font longs d'un à deux pouces, & portent des urnes inclinées. Cette plante eft commune dans les bois.

XXIV. Hypne vermiculé. *Hypnum illecebrum.* Lin. Sp. 1594.

Mufcus terreftris, furculis kali aut illecebræ æmulis, foliis fubrotundis fquamatim incumbentibus. Vail. tab. XXV, f. 7.

Ses tiges n'ont que deux pouces de longueur, font d'un jaune rouffâtre, feuillées, & garnies de rameaux cylindriques, courts, épais, obtus & peu écartés les uns des autres ;

1266. les feuilles sont ovales, pointues, un peu convexes en-dehors, embriquées, serrées entre elles, luisantes & d'un vert jaunâtre : les pédicules ont moins d'un pouce de longueur, & portent des urnes un peu inclinées. On trouve cette plante sur le bord des bois.

XXV. Hypne des rives. *Hypnum riparium.* Lin. Sp. 1593.

Hypnum aquaticum, flagellis teretibus & pinnatis. Dillen. t. XL, f. 44.

Muscus aquaticus, pileis acutis. Vail. tab. XXVII, f. 16.

Ses tiges & ses rameaux sont cylindriques, & vont un peu en épaississant vers leur sommet ; ces derniers sont en petit nombre, un peu écartés entre eux, simples ou divisés seulement dans leur partie supérieure, & souvent presque aussi longs que les tiges : les feuilles sont pointues, verdâtres, embriquées & plus ou moins lâches ; les pédicules n'ont pas un pouce de longueur, & portent des urnes médiocrement inclinées dans leur parfait développement. On trouve cette plante sur le bord des ruisseaux ; elle m'a été communiquée par M. de Beauvois.

XXVI. Hypne pointu. *Hypnum cuspidatum.* Lin. Sp. 1595.

Muscus squamosus, palustris, foliis flagellisque rigidiusculis incurvis. Vail. 138, tab. XXVIII, f. 11.

Ses tiges sont longues de trois à cinq pouces, rameuses & ramassées en gazon d'un vert jaunâtre & luisant. Le sommet des tiges & des rameaux est remarquable par une pointe aiguë, lisse & composée de jeunes feuilles tout-à-fait conniventes ; les autres feuilles sont un peu plus lâches, plus ouvertes & plus pointues : les pédicules ont deux pouces de longueur ou davantage, & portent des urnes courbées & légèrement inclinées. Cette plante est commune dans les marais.

****** *** *Rameaux rassemblés.*

1266.

XXVII. Hypne soyeux. *Hypnum sericeum.* Lin. Sp. 1595.

> *Muscus capillaceus, minimus, muralis, sericeus.* Tournef.
> 552.
>
> *Muscus arboreus, splendens, sericeus.* Vail. 132, tab. XXVII,
> f. 3.

Cette mousse forme des gazons d'un vert jaunâtre, très-luisans & soyeux; ses tiges sont rampantes & poussent beaucoup de rameaux assez courts, redressés & très-ramassés : ses feuilles sont embriquées, étroites, aiguës, & à leur sommet aussi menues que des poils : les pédicules ont à peine un pouce de longueur & portent des urnes droites. On trouve cette mousse sur le tronc des arbres & sur les murailles.

XXVIII. Hypne velouté. *Hypnum velutinum.* Lin. Sp. 1595.

> *Muscus squamosus, ramosus, tenuior, capitulis incurvis.*
> Vail. 138, tab. XXVI, f. 9. Tournef. 553.

Cette espèce forme des gazons très-verts & luisans; ses tiges sont rampantes, & garnies de rameaux assez nombreux, la plupart simples, courts & ramassés : ses feuilles sont petites, lancéolées, aiguës, & quelquefois un peu lâches : les pédicules ont souvent moins d'un pouce de longueur, & portent des urnes un peu inclinées. On trouve cette plante au pied des arbres.

XXIX. Hypne traînant. *Hypnum serpens.* Lin. Sp. 1596.

> *Muscus terrestris, omnium minimus, capitulis majusculis,*
> *oblongis, erectis.* Vail. 138, tab. XXVIII, f. 2, 6,
> 7, 8.

Cette plante forme des gazons fort bas & d'un vert pâle; ses tiges sont des filets très-menus, rampans, & garnis de beaucoup de rameaux très-fins : ses feuilles sont extrêmement petites, aiguës & un peu lâches : les pédicules sont rougeâtres, longs de sept à dix lignes, & portent des urnes droites dans leur jeunesse, mais qui s'inclinent légèrement lorsqu'elles vieillissent. On trouve cette mousse sur le tronc des vieux arbres & sur la terre.

1266. XXX. Hypne queue-d'écureuil. *Hypnum sciuroides.* Lin. Sp. 1596.

> *Muscus arboreus, splendens, myosuroides.* Vail. tab. XXVII, f. 12.

Ses tiges font rampantes, courtes, & pouffent des jets feuillés, cylindriques, prefque fimples, légèrement courbés, & rouffâtres à leur bafe; fes feuilles font lancéolées, aiguës, embriquées, fort ferrées entre elles, & un peu ouvertes dans leur partie fupérieure : les pédicules naiffent vers le fommet des jets ou des rameaux, n'ont que cinq à fept lignes de longueur, & portent des urnes droites. On trouve cette plante fur les troncs d'arbres.

XXXI. Hypne queue-de-rat. *Hypnum myosuroides.* Lin. Sp. 1596.

> *Muscus criftam caftrenfem reprefentans, flavefcens, nemorofus, caffubicus.* Vail. tab. XXVII, f. 1. *Bene, fed ramuli nimis breves.*
>
> *Muscus fquamofus, minor, myofuroides, capitulis incurvis.* Vail. 137, tab. XXVII, f. 6. *Ex fide autorum.*

Sa tige fe divife en trois ou quatre parties, garnies de rameaux cylindriques, affez longs, reffemblant à de petites cordes, d'un vert-jaunâtre, luifans & très - foyeux; fes feuilles font lancéolées, aiguës, terminées par une pointe en filet, embriquées, ferrées les unes contre les autres & un peu lâches à leur fommet; elles ont de petites nervures longitudinales très-fenfibles : les pédicules font longs d'un pouce ou environ, & portent des urnes légèrement inclinées. On trouve cette plante dans les bois, au pied des arbres.

1267.

Fontinale. *Fontinalis.*

Les Fontinales ont beaucoup de rapport avec les Hypnes, mais leurs urnes font feffiles ou prefque feffiles, & axillaires : la plupart des efpèces habitent communément dans l'eau.

Efpèces.

I. Fontinale incombuftible. *Fontinalis antipyretica.* Lin. Sp. 1571.

> *Muscus fquamofus, foliis acutiffimis, in aquis nafcens.* Tournef. 554. Vail. 140, tab. XXXIII, f. 5.

Sa tige eft rameufe, flotte dans l'eau, & a jufqu'à un pied

1267. & demi de longueur ; ses feuilles sont ovales-lancéolées, très-pointues, vertes, transparentes, & embriquées d'une manière un peu lâche : les urnes sont presque sessiles, disposées dans la partie moyenne ou inférieure de la tige, & enveloppées à leur base par des écailles ou feuilles très-minces. On trouve cette plante dans les étangs & les fossés aquatiques.

II. Fontinale empennée. *Fontinalis pennata.* Lin. Sp. 1571.

Muscus terrestris, major, ramulis compressis, foliis superficie crispis. Vail. 129, tab. XXVII, f. 4.

Muscus squamosus, linariæ folio major & crispus. Tournef. 554.

Sa tige est longue de trois ou quatre pouces, comprimée, & garnie de quelques rameaux écartés les uns des autres ; ses feuilles sont ovales-oblongues, remarquables par des ondulations transversales, d'un vert clair, luisantes, transparentes, distiques, & disposées sur deux rangs opposés, en manière de plume : les urnes sont sessiles, & naissent des côtés de la tige, enveloppées par des gaines de feuilles. On trouve cette plante dans les bois, sur le tronc des arbres.

III. Fontinale écailleuse. *Fontinalis squamosa.* Lin. Sp. 1571.

Fontinalis squamosa, tenuis, sericea, atrovirens. Dillen. 259, t. XXXIII, f. 3.

D'un point commun de sa racine, naissent, en manière de faisceau, plusieurs tiges longues d'un demi-pied, très-menues, foibles, simples à leur base, & rameuses dans leur partie supérieure ; elles sont garnies dans toute leur longueur, de feuilles étroites-lancéolées, capillaires à leur sommet, fort rapprochées les unes des autres, & d'un vert noirâtre : les urnes sont ovales, d'un rouge foncé, portées sur des pédicules longs d'une à trois lignes, & disposées dans la partie moyenne des tiges. On trouve cette plante dans les torrens & les ruisseaux des montagnes ; elle m'a été envoyée du Dauphiné par M. Foujas de Saint-Fond.

1267. IV. Fontinale flottante. *Fontinalis fluitans.*

Muscus fluitans, foliis & flagellis longis tenuibusque. Vail.
tab. XXXIII, f. 6.

*Muscus palustris, foliis & flagellis rigidiusculis, seminibus in
foliorum alis.* Vail. tab. XXVIII, f. 10 ?

Ses tiges sont longues de cinq à sept pouces, & garnies
de rameaux nombreux, mais communément fort courts ; ses
feuilles sont petites, lancéolées, aiguës, un peu lâches, d'un
vert pâle, & transparentes : celles du sommet des tiges sont
moins ouvertes que les autres & presque conniventes ; je
n'ai pas vu ses urnes : elles naissent, selon Vaillant, dans
les aisselles des feuilles, & sont extrêmement petites. On
trouve cette plante dans les fossés aquatiques & les étangs.

1268. *Algues.*

Les Algues sont, en général, des plantes membraneuses,
ou coriaces, ou crustacées, ou gelatineuses, ou filamenteuses,
& ont rarement des feuilles entièrement distinguées des tiges,
qui sont elles-mêmes, dans le plus grand nombre, très-imparfaites ou tout-à-fait nulles ; ces plantes n'ont point de
véritables urnes comme les mousses, mais leur fructification,
quoique peu connue, se fait souvent remarquer par des espèces
de cupules de diverses sortes : ce sont tantôt des sachets
globuleux, pédiculés, & qui se fendent en quatre parties ;
tantôt des espèces de bonnets ou de calottes, pareillement
pédiculés & chargés en-dessous de globules floriformes, qui
s'ouvrent par plusieurs valves ; tantôt des tubes plus ou
moins simples ; tantôt de longues cornes profondément bifides ;
tantôt enfin des plateaux non divisés & plus ou moins concaves.
La diversité des Algues, l'imperfection apparente de leurs
organes, & sur-tout la difficulté de démêler leurs véritables
caractères, les ont fait nommer par M. Scopoli, *plantes
douteuses.* Scop. carn. 11, p. 342. Je vais en présenter les
genres & leurs espèces, d'après M. Linné & sans analyse,
comme j'ai fait à l'égard des mousses.

Genres

Genres selon M. Linné.

1268.

Fructification remarquable par des cupules de diverses sortes, mais très-apparentes.

Fructification presque point sensible & comme nulle.

1269. Jongermanne. *Jungermannia.*

Les Jongermannes ont beaucoup de rapport avec les Mousses, & plusieurs espèces ont, comme elles, des feuilles tout-à-fait distinguées des tiges ; mais elles en diffèrent par leur fructification qui est remarquable, par des sachets sphériques, pédiculés, & qui se fendent jusqu'à leur base en quatre parties disposées en croix : les individus chargés de ces sachets portent aussi très-souvent des globules sessiles, nus, ramassés, & que l'on regarde comme des fleurs femelles.

Espèces.

* *Feuilles distiques ou disposées en manière d'aile.*

I. Jongermanne asplénioïde. *Jungermannia asplenioides.* Lin. Sp. 1597.

Muscus nummulariæ folio, major. Tournef. 555.

β. Muscus nummulariæ foliis subrotundis, densè positis. Ibid.

Hepaticoides politrichi facie. Vail. 99, tab. XIX, f. 7.

Ses tiges sont longues de trois ou quatre pouces, rameuses, & garnies de feuilles ovales-obtuses, presque arrondies, vertes, transparentes & distiques ; les pédicules terminent les tiges ou leurs rameaux, sont blanchâtres, longs d'un pouce ou moins, & portent des sachets qui se partagent en quatre parties brunes

1269. ou rougeâtres : la variété β eſt un peu moins grande , & remarquable par ſes feuilles fort rapprochées les unes des autres. On trouve cette plante dans les foſſés des bois.

II. Jongermanne ſarmenteuſe. *Jungermannia viticuloſa.* Lin. Sp. 1597.

> *Jungermannia terreſtris , viticulis longis , foliis perexiguis, denſiſſimis , ex rotunditate acuminatis.* Mich. gen. 8, t. V, f. 4.

Cette eſpèce a beaucoup de rapport avec la précédente , mais ſes feuilles ſont fort petites , très-rapprochées les unes des autres, un peu étroites , médiocrement obtuſes , & preſque pointues : les pédicules des ſachets ne ſont point terminaux. On trouve cette plante en Provence , dans les bois.

III. Jongermanne lancéolée. *Jungermannia lanceolata.* Lin. Sp. 1597.

> *Lichenaſtrum trichomanis facie minus , ab extremitate florens.* Dillen. muſc. 486 , t. LXX, f. 10.

Cette eſpèce eſt fort petite ; ſes tiges ont à peine un pouce de longueur, ſont à demi couchées , & forment des gazons aſſez étendus; ſes feuilles ſont ovales-obtuſes, très-petites, fort rapprochées les unes des autres, & diſtiques : les pédicules terminent les tiges. On trouve cette plante en Provence dans les lieux couverts , pierreux & humides.

IV. Jongermanne double-dent. *Jungermannia bidentata.* Lin Sp. 1598.

> *Muſcus pennatus , foliis ſubrotundis , bifidis , major.* Tournef. 555.
>
> *Hepaticoides polytrichi facie , foliis bifidis major.* Vail. 99, t. XIX, f. 8.

Ses tiges ſont couchées , longues d'un pouce ou un peu plus , & rameuſes; ſes feuilles ſont petites, diſtiques, fort rapprochées entre elles , ovales , comme tronquées à leur ſommet , & terminées par deux dents : les pédicules naiſſent du ſommet des rameaux & portent de petites croix d'un rouge-brun. On trouve cette plante dans les lieux couverts & ſablonneux.

1269.

V. Jongermanne ondulée. *Jungermannia undulata.* Lin. Sp. 1598.

Hepatica saxatilis, undulata, seminifera. Vail. 98, t. XIX, f. 6.

Ses tiges sont longues d'un pouce ou environ , rameuses & disposées par petits gazons d'un vert gai ; ses feuilles sont petites, arrondies, très-entières, ondulées, contournées, presque pliées & transparentes : les pédicules sont terminaux. On trouve cette plante sur les pierres autour des mares.

VI. Jongermanne blanchâtre. *Jungermannia albicans.* Lin. Sp. 1599.

Muscus nummulariæ folio, fructu pediculo carente. Tournef. 555.

Hepaticoides albescens, foliis pinnatis. Vail. 100, t. XIX, f. 5.

Ses tiges sont longues d'un à deux pouces, un peu rameuses, à demi couchées , & ramassées en gazon ; ses feuilles sont distiques, serrées entre elles, un peu étroites, arquées ou courbées en arrière, transparentes & d'un vert pâle : les pédicules naissent de l'extrémité des tiges , sont blanchâtres , longs de cinq ou six lignes , & portent des boutons d'un rouge noirâtre, qui s'ouvre en quatre parties. On trouve cette plante dans les lieux frais & couverts.

VII. Jongermanne trilobée. *Jungermannia trilobata.* Lin. Sp. 1599.

Lichenastrum pinnulis obtusè trifidis, nervo geniculato. Dillen. musc. 493. tab. LXXI. f. 22.

Ses tiges sont à demi-couchées, courbées, un peu rameuses, & garnies de feuilles d'une forme presque carrée , ayant à leur sommet trois crénelures ou trois dents peu profondes, vertes, distiques & serrées entr'elles : les pédicules naissent le long des tiges , selon les figures de Dillen & de Micheli , & les terminent selon M. de Haller *[Hist. n.° 1866]*. On trouve cette plante dans les lieux couverts de la Provence.

1269.

*** *Feuilles embriquées.*

VIII. Jongermanne aplatie. *Jungermannia complanata.*
Lin. Sp. 1599.

Muscus squamosus, foliis subrotundis dentissimis. Tournef. 554.
Hepaticoides surculis & foliis thuyæ instar compressis major.
Vaill. tab. XIX, f. 9.

Ses tiges sont rampantes, longues de deux ou trois pouces,
très-rameuses, aplaties, entrelacées, disposées en gazon très-
plat & d'un vert-jaunâtre; ses feuilles sont petites, arrondies
à leur sommet, garnies à leur base d'une très-petite oreillette,
fort serrées entr'elles & embriquées comme sur deux rangs,
ou en manière de tresse : les pédicules n'ont qu'une ligne de
longueur & naissent le long des tiges. On trouve cette plante
sur le tronc des arbres.

IX. Jongermanne dilatée. *Jungermannia dilatata.* Lin. Sp.
1600.

Muscus saxatilis, nummulariæ folio, minor. Tournef. 555.
Hepaticoides surculis & foliis thuyæ instar compressis, minor.
Vaill. tab. XIX, fig. 10.

Cette espèce ressemble beaucoup à la précédente, & n'en
est peut-être qu'une variété; ses tiges sont rampantes, très-
rameuses & disposées en gazon aplati & d'un vert-brun; ses
rameaux sont un peu élargis à leur sommet; ses feuilles sont
très-petites, arrondies, garnies d'une oreillette à leur base &
embriquées sur deux rangs. Cette plante croît sur les pierres
& sur les troncs d'arbres.

X. Jongermanne noirâtre. *Jungermannia nigricans.*

*Muscoides squamosum, saxatile, nigro-purpureum, surculis
foliis circinatis, minoribus.* Mich. gen. 10, t. VI. f. 5.
An Muscus nummulariæ folio fructu pedunculo carente. Vaill.
t. XXIII, f. 10.
Jungermannia tamarisci. Lin. Sp. 1600.

Cette espèce est à peine distinguée de la précédente; ses
tiges sont rampantes, longues d'un à trois pouces, très-
rameuses, disposées en gazon plat, d'un vert foncé dans leur

1269. jeunesse, & deviennent en vieillissant, d'un pourpre obscur & noirâtre : les rameaux sont souvent un peu dilatés à leur sommet ; les feuilles sont très - petites, embriquées sur deux rangs & obtuses ou presque arrondies : les supérieures sont un peu plus grandes que les autres, plus arrondies & convexes : les pédicules sont extrêmement courts. On trouve cette plante sur les pierres & sur les troncs d'arbres, où elle est très - commune.

XI. Jongermanne à feuilles plates. *Jungermannia platyphylla.* Lin. Sp. 1600.

Lichenastrum petalodes, minus. Vail. tab. XXI, f. 17.

Ses tiges sont longues de trois à cinq pouces, très-rameuses, couchées, entrelacées, & disposées en gazon aplati, d'un vert-brun ou un peu jaunâtre ; ses feuilles sont petites, un peu pointues, fort serrées entr'elles, embriquées sur deux rangs, & engagées les unes dans les autres, comme des dents ou des points de suture : elles paroissent aplaties en - dessus, & sont légèrement concaves en - dessous : les pédicules sont extrêmement courts. On trouve cette plante sur les pierres & sur les troncs d'arbres.

XII. Jongermanne ciliée. *Jungermannia ciliaris.* Lin. Sp. 1601.

Muscus palustris absinthii folio, insipidus. Tournef. 556. Vail. t. XXVI, f. 11.

Ses tiges sont longues de quatre ou cinq pouces & ramifiées de manière qu'elles paroissent deux ou trois fois ailées ; ses feuilles sont petites, embriquées sur deux rangs, velues ou ciliées, & oreillées à leur base : les pédicules sont fort longs, & portent des boutons d'un rouge-brun, qui se partagent en quatre parties. On trouve cette espèce dans les lieux humides & les bois sablonneux.

*** *Feuilles composées d'expansions membraneuses, non distinguées des tiges.*

XIII. Jongermanne foliacée. *Jungermannia foliacea.*

Marsillea major, atrovirens, floribus albicantibus e foliorum medio egredientibus. Mich. gen. 5, t. IV, f. 1.
β. *Hepaticoides cichorei crispi foliis.* Vail. tab. XIX, f. 4.
Jungermannia epiphylla. Lin. Sp. 1602.

Sa tige est composée d'extensions membraneuses, planes,

1269. foliacées, ramifiées, lobées, vertes & attachées sur la terre, par de petites racines qui naissent de leur nervure postérieure : les pédicules sont longs de deux pouces, blanchâtres, foibles, & portent chacun à leur sommet, un petit bouton qui s'ouvre en quatre parties jaunâtres, émoussées & fort courtes. On trouve cette plante sur le bord des fossés humides & des ruisseaux.

XIV. Jongermanne épaisse. *Jungermannia pinguis.* Lin. Sp. 1682.

Lichenastrum capitulis oblongis , juxta foliorum divisuras enascentibus. Dillen. musc. 509. t. LXXIV, f. 42.

Sa tige forme des expansions membraneuses, foliacées, ramifiées, un peu épaisses, lisses, vertes, plus petites & moins larges que celles de l'espèce précédente : les pédicules ont à peine un pouce & demi de longueur, & portent des boutons alongés, qui s'ouvrent en quatre parties assez considérables. Les gaines de ces pédicules sont longues de trois ou quatre lignes. Cette plante croît dans les lieux aquatiques, & sur le bord des fontaines ; elle m'a été communiquée par M. de Bauvois, qui l'a trouvée dans les environs de Paris.

XV. Jongermanne fourchue. *Jungermannia furcata.* Lin. Sp. 1602.

Hepatica arborea, globulifera. Vail. 98, t. XXIII, f. 11.
Hepatica palustris dichotoma , segmentis oblongis & angustis. Vail. tab. XIX, f. 3.

Sa tige est composée d'expansions membraneuses, plus étroites & plus ramifiées que celles des deux espèces précédentes : le sommet de chaque rameau est ordinairement fourchu ou terminé par deux lobes ou par deux dents un peu divergentes, & souvent pointues : les pédicules n'ont que trois ou quatre lignes de longueur. On trouve cette plante sur les troncs d'arbres & sur les pierres, dans les lieux frais.

XVI. Jongermanne multifide. *Jungermannia multifida.* Lin. Sp. 1682.

Lichenastrum ambrosiæ divisura. Dill. 511, t. LXXIV, f. 43.

Ses expansions forment des espèces de feuilles découpées,

1269. très-menues, bipinnatifides, ramifiées, minces, transparentes, d'un vert - clair , & étalées sur la terre en rosette diffuse. Cette plante a été trouvée à Meudon , sur le bord d'un étang , par M. de Beauvois.

XVII. Jongermanne fluette. *Jungermannia pusilla*. Lin. Sp. 1602.

Lichenastrum exiguum , capitulis nigris , lucidis , e cotylis parvis nascentibus. Dill. 513, t. LXXIV , f. 46.

Cette espèce est extrêmement petite ; ses expansions forment une rosette arrondie, festonnée, à peine de trois lignes de diamètre, & composée de petites feuilles membraneuses, lobées & presque palmées : les pédicules sont longs de deux ou trois lignes, & portent chacun un petit bouton d'un rouge-noirâtre , qui s'ouvre en quatre parties. Cette plante a été trouvée à Saint - Léger , dans une des herborisations de M. de Jussieu , & m'a été communiquée par M. de Beauvois.

1270.

Marchante. *Marchantia.*

Les Marchantes n'ont point de feuilles vraiment distinguées des tiges, mais seulement des extensions membraneuses, aplaties & rampantes. Leur fructification paroît composée de deux sortes de parties; les unes que l'on regarde comme mâles, sont des plateaux convexes ou coniques, souvent découpés en leur bord, portés chacun sur un pédicule assez long, & chargés en-dessous de plusieurs globules uniloculaires, plurivalves, & qui contiennent une poussière fine, attachée à des poils : les autres sont des fossettes ou des espèces de petits bassins sessiles, dans lesquelles on observe plusieurs corpuscules que l'on prend pour des semences.

Espèces.

I. Marchante étoilée. *Marchantia-stellata.* Scop. carn. 11, p. 353.

Hepatica officinarum. Vail. Paris. 97.

Lichen petræus, latifolius , sive hepatica fontana. Bauh. pin. 362.

ß. *Lichen petræus, stellatus.* Bauh. ibid.

Marchantia polymorpha [α. ß]. Lin. Sp. 1603.

Sa tige forme des expansions membraneuses, planes, ram-

1270. pantes, longues souvent de plus de deux pouces, ramifiées, lobées, obtuses à leur sommet, vertes, chargées de petits points, & garnies de racines capillaires, le long de leur nervure postérieure. Les pédicules sont hauts d'un pouce ou environ, & portent des plateaux découpés au-delà de moitié, en dix digitations disposées en étoile ; les bassins sont fort petits, & crénelés ou denticulés en leurs bords : la variété β est un peu moins grande en toutes ses parties. On trouve cette plante sur le bord des ruisseaux, des fontaines & des puits ; elle est incisive, détersive & vulnéraire : on la dit excellente pour les maladies du foie & du poumon.

II. **Marchante ombellée.** *Marchantia umbellata.* Scop. carn. 11, p. 354.

> *Hepatica petræa, umbellata.* Vail. Paris. 97.
> *Lichen petræus, umbellatus.* Bauh. pin. 362.
> *Marchantia polymorpha [γ].* Lin. Sp. 1603.

Cette espèce me paroît très-distinguée de la précédente. Sa tige forme des expansions membranœuses, vertes, ramifiées, lobées, longues à peine d'un pouce, & disposées en gazon arrondi ; les pédicules n'ont que six ou sept lignes de longueur, & portent des plateaux presque planes, bordés simplement de huit crénelures peu profondes : cette plante croît sur le bord des ruisseaux & dans les lieux humides. Elle m'a été communiquée par M. de Beauvois, qui l'a trouvée dans les environs de Lille.

III. **Marchante croisette.** *Marchantia cruciata.* Lin. Sp. 1604.

> *Lunaria vulgaris.* Mich. gen. tab. IV, f. 1.

Ses tiges sont des expansions membraneuses, planes, lisses, vertes, médiocrement ramifiées, lobées, arrondies à leur sommet, longues d'un pouce & demi & rampantes ; les pédicules portent des plateaux profondément découpés en quatre parties étroites, velues & poudreuses : les bassins sont de petites fossettes semi-lunaires, ou en forme de croissant, qui contiennent des corpuscules recouverts en partie par une petite membrane très-mince. Cette plante a été trouvée par M. de Beauvois, dans les fossés qui entourent les fortifications de la ville de Lille.

1270. IV. Marchante conique. *Marchantia conica.* Lin. Sp. 1604.

Hepatica pileata & ftellata. Vail. Parif. 98.

Hepatica reticulata & verrucofa, Vail. tab. XXXIII, f. 8.

Sa tige forme des expanfions membraneufes, un peu plus grandes & plus ramifiées que celles de l'efpèce précédente. Les pédicules font affez longs, blanchâtres, tranfparens, & portent chacun à leur fommet un plateau conique, reffemblant en quelque forte à un bonnet, & partagé intérieurement en cinq à fept loges, qui renferment chacune un globule noirâtre & pendant : les baffins contiennent des corpufcules ramaffés en forme de verrues hémifphériques. On trouve cette plante dans les lieux humides & couverts.

V. Marchante hémifphérique. *Marchantia hemifphærica.* Lin. Sp. 1604.

Lichen pileatus, parvus, foliis crenatis. Dillen. 519, t. LXXV, f. 2.

Cette efpèce eft un peu plus petite que les deux précédentes ; fes pédicules portent des plateaux hémifphériques, pubefcens & légèrement quinquefides : les baffins ou foffettes feminifères n'ont pas encore été obfervés dans cette plante ; elle croît en Provence dans les foffés & les lieux couverts.

1271. Targione hypophile. *Targionia hypophylla.* Lin. Sp. 1603.

Lichen petræus, minimus, fructu orobi. Bauh. pin. 362.

Ses tiges font des efpèces de feuilles ou d'expanfions membraneufes, alongées, élargies en fpatule vers leur fommet, rampantes, ponctuées en-deffus, & chargées de quelques boutons feffiles, rouffâtres, bivalves, & qui renferment un globule feminiforme. On trouve cette plante en Provence fur les rochers, dans les lieux couverts.

1272. Riccie. *Riccia.*

La fructification des Riccies eft feffile, & éparfe fur la fuperficie des feuilles, qui font des extenfions membraneufes, nullement diftinguées des tiges ; elle eft compofée, felon

1272. quelques Auteurs, d'une anthère cylindrique, difposée fur un ovaire turbiné ou en toupie, & traverfée par un ftyle filiforme qui naît du fommet de l'ovaire. Le fruit eft globuleux, & renferme plufieurs femences hémifphériques & pédiculées. *Schreb. Lin. Syft. Nat. pag. 708.* Toutes ces parties ne font encore qu'imparfaitement connues, felon M. de Haller. *Hift. mufc. p. 67.*

Efpèces.

I. Riccie cryftalline. *Riccia cryftallina.* Lin. Sp. 1605.

> *Hepatica paluftris, lobis criftatis.* Vail. 98, tab. XIX, f. 2.

Ses feuilles font membraneufes, vertes, parfemées de petits points ou tubercules blancs, découpées ou lobées à leur fommet, rétrécies vers leur bafe, partent toutes d'un centre commun, & forment fur la terre une petite rofette aplatie. On trouve cette plante dans les lieux humides.

II. Riccie glauque. *Riccia glauca.* Lin. Sp. 1605.

> *Hepatica paluftris, bifurcata, lobis brevioribus, carinatis.* Vail. 98, tab. XIX, f. 1.

Ses feuilles font un peu épaiffes, non chargées de points, canaliculées ou partagées par un fillon longitudinal, fourchues à leur fommet & obtufes en leurs lobes; elles font difpofées en rond comme celles de l'efpèce précédente. On trouve cette plante dans les lieux humides.

III. Riccie flottante. *Riccia fluitans.* Lin. Sp. 1606.

> *Fucus fontanus, pinguis, corniculatus, viridis.* Vail. tab. X, f. 3.

Ses feuilles font vertes, à peine larges d'une ligne, très-ramifiées, légèrement fourchues à leur fommet, & garnies en-deffous de beaucoup de racines auffi menues que des cheveux, qui donnent quelquefois à la plante l'afpect d'un *Conferva.* On trouve cette efpèce dans les mares & les foffés aquatiques.

1273. Anthocère ponctué. *Anthoceros punctatus.* Lin. Sp. 1606.

> *Anthoceros foliis minoribus, magis laciniatis.* Dillen. 476, tab. LXVIII, f. 1.

Ses feuilles font membraneuses, oblongues, élargies vers leur fommet, finuées, prefque laciniées, ponctuées, & difpofées en une petite rofette étalée fur la terre ; elles font d'autant plus courtes qu'elles font difpofées plus près du centre de la rofette, ce qui les fait paroître embriquées. La fructification eft compofée de deux fortes de parties ; les unes, que l'on regarde comme mâles, font des efpèces de cornes fort longues, qui naiffent d'une gaine cylindrique, s'ouvrent en deux valves linéaires & aiguës, & contiennent des globules fufpendus à un filet ou réceptacle libre : les autres font de petites foffettes en étoile, dans lefquelles on obferve des corpufcules féminiformes. On trouve cette plante dans les lieux couverts & humides de la Provence.

1274.

Lichen.

Les Lichens font des extenfions cruftacées, ou coriaces, ou foliacées, ou ramifiées en arbufte, ou enfin filamenteufes, & n'ont point de véritables feuilles diftinguées des tiges ; les parties les plus apparentes de leur fructification font des efpèces de cupules ordinairement orbiculaires, légèrement concaves, quelquefois campanulées, quelquefois planes, & quelquefois convexes ou tuberculeufes : on les regarde comme des fleurs mâles, & l'on prend pour fleurs femelles, des particules farineufes & éparfes, que l'on obferve communément fur ces plantes.

Efpèces.

[a]. Extenfions cruftacées, à cupules tuberculeufes.

I. Lichen écrit. *Lichen fcriptus.* Lin. Sp. 1606.

> *Lichenoides crufta tenuiffima peregrinis veluti litteris infcripta.* Dillen. 125, tab. XVIII, f. 1.

On le trouve fur les troncs d'arbres ; fes extenfions forment une croûte extrêmement mince, couverte de petites lignes noirâtres, difpofées en divers fens, ou inclinées les unes par rapport aux autres, & reffemblant, en quelque manière, à des lettres hébraïques.

1274. **II.** Lichen des hêtres. *Lichen fagineus.* Lin. Sp. 1608.

Lichen cruftaceus, albefcens, fcutis farinaceis. Vail. Parif. 116.

Lichenoides candidum & farinaceum, fcutis feré planis. Dillen. 131, t. XVIII, f. 11.

Cette efpèce forme fur l'écorce des arbres, & particuliè-rement fur celle des hêtres, une croûte blanchâtre, farineufe & grumelée.

III. Lichen en forme de chaux. *Lichen calcareus.* Lin. Sp. 1607.

Lichenoides tartareum, tinctorium, candidum, tuberculis atris. Dillen. 128, tab. XVIII, f. 8.

Cette plante m'a été envoyée du Dauphiné par M. Faujas de Saint-Fond ; elle forme une croûte blanchâtre, très-ma-melonnée, contournée en fes parties, & reffemble à de la chaux par fa fubftance. Je n'ai pas vu fes tubercules.

IV. Lichen des Landes. *Lichen ericetorum.* Lin. Sp. 1608.

Coralloides fungiforme, carneum, bafi leprofa. Dillen. 76, t. XIV, f. 1.

Lichenum ordo 35. Mich. p. 100, tab. LIX.

Ses expanfions forment une croûte blanchâtre, verruqueufe, friable, de laquelle s'élèvent des pédicules un peu épais, longs de deux lignes, & terminés chacun par une tête globuleufe, de couleur de chair, ou d'un rofe-pâle ; ces pédicules ref-femblent à de très-petits champignons. On trouve cette plante dans les landes & les chemins des bois.

V. Lichen fongiforme. *Lichen fungiformis.* Scap. carn. 11, p. 360.

Lichen fungiforme, faxatile, pallide fufcum. Dillen. 78, t. XIV, f. 4.

β. *Lichen byffoydes.* Lin. mant. 133.

Cette efpèce forme fur la terre une croûte grisâtre, ver-ruqueufe, poudreufe, très-inégale, de laquelle s'élèvent des pédicules à peine longs d'une ligne & demie, & terminés chacun par une très-petite tête d'un brun-rougeâtre. Cette

[274. tête est de la grosseur de celle d'une épingle ordinaire. Cette plante m'a été communiquée par M. de Bauvois qui l'a trouvée à Meudon sur de la terre argileuse.

[B] *Extensions crustacées, à cupules en écusson.*

VI. Lichen rubis. *Lichen rubinus.*

> *Lichen crustaceus, tartareus, glaucus, scutis difformibus planis, ruberrimis.* Hall. Hist. n.° 2050.

Cette espèce forme une croûte épaisse, verruqueuse, grisâtre tirant un peu sur la couleur glauque, & chargée de cupules sessiles, planes, irrégulières en leur bord, & d'un rouge très-foncé ; ces cupules ressemblent à des rubis épars sur la superficie de la plante & lui donnent un aspect très-élégant. On trouve cette plante sur les rochers des montagnes du Dauphiné ; elle m'a été communiquée par M. Faujas de Saint-Fond.

VII. Lichen brun. *Lichen subfuscus.* Lin. Sp. 1609.

> *Lichen crustaceus, cinereus, scutis ferrugineis.* Vail. Paris. 116.
>
> *Lichenoides crustaceum & leprosum, scutellis sub fuscis.* Dil. 134, t. XVIII, f. 16.
>
> β. *Lichen crustaceus, leprosus, scutis nigricantibus.* Vaill. Paris. 116.
>
> *Lichenoides crustaceum & leprosum, scutellis nigricantibus, majoribus & minoribus.* Dillen. 33, t. XVIIII, f. 15.

Cette plante croît sur les troncs d'arbres & sur les rochers ; elle forme une croûte d'un blanc-grisâtre ; couverte de cupules planes, sessiles, nombreuses, très-rapprochées les unes des autres, brunes ou noirâtres, & remarquables par leur bord élevé & crénelé.

VIII. Lichen jaunâtre. *Lichen flavicans.*

> *An lichen crusta miniata, tenuissima, inseparabili, scutellis flavis, marginatis.* Hall. hist. n°. 2074.

La croûte que forme cette espèce est très-blanche, mais se décolore & disparoît de bonne heure ; ses cupules sont fort grandes, orbiculaires, presque planes, jaunes & entourées d'un rebord blanc un peu élevé : ce rebord jaunit à mesure

1274. que les cupules vieilliſſent. Cette plante croît ſur les rochers en Dauphiné., & m'a été communiquée par M. Faujas de de Saint-Fond.

I X. **Lichen parelle.** *Lichen parellus.* Lin. mant. 132. [Orſeille d'Auvergne.]

> *Lichenoides leproſum, tinctorium, ſcutellis lapidum cancri figura.* Dillen. 130, t. XVIII, f. 10.
>
> *Lichen cruſtaceus leproſus, ſcutis cinereis.* Vail. Pariſ. 116.

Cette eſpèce croît ſur les murs & ſur les rochers ; ſa ſubſtance eſt une croûte blanchâtre, chargée de cupules ſeſſiles, orbiculaires, un peu concaves & d'une couleur pâle.

[C] *Extenſions foliacées, ſerrées & embriquées.*

X. **Lichen centrifuge.** *Lichen centrifugus.* Lin. Sp. 1609.

> *Lichen imbricatus viridans, ſcutellis badiis.* Dillen. 180, t. XXIV, f. 75.

Ses expanſions forment une roſette elliptique, plane, d'un gris-verdâtre, & compoſées de beaucoup de folioles embriquées, arrondies à leur ſommet & laciniées : les cupules ſont orbiculaires, aſſez grandes, d'un rouge-noirâtre, ſeſſiles & toutes ramaſſées au centre de la roſette. On trouve cette plante ſur les troncs d'arbres.

XI. **Lichen de roche.** *Lichen ſaxatilis.* Lin. Sp. 1609.

> *Lichenoides vulgatiſſimum, cinereo-glaucum, lacunoſum & cirrhoſum.* Dill. p. 188, tab. XXIV, f. 83.
>
> *Lichen opere phrygio ornatus.* Vail. tab. XXI, f. 1.

Ses expanſions ſont sèches, friables & diſpoſées en une roſette inégale en ſa ſuperficie, & d'un gris-olivâtre, tirant un peu ſur la couleur glauque ; ſes folioles ſont élargies, arrondies & découpées ou lobées à leur ſommet ; leur ſurface ſupérieure eſt remarquable par des lignes pulvérulentes, réticulées, & qui reſſemblent en quelque ſorte, à de la broderie ; l'inférieure eſt velue & noirâtre : les cupules ſont rouſſâtres, concaves & d'une grandeur médiocre. On trouve cette plante ſur les rochers & ſur les troncs d'arbres.

[1274.

XII. Lichen ombiliqué. *Lichen omphalodes.* Lin. Sp. 1609.

> *Lichen nigricans, omphalodes.* Tournef. 549. Vail. tab. XX, f. 10.

Ses folioles font très-découpées, lobées, obtufes, glabres, d'un brun rouſſâtre à leur baſe, blanchâtres & farineuſes à leur fommet, embriquées, & difpoſées en une roſette aſſez élégante. On trouve cette plante fur les pierres & fur les troncs d'arbres.

XIII. Lichen olivâtre. *Lichen olivaceus.* Lin. Sp. 1610.

> *Lichen cruſtæ modo arboribus adnaſcens, olivaceus.* Vail. t. XX, f. 8.
>
> β *Lichen pulmonarius, faxatilis, fubtus nigricans, defuper olivæ conditæ colore, receptaculis florum concoloribus.* Mich. 89, t. LI, ord. 19.
>
> *Lichen cruſtæ modo arboribus adnaſcens, pullus.* Tournef. 548.

Ses folioles font découpées, lobées, d'une couleur olivâtre à leur baſe, blanches, farineuſes & brillantes à leur fommet, embriquées & difpoſées en une roſette très-élégante; les cupules occupent le centre de la roſette, font aſſez grandes, rouſſâtres, & ont leur bord rude & comme crénelé : la variété β a ſes cupules un peu plus petites, & liſſes en leur bord. On trouve cette plante fur les pierres & fur les troncs d'arbres.

XIV. Lichen des murs. *Lichen parietinus.* Lin. Sp. 1610.

> *Lichen Diofcoridis & Plinii fecundus, colore flaveſcente.* Col. ecph. 331. Tournef. 548.
>
> *Lichenoides vulgare, finuoſum, foliis & fcutellis luteis.* Dill. 180, t. XXIV, fig. 76.

Cette eſpèce eſt très-commune fur les murailles, les pierres & l'écorce des arbres, où elle forme des roſettes planes, très-adhérentes & d'un jaune plus ou moins foncé; ſes folioles font petites, à peine embriquées, élargies, arrondies, lobées, ondulées & comme friſées à leur fommet : les cupules font légèrement pédiculées, orbiculaires & de même couleur que les folioles, ou quelquefois d'un jaune rouſſâtre.

1274. XV. Lichen enflé. *Lichen physodes.* Lin. Sp. 1610.

Lichen crustæ modo arboribus adnascens, tenuiter divisus, Tournef. 548.

Lichenoides ceratophyllum, obtusius & minus ramosum. Dill. 154, t. XX, f. 49.

Ses folioles sont multifides & ont leurs lobes enflés, presque tubulés & corniformes : elles sont d'un blanc cendré en-dessus & noirâtres en-dessous. On trouve cette plante sur les arbres.

XVI. Lichen étoilé. *Lichen stellaris.* Lin Sp. 1611.

Lichen pulmonarius, vulgatissimus, superne albo-cinereus, inferne nigricans, segmentis angustis, receptaculis nigricantibus. Mich. gen. 91, tab. XLIII, f. 2.

Ses expansions sont profondément divisées en découpures un peu étroites, presque ramifiées, d'un blanc cendré en-dessus, noirâtres en-dessous, & disposées en une rosette plane, mais un peu lâche : les cupules sont nombreuses, brunes ou noirâtres, & occupent le centre de la rosette. On trouve cette plante sur les arbres.

[D] *Extensions foliacées, lâches ou non embriquées.*

XVII. Lichen cilié. *Lichen ciliaris.* Lin. Sp. 1611.

Lichen cinereus, latifolius aculeatus, umbilicis nigricantibus. Tournef. 549.

Lichen cinereus, arboreus, marginibus fimbriatis. Vail. tab. XX, f. 4.

β. *Lichen cinereus, arboreus, marginibus fimbriatis.* Tournef. 550.

Lichen cinereus, minor, marginibus pilosis. Vail. t. XX, f. 5.

Cette espèce est très-commune sur le tronc des arbres, où elle forme des gazons aplatis & d'un blanc grisâtre ; ses expansions sont très-ramifiées, un peu étroites, convexes, & garnies de cils durs, noirâtres & presque piquans : les cupules sont orbiculaires, légèrement pédiculées, planes, noirâtres & entourées d'un rebord blanc un peu élevé. La variété β est beaucoup plus finement ramifiée, & a ses cils moins durs.

XVIII.

1274. **XVIII.** Lichen d'Islande. *Lichen Islandicus.* Lin. Sp. 1611.

> *Lichenoides rigidum, eryngii folia referens.* Dillen. 209, t. XXVIII, f. 111.
>
> *Lichen pulmonarius, minor, angustifolius, &c.* Mich. 85, t. XLIV, f. 4.
>
> β *Lichenoides eryngii folia referens, tenuioribus & crispioribus foliis.* Dillen. 212, tab. XXVIII, f. 112.

Ses ramifications sont dures, lisses en leur superficie, d'une couleur fauve ou d'un gris roussâtre, un peu convexes en-dessus, concaves en-dessous, & bordées de cils très-fins ; elles varient beaucoup dans leur forme & leur largeur. J'ai des individus qui ressemblent en quelque sorte aux cornes de daim, & d'autres tout-à-fait ramifiés en arbustes : les cupules terminent les rameaux. On trouve cette plante dans les lieux stériles & montueux, sur la terre : elle est un peu amère, astringente & anti-phtisique.

XIX. Lichen blanc. *Lichen candidus.*

> *Lichenoides lacunosum, candidum, glabrum, endiviæ crispæ facie.* Dillen. 162, t. XXI, f. 56.
>
> *Lichen nivalis.* Lin. Sp. 1612.

Cette espèce forme un gazon très-garni, dense & diffus ; ses expansions sont dures, rameuses, hautes d'un pouce ou un peu plus, convexes d'un côté, concaves de l'autre, foliacées, laciniées, ondulées & frisées vers leur sommet : elles sont blanches dans leur partie supérieure, & d'un pourpre brun à leur base. On trouve cette plante dans les montagnes du Dauphiné.

XX. Lichen ochreux. *Lichen ochrolecus.*

> *An Lichen convexo-concavus, lacunatus & glaber, ramis crispatis, subluteis.* Hall. hist. n.° 1977.

Ses ramifications sont nombreuses, élargies vers leur sommet, un peu concaves, ondulées, contournées, frisées, d'un blanc jaunâtre, & beaucoup plus molles que celles de l'espèce précédente ; on les observe quelquefois tout-à-fait jaunes & très-laciniées. Cette plante croît en Dauphiné, & m'a été communiquée, ainsi que la précédente, par M. Faujas de Saint-Fond.

1274. XXI. Lichen pulmonaire. *Lichen pulmonarius.* Lin. Sp. 1612.

> *Lichen arboreus, sive pulmonaria arborea.* Tournef. 549.
> *Lichenoides pulmoneum, reticulatum, vulgare, marginibus peltiferis.* Dillen. 212, tab. XXIX, f. 113.

Cette espèce forme des expansions fort amples, coriaces, laciniées, anguleuses, lisses en-dessus, réticulées, & remarquables par des excavations ou fossettes nombreuses & presque alvéolaires : leur surface postérieure est bosselée, & couverte d'un duvet court & farineux. On trouve cette plante dans les bois, sur le tronc des arbres ; elle est un peu amère, astringente, pectorale & desiccative.

XXII. Lichen à feuilles d'absinthe. *Lichen absinthifolius.*

> *Lichen Alpinus, cornua cervi referens, subtùs anthracinus, desuper cinereus, receptaculis florum amplioribus, intùs fuscis.* Mich. p. 76, ord. IV, tab. XXXVIII, f. 1.
> *Lichen furfuraceus.* Lin. Sp. 1612.

Ses expansions forment des espèces de feuilles longues de deux pouces ou davantage, très-ramifiées vers leur sommet, corniformes, molles, convexes, & d'un blanc grisâtre en-dessus, concaves en-dessous, d'une couleur noirâtre, & réticulées : leurs dernières ramifications sont étroites, courtes & bifides. On trouve cette plante sur les troncs d'arbres, dans les montagnes du Dauphiné.

XXIII. Lichen farineux. *Lichen farinaceus.* Lin Sp. 1613.

> *Lichen cinereus, ramosus, verrucosus.* Vaill. tab. XX, f. 13 & 14.
> *Lichenoides segmentis angustioribus, ad margines verrucosis & pulverulentis.* Dill. 172, tab. XXIII, f. 63.
> β. *Lichen cornua damæ referens, angustifolius.* Vail. tab. XX, f. 7.

Ses ramifications sont très-étroites, pointues, un peu aplaties, blanches, lisses en leur surface, soit supérieure, soit postérieure, & redressées ou disposées en un faisceau diffus ; elles sont garnies en leurs bords de petites cupules sessiles & farineuses. Cette plante est commune sur les troncs d'arbres.

1274. **XXIV.** Lichen à goblets. *Lichen calicaris.* Lin. Sp. 1613.

Lichen cinereus, latifolius, ramosus. Tournef. 550. Vaill. t. XX, f. 6.

Cette espèce a beaucoup de rapport avec la précédente ; mais ses ramifications sont un peu plus larges, & ont de chaque côté des excavations longitudinales : elles sont chargées en leurs bords de quelques cupules légèrement pédiculées, farineuses, concaves, & qui ressemblent à de petits gobelets. On trouve cette plante sur les troncs d'arbres.

XXV. Lichen de frêne. *Lichen fraxineus.* Lin. Sp. 1614.

Lichen pulmonarius, cinereus, mollior, in amplas lacinias divisus. Tournef. 549, tab. CCCXXV, f. *a*, *b*.

Ses expansions forment de grandes lanières fort longues, quelquefois larges d'un pouce, grisâtres, glabres, rudes, ridées, & couvertes de petites excavations & d'aspérités remarquables ; les cupules sont légèrement pédiculées, quelquefois fort amples, & d'une couleur pâle ou un peu roussâtre. On trouve cette plante sur les troncs d'arbres.

XXVI. Lichen de prunellier. *Lichen prunastri.* Lin. Sp. 1614.

Lichen cinereus, vulgatissimus, cornua damæ referens. Vail. 115, tab. XX, fig. 11 & 12.

Ses expansions sont très-ramifiées, aplaties, d'un gris légèrement verdâtre en-dessus, avec de petites fossettes, & blanches, farineuses, & un peu concaves en-dessous. Cette plante est très-commune sur les troncs d'arbres.

XXVII. Lichen froncé. *Lichen caperatus.* Lin. Sp. 1614.

Lichen pulmonarius, saxatilis, maximus, Vaill. Paris. 116.
Lichenoides caperatum, rosaceæ expansum, e sulfureo virens. Dill. 193, t. XXV, f. 97.

Ses expansions forment une rosette assez large, très-plane, d'un vert pâle, un peu jaunâtre, ridée ou froncée en sa superficie, & arrondie, crénelée, & comme festonnée en sa circonférence ; cette rosette est d'une couleur noire en-

1274. deſſous : ſes cupules ſont grandes , ſeſſiles , concaves & rouſſâtres. On trouve cette plante ſur les pierres & au pied des arbres.

XXVIII. Lichen glauque. *Lichen glaucus.* Lin. Sp. 1615.

Lichen pulmonarius , ſaxatilis , cinereus , minor , umbilicis nigricantibus. Vail. t. XXI, f. 12. Tournef. 549.

Cette eſpèce forme une roſette moins aplatie que celle de la précédente, foliacée, friſée, & d'un gris bleuâtre ou d'une couleur glauque ; ſes expanſions ou folioles ſont blanches en leur bord , & noirâtres en - deſſous : ſes cupules ſont petites & médiocrement concaves. On trouve cette plante ſur les troncs d'arbres.

XXIX. Lichen replié. *Lichen convolutus.*

An lichen criſpus, convolutus , fronde olivaceâ , ſcrobiculoſâ , marginibus polliniferis. Hall. Hiſt. n.° 2012.
An lichen reſupinatus. Lin. Sp. 1615.

Cette eſpèce eſt fort belle ; ſes expanſions ſont compoſées de beaucoup de feuilles d'un vert jaunâtre, laciniées, lobées, friſées & roulées en-deſſus ; leur ſurface inférieure eſt d'un blanc-de-lait, & ſe trouve en grande partie à découvert, par l'eſpèce de roulement des feuilles, ce qui fait paroître la plante panachée, d'une couleur d'olive & d'un beau blanc. Je n'ai pas vu ſes cupules. J'ai trouvé cette plante ſur la côte sèche qui eſt entre Celloville & Belbeuf, aux environs de Rouen.

[E]. *Extenſions coriaces.*

XXX. Lichen de terre. *Lichen terreſtris.*

Lichen pulmonarius , ſaxatilis , digitatus , major , cinereus. Tournef. 549.
Lichen terreſtris , cinereus. Vail. tab. XXI, f. 16.
Lichen caninus. Lin. Sp. 1616.

Cette eſpèce rampe ſur la terre, & forme des expanſions aſſez larges, planes, lobées, d'un gris cendré en - deſſus, quelquefois un peu rouſſâtres, & garnies en leurs bords, de cupules ovales, unguiformes, & d'un rouge brun ; ſa ſurface

[1274.

inférieure eſt blanchâtre, réticulée, & ſouvent garnie de radicules nombreuſes, qui la font paroître velue. On trouve cette plante dans les bois ſur la mouſſe & ſur la terre. On la dit bonne contre la morſure des chiens enragés ; mais cette vertu n'eſt pas confirmée.

XXXI. Lichen ſafrané. *Lichen croceus.* Lin. Sp. 1616.

Lichenoides ſubtus croceum, peltis appreſſis. Dill. 221, t. XXX, f. 120.

Cette eſpèce a beaucoup de rapport avec la précédente ; ſes expanſions ſont rampantes, planes, inciſées, lobées, griſes ou verdâtres en-deſſus, veinées, & d'une belle couleur de ſafran en-deſſous : les cupules ſont orbiculaires, d'un rouge brun, & diſpoſées comme des taches ſur la ſuperficie de cette plante, ſans former de ſaillie remarquable. On la trouve dans les montagnes du Dauphiné.

XXXII. Lichen à pochettes. *Lichen ſaccatus.* Lin. Sp. 1616.

Lichenoides lichenis facie, peltis acetabulis immerſis. Dill. 223, t. XXX, f. 121.

Cette eſpèce reſſemble un peu à la précédente, mais ſes expanſions ſont moins larges, plus coriaces, arrondies, lobées, & remarquables par des enfoncemens ſemblables à de petites poches éparſes ſur leur ſuperficie, au fond deſquels ſont diſpoſées des cupules petites & noirâtres. On trouve cette plante en Dauphiné ſur les rochers.

XXXIII. Lichen puſtuleux. *Lichen puſtulatus.* Lin. Sp. 1617.

Lichen cruſtæ modo ſaxis adnaſcens, verrucoſus, cinereus & veluti deuſtus. Tournef. 549. Vail. tab. XX, f. 9.

Cette plante forme une croûte plane, arrondie, lobée, d'une couleur griſâtre, couverte de puſtules en ſa ſuperficie, & remarquable en ſa partie poſtérieure par beaucoup de petits enfoncemens qui la font paroître réticulée. On la trouve ſur les pierres.

1274. XXXIV. Lichen brûlé. *Lichen deuftus.* Lin. Sp. 1618.

> *Lichen pulmonarius, faxatilis, e cinereo fufcus, minimus.*
> Tournef. 549. Vail. tab. XXI, f. 14.

> β *Lichen miniatus.* Lin. Sp. 1617. Ex fide Cl. Guettard,
> p. 30, n.° 6.

Sa fubftance forme une croûte coriace, arrondie, lobée ou légèrement découpée en fes bords, ponctuée, & d'un gris fale en-deffus : fa furface inférieure eft brune, rouffâtre dans fa partie moyenne, & boffelée médiocrement ou chagrinée. On trouve cette plante fur les rochers.

XXXV. Lichen polirife. *Lichen polyrhifos.* Lin. Sp. 1618.

> *Lichenoides pullum fuperne & glabrum, inferne nigrum & cirrhofum.* Dillen. 226, t. XXX, f. 130.

Cette efpèce eft très-remarquable & me paroît fuffifamment diftinguée de la précédente ; fa fubftance forme une croûte plus découpée, moins aplatie, d'une couleur enfumée, & chargée de cupules légèrement pédiculées, petites & d'un beau noir : fa partie poftérieure eft d'un brun rougeâtre, nue dans fon milieu, & hériffée vers fes bords de beaucoup de racines, courtes, roides, noires, & quelquefois rameufes. On trouve cette plante en Dauphiné fur les rochers : elle m'a été communiquée par M. Faujas de Saint-Fond.

[F] *Cupules en forme de vafe ou d'entonnoir.*

XXXVI. Lichen coccifère. *Lixen cocciferus.* Lin. Sp. 1618.

> *Lichen pyxidatus, oris coccineis & tumentibus.* Vail. 115, tab. XXI, f. 4. Tournef. 549.

Ses entonnoirs font droits, hauts de cinq à fept lignes, grisâtres & chargés en leur bord de tubercules fongueux, d'un rouge-écarlate très-vif. On trouve cette plante fur la terre, dans les landes & les bois.

1274. XXXVII. Lichen pixide. *Lichen pyxidatus.* Lin. Sp. 1619.

> *Lichen pyxidatus, major.* Tournef. 549. Vail. t. XXI, f. 8.
>
> β. *Lichen pyxidatus minor.* Tournef. Ibid. Vail. t. XXI, f. 6.
> *Lichen fimbriatus.* Lin. Sp. 1619.
>
> γ. *Lichen pyxidatus, major acetabulo fimbriato & tuberculofo.* Vail. t. XXI, f. 11.

Ses entonnoirs font fimples, grisâtres, entiers en leur bord, & point chargés de tubercules; ceux de la variété β ont leur pédicule un peu grêle, cylindrique, blanchâtre, & font crénelés ou denticulés en leurs bords. La variété γ a fes entonnoirs évafés, frangés & chargés de tubercules bruns. On trouve cette plante fur la terre dans les lieux ftériles, fur les murs, & fur le bord des allées des bois.

XXXVIII. Lichen prolifère. *Lichen prolifer.*

> α. *Lichen pyxidatus, margine prolifero, fcabro.* Vail. t. XXI, f. 9.
> *Lichen pyxidatus, extus prolifer.* Hall. hift, n.° 1926.
>
> β. *Lichen fquamofus, acetabulis denfe aggeftis.* Vail. t. XXI, f. 10.
> *Lichen infundibulis proliferis, fungulis atrofufcis.* Hall. hift, n.° 1928.
>
> γ. *Lichen pyxidatus, prolifer.* Vail. t. XXI, f. 5.
> *Lichen infundibulis glabris, proliferis.* Hall. hift. n.° 1923.

Cette efpèce n'eft point rameufe comme la fuivante, & fe diftingue de celle qui précède, par fes entonnoirs prolifères, c'eft-à-dire, chargés d'autres entonnoirs; elle offre plufieurs variétés remarquables, & que l'on pourroit diftinguer comme des efpèces. La première α, pouffe fur le bord de fon entonnoir principal d'autres petits entonnoirs prefque cylindriques, très-grêles, peu évafés, rougeâtres en leur bord & fans tubercules: la feconde β, a fon entonnoir principal difforme, & garni en fes bords d'autres entonnoirs courts, nombreux, un peu ramaffés & bordés de tubercules d'un brun-noirâtre; enfin, la troifième γ, fe diftingue par fes entonnoirs qui naiffent fucceffivement les uns du fommet des autres, & qui ont leur bafe élargie en foucoupe renverfée. On trouve cette plante dans les lieux ftériles & fur le bord des bois.

1274. **XXXIX.** Lichen diffus. *Lichen diffusus.*

Lichen pyxidatus, endiviæ crispæ folio, prolifer, acetabulorum oris crispis. Tournef. 549. Vail. tab. XXI, f. 3.

Coralloides scyphiforme, foliis alcicorniformibus, cartilaginosis. Dillen. 87, t. XIV, f. 12.

Ses expansions sont très-ramifiées, diffuses, dures & garnies d'espèces de feuilles laciniées, frisées, d'un brun-olivâtre endessus, & fort blanches en dessous. Ses entonnoirs sont un peu aplatis, foliacés & laciniés en leur hord. On trouve cette plante dans les lieux montagneux & pierreux.

XL. Lichen cylindrique. *Lichen cylindricus.*

Coralloides scyphiforme, elatius, caulibus gracilibus, glabris. Dill. 88, t. XIV, f. 13.

Lichen gracilis. Lin. Sp. 1619.

β. *Lichen pyxidatus, teres, acetabulis minoribus, repandis.* Tournef. 549.

Lichen deformis. Lin. Sp. 1620.

Ses expansions sont cylindriques, fistuleuses, un peu rameuses, grêles, corniformes, hautes de deux ou trois pouces, & terminées, ou par une pointe, ou par une cupule peu évasée & prolifère. La variété β a ses expansions plus simples, moins grêles & terminées par des cupules dentées & tuberculeuses en leur bord. On trouve cette plante dans les lieux montagneux & les Landes.

XLI. Lichen cornu. *Lichen cornutus.* Lin. Sp. 1620.

Coralloides non ramosa, tubulosa. Vail. Parif. 42.

Cette espèce a presque la forme d'une clavaire ; sa tige ressemble à une corne haute d'un pouce ou un peu plus, souvent très-simple & pointue, quelquefois partagée en une couple de rameaux pareillement pointus, & d'une couleur cendrée, mêlée ou tachée de brun : ses cupules sont petites, infundibuliformes & peu évasées. On trouve cette plante sur la terre, dans les landes.

1274.

XLII. Lichen des Rennes. *Lichen rangiferinus.* Lin. Sp. 1620.

> *Coralloïdes corniculis candidissimis.* Tournef. 565.
>
> *Coralloïdes corniculis rufescentibus.* Ibid.

Ses expansions forment des espèces de tiges très-nombreuses, extrêmement rameuses, ramassées, cylindriques, creuses, tout-à-fait blanches, & hautes de deux à quatre pouces; leurs dernières ramifications sont courtes, très-menues, & souvent inclinées ou penchées. La variété β a ses dernières ramifications brunes ou roussâtres, très-petites, nombreuses, rapprochées entre elles, & comme palmées. Cette plante est commune dans les bois & les landes; les Rennes en font leur principale nourriture.

XLIII. Lichen subulé. *Lichen subulatus.* Lin. Sp. 1621.

> *Coralloïdes cornua cervi referens, corniculis brevioribus [& longioribus].* Tournef. 565. Vail. t. XXVI, f. 7.
>
> β. *Coralloïdes cornua cervi referens, corniculis aduncis.* Vail. 42.
>
> γ. *Coralloïdes cornua cervi referens, glabra [& aspera], corniculis tenuioribus, bifurcatis.* Vail. 42, t. VII, f. 7; & t. XXVI, f. 8.

Ses expansions forment des tiges grêles, droites, hautes d'un pouce & demi, d'un gris-brun à leur base, blanches à leur sommet, & divisées en un petit nombre de rameaux peu ouverts; ces rameaux sont souvent simples, droits ou crochus, quelquefois fourchus, très-pointus & corniformes. On trouve cette espèce dans les mêmes lieux que la précédente.

XLIV. Lichen onciale. *Lichen unciale.* Lin. Sp. 1621.

> *Coralloïdes tubulosa, ramulis crassioribus.* Vail. 42.

Cette espèce ne s'élève qu'à la hauteur d'un pouce, ses tiges sont creuses, & divisées en rameaux très-courts & pointus. On la trouve dans les landes & sur le bord des bois.

1274. **XLV.** Lichen paſchal. *Lichen paſchalis.* Lin. Sp. 1621.

> *Lichen alpinus, ramoſus, glaucus, botryoides.* Mich. 78, t. LIII, f. 7.

Cette plante eſt remarquable par ſes ramifications abondamment chargées d'une eſpèce de croûte farineuſe, qui les rend un peu denſes, & les fait paroître comme fleuries ou couvertes d'une poudre d'un blanc-cendré & preſque glauque. On la trouve ſur les montagnes de la Provence & du Dauphiné.

XLVI. Lichen roccelle. *Lichen roccella.* Lin. Sp. 1622.

[Orſeille des Canaries].

> *Lichen græcus, polypoides, tinctorius, ſaxatilis.* Tournef. cor. 40, Mich. gen. 77.

> *Coralloides corniculatum, faſciculare, tinctorium, ſuci teretis facie.* Dill. 120, t. XVII, f. 39.

Ses ramifications ſont hautes d'un à deux pouces, droites, cylindriques ou légèrement comprimées, non fiſtuleuſes, pointues, corniformes, & chargées latéralement de cupules alternes, tuberculeuſes, pulvérulentes & d'une couleur cendrée. On trouve cette plante en Provence dans les lieux maritimes, ſur les rochers ; on en tire une teinture purpurine ou violette.

XLVII. Lichen à gazon. *Lichen ceſpitoſus.*

> *Coralloides minimum, fragile, madreporæ inſtar naſcens.* Dillen. 101, tab. XVI, f. 28.

Ses tiges ſont droites, hautes d'un pouce & ſouvent moins, rameuſes, fiſtuleuſes, & ramaſſées en gazon épais, dur & extrêmement ſerré ; elles ſont chargées par place, de petites croûtes foliacées, d'un gris verdâtre & preſque glauque : leurs rameaux ſont courts, & leurs dernières ramifications ſont très-petites, ſpinuliformes & rouſſâtres. On trouve cette plante dans les montagnes du Dauphiné.

1274. [h]. *Extensions filamenteuses, pendantes ou étalées; cupules presque planes.*

XLVIII. Lichen entrelacé. *Lichen implexus.*

> *Usnea vulgaris, loris longis, implexis.* Dill. 56, t. II, f. 1.
> *Muscus arboreus, usnea officinarum.* Bauh. pin. 361.
> *An lichen plicatus.* Lin. Sp. 1622. *Vide* Hall. Lichen n.° 1971. Hist.

Ses tiges sont longues, rameuses, filamenteuses, penchées ou pendantes, entrelacées & grisâtres; ses cupules sont planes & radiées ou bordées de cils. On trouve cette plante dans les bois, sur les branches des vieux arbres; son odeur est agréable, sur-tout lorsqu'elle croît sur les pins : on la dit bonne contre l'hémorragie des narines.

XLIX. Lichen barbu. *Lichen barbatus.* Lin. Sp. 1622.

> *Usnea barbata, loris tenuibus, fibrosis.* Dill. 63, t. XII, f. 6.

Cette plante est composée de fibres menues, cylindriques, très-ramifiées, filamenteuses, molles, d'une couleur pâle, & quelquefois jaunâtres; ses ramifications sont un peu ouvertes. On la trouve dans les bois, sur les arbres.

L. Lichen articulé. *Lichen articulatus.* Lin. Sp. 1623.

> *Muscus arboreus, nodosus.* Bauh. pin. 361.
> *Usnea capillacea & nodosa.* Dill. 60, t. XI, f. 4.

Cette plante a beaucoup de rapport avec la précédente, & n'en est peut-être qu'une variété, comme le pense M. Guettard; elle est remarquable par ses tiges articulées ou garnies de nœuds, & par ses ramifications très-menues & ponctuées. On la trouve sur les arbres.

LI. Lichen fleuri. *Lichen floridus.* Lin. Sp. 1624.

> *Lichen cinereus, vulgaris, capillaceo folio, minor.* Tournef. 550.
> *Usnea vulgatissima, tenuior & brevior, cum orbiculis.* Dill. musc. 69, tab. XIII, f. 13.

Ses rameaux sont longs de deux ou trois pouces, cylindriques, garnis de beaucoup de filamens simples & presque

1274. capillaires, & ne pendent pas comme ceux des trois efpèces précédentes, mais font redreffés ou fimplement épars ; les cupules font des écuffons affez grands, orbiculaires & radiés. On trouve cette plante fur les branches des vieux arbres, dans les bois.

LII. Lichen doré. *Lichen aureus.*

Ufnea capillacea, citrina, fruticuli fpecie. Dill. 73, tab. XIII, f. 16.

Lichen vulpinus. Lin. Sp. 1623.

Cette efpèce eft d'un jaune verdâtre dans fa jeuneffe, & devient par la fuite d'un jaune doré très-remarquable ; fes ramifications font nombreufes, un peu aplaties, couvertes de petites excavations, étroites, filamenteufes, très-divifées, la plupart redreffées, & difpofées en un paquet lâche ou en un faifceau diffus. On la trouve fur les arbres, & particulièrement fur les fapins.

LIII. Lichen jayet. *Lichen gagates.*

Coralloides corniculatum, fuci tenuioris facie. Dill. 118, t. XVII, f. 37.

Lichen fruticofus, alpinus, minimus, nigerrimus. Hall. enum. p. 70, t. II, f. 1.

Cette efpèce eft fort petite, un peu purpurine dans fa jeuneffe, & devient enfuite d'un beau noir ; fes tiges font longues de fix lignes, très-menues, rameufes ou plufieurs fois fourchues, dures, liffes, noires, nombreufes, & difpofées en un petit gazon ou en rofette denfe ; fes cupules font petites, très-noires, & planes ou légèrement convexes, mais point concaves. On trouve cette plante en Dauphiné, fur les rochers ; elle m'a été communiquée par M. Faujas de Saint-Fond.

1275. Tremelle. *Tremella.*

Les Tremelles font des plantes très-fimples, compofées d'une fubftance gelatineufe, étendue fous diverfes formes, & dont la fructification n'eft prefque point fenfible.

Espèces.

I. Tremelle noftoc. *Tremella noftoc.* Lin. Sp. 1625.

> *Noftoc ciniftonum.* Vail. Parif. 144. Tournef. Parif. t. II, p. 463.
>
> *Noftoc.* Reaumur. act. 1722, p. 121.
>
> β. *Noftoc nigricans, arboribus innafcens.* Vail. 144.

Subftance gélatineufe, d'un vert pâle, prefque tranfparente, ondulée, pliffée, que l'on n'aperçoit qu'après la pluie, & qui difparoît dans les temps fecs; cette fubftance s'enfle & s'étend lorfqu'elle eft imbibée d'eau, & s'affaiffe, fe contracte & devient prefque invifible lorfqu'elle eft sèche. M. de Haller regarde les globules que l'on obferve dans fes plis, comme des efpèces de bourgeons & non comme des femences. On trouve cette plante fur la terre dans les prés, les allées des jardins & les bois : fa variété naît fur les arbres.

II. Tremelle lichenoïde. *Tremella lichenoides.* Lin. Sp. 1625.

> *Lichen terreftris, minimus, fufcus.* Lin. Sp. 1625.

Cette efpèce eft un peu membraneufe, foliacée, laciniée, frifée, & d'un rouge livide ou d'un bleu noirâtre. On la trouve fur la terre dans les lieux couverts & les bois.

III. Tremelle oreillette. *Tremella auricula.* Lin. Sp. 1625.

> *Agaricus auriculæ formâ.* Tournef. 562. Mich. t. LXVI, f. 1.
>
> *Peziza auricula.* Lin. Syft. p. 725.

Sa fubftance eft étendue en une membrane arrondie ou elliptique, concave, ridée & remarquable par des plis qui reffemblent en quelque forte à ceux de l'oreille humaine : elle eft grifâtre & comme velue en-deffous. On trouve cette plante fur le tronc des vieux arbres, & particulièrement fur le fureau.

IV. Tremelle verruqueufe. *Tremella verrucofa.* Lin. Sp. 1625.

> *Tremella fluviatilis, gelatinofa & utriculofa.* Dill. 54, t. X, f. 16.
>
> β. *Tremella difformis.* Lin. Sp. 1626.

Sa fubftance eft véficuleufe, tuberculeufe, molle ou

1275. caffante, lobée, difforme & brune, ou d'un vert rouffâtre. On trouve cette efpèce dans les ruiffeaux, attachée fur les pierres, ou flottante à la furface de l'eau, felon l'obfervation de M. Guettard.

V. Tremelle pourprée. *Tremella purpurea.* Lin. Sp. 1626.

Noftoc granulofus·, coccineus , arboribus innafcens. Vail. 144.

Cette efpèce forme des tubercules globuleux, feffiles, folitaires, glabres, d'une belle couleur pourpre, petits & reffemblant à des grains. On la trouve fur les rameaux fecs des arbres & fur leur tronc.

1276. Varec. *Fucus.*

Les Varecs font des plantes aquatiques, membraneufes, coriaces, & dont la fructification n'eft pas beaucoup plus connue que celle des tremelles. Ces plantes ont la plupart des véficules affez remarquables, & qui fervent, felon quelques auteurs, à les foutenir dans l'eau : ces véficules, felon d'autres, font de différentes fortes ; les unes font velues en-dedans, & paffent pour des fleurs mâles ; les autres font remplies de matière gélatineufe, & ont leur furface par-femée de points tuberculeux. On les regarde comme des fleurs femelles.

Les véficules velues ne font, felon M. Guettard, que des houpes de poils, qu'il ne croit pas néceffaire à la fruc-tification de ces plantes.

Efpèces.

I. Varec flottant. *Fucus natans.* Lin. Sp. 1628.

Fucus folliculaceus, ferrato folio. Tournef. 568.

Sa tige eft filiforme, très-rameufe, & garnie de beaucoup de feuilles lancéolées, dentées & fort rapprochées les unes des autres ; elle eft chargée dans prefque toute fa longueur de véficules globuleufes pédunculées, & quelquefois fur-montées par une petite pointe ou un filet court. Cette plante a été obfervée fur les bords de la Méditerranée par M. Gouan.

1276.

II. Varec grenu. *Fucus acinarius.* Lin. Sp. 1623.

Fucus folliculaceus, linariæ folio. Tournef. 568.

Cette espèce ressemble beaucoup à la précedente, mais ses feuilles sont très-étroites, linéaires & entières en leurs bords; ses vésicules sont des grains pédunculés & extrêmement petits. M. Gérard a observé cette plante sur le bord de la mer, en Provence.

III. Varec denté. *Fucus serratus.* Lin. Sp. 1626.

Fucus sive alga latifolia, major, dentata. Morif. Hift. 3, p. 648, fec. 15, tab. IX, f. 1.

Ses expansions forment des espèces de feuilles alongées, planes, rameuses ou fourchues, garnies d'une côte ou nervure longitudinale, dentées en leurs bords, & chargées de tubercules vers leur sommet. Cette plante a été observée sur les côtes de l'Océan par M. Guettard.

IV. Varec vésiculeux. *Fucus vesiculosus.* Lin. Sp. 1626.

Fucus maritimus vel quercus maritima, vesiculas habens. Tournef. 566.

Ses expansions forment des espèces de feuilles alongées, ondulées, découpées en plusieurs lanières, non dentées en leurs bords, & chargées de vésicules vers leur sommet. Cette espèce est commune sur les bords de la mer.

V. Varec céranoïde. *Fucus ceranoides.* Lin. Sp. 1626.

Fucus humilis, dichotomus, ceranoides, latioribus foliis ut plurimum verrucosis. Tournef. 567. Morif. h. 3, p. 646, f. 15, t. VIII, f. 13.

β. *Fucus lacerus.* Lin. Sp. 1627.

Ses expansions forment des espèces de feuilles moins longues que celles des deux espèces précédentes, planes, dichotomes, entières en leurs bords, laciniées, & vésiculeuses à leur sommet; ces feuilles vont en s'élargissant vers leur extrémité, qui est comme tronquée & frangée ou bifide. Cette plante a été observée en Provence sur les bords de la mer par M. Gérard.

1276.

VI. Varec découpé. *Fucus excisus.* Lin. Sp. 1627.

Fucus dichotomus, membranaceus, ex viridi flavescens, cera-
noides, angulos rotundiusculos efformans. Morif. h. 3,
p. 646, f. 15, t. VIII, f. 11.
Fucus canaliculatus. Lin. Syst. Nat. p. 716.

Cette espèce est petite; ses expansions sont planes, linéaires,
découpées & ramifiées vers leur sommet, concaves ou canaliculées d'un côté, & un peu convexes de l'autre. M. Guettard
a observé cette plante du côté des Sables d'Olonne.

VII. Varec noueux. *Fucus nodosus.* Lin. Sp. 1628.

Fucus maritimus, nodosus. Tournef. 566.

Ses expansions sont longues, étroites, planes, un peu
ramifiées, & garnies d'espace en espace, de vésicules ovales,
qui naissent de la dilatation de leur substance, & qui les
font paroître noueuses. On trouve cette plante sur les bords
de la mer.

VIII. Varec siliqueux. *Fucus siliquosus.* Lin. Sp. 1629.

Fucus marinus, alter, tuberculis paucissimis. Tournef. 566.

Ses expansions sont longues, menues, & beaucoup plus
ramifiées que celles de l'espèce précédente; les vésicules sont
oblongues, & naissent vers le sommet des ramifications.
M. Guettard a trouvé cette plante aux environs des Sables
d'Olonne.

IX. Varec à feuilles d'auronne. *Fucus abrotanifolius.*

Corallina abrotanifolio. Tournef. 571.
Fucus selaginoides. Lin. mant. 134.

Sa tige est filiforme, longue de six pouces, tortueuse &
très-ramifiée dans sa partie supérieure; ses ramifications sont
très-menues, courtes, en alène, & vésiculaires à leur base.
Cette plante a été observée en Provence, sur le bord de
la mer, par M. Gérard.

X.

1276.

X. Varec filiforme. *Fucus filiformis.*

> *Alga nigra, capillaceo folio.* Tournef. 569.
> *Fucus filum.* Lin. Sp. 1631.

Ses expansions sont longues de plusieurs pieds, cylindriques, filiformes, simples, un peu fermes ou cassantes, & ressemblent à de longues cordes très-menues; elles deviennent noirâtres en se séchant. On trouve cette plante sur le bord de la mer.

XI. Varec palmé. *Fucus palmatus.* Lin. Sp. 1630.

> *Fucus foliaceus, humilis, palmam humanam referens.* Tourn. 566. Morif. h. 3, p. 646, f. 15, t. VIII, f. 1.

Ses expansions sont planes, palmées & divisées en plusieurs lanières plus ou moins larges, qui ressemblent à des digitations. Cette espèce a été observée sur le bord de la mer en Languedoc, par M. Gouan.

XII. Varec digité. *Fucus digitatus.* Lin. mant. 134.

> *Fuscus arboreus, polyschides edulis.* Tournef. 756.

Cette espèce est fort grande; sa tige est longue, cylindrique, assez épaisse & s'épanouit en plusieurs digitations ou folioles ensiformes. On trouve cette plante sur le bord de la mer.

XIII. Varec cartilagineux. *Fucus cartilagineus.* Lin. Sp. 1630.

> *Muscus maritimus, tenuissime dissectus, ruber.* Bauh. pin. 363.
> *An corallina rubens, millefolii feré divisura.* Tournef. 571.

Cette plante a un port très-élégant; sa tige se divise en beaucoup de ramifications étroites, comprimées, multifides & rougeâtres: elle a été observée par M. Guettard, sur les côtes du bas Poitou, & sur celles des environs de Caen.

XIV. Varec capillacé *Fucus capillaceus.*

> *Corallina rubens, valde ramosa, capillacea.* Tournef. 571.
> *Fucus confervoides.* Lin. Sp. 1629.

Cette espèce forme de petits buissons d'un aspect charmant;

1276. ſes tiges ſont menues, extrêmement rameuſes, longues de trois à ſept pouces, d'un rouge plus ou moins foncé, étalées, & ont leurs dernières ramifications très-fines, courtes & capillaires : les véſicules ſont des tubercules très-petits, épars & d'un rouge-brun. On trouve cette plante ſur les bords de la mer.

1277.

Ulve. *Ulva.*

Les Ulves ſont des plantes aquatiques très-ſimples, compoſées d'extenſions membraneuſes & tranſparentes, & ont beaucoup de rapport avec les Varecs.

Eſpèces.

I. Ulve plume de paon. *Ulva pavonia.* Lin. ſyſt. nat. 719.

Fucus maritimus, gallo-pavonis pennas referens. Tournef. 568.

Ses expanſions ſont planes, arrondies-réniformes, panachées de diverſes couleurs & garnies de ſtries, les unes longitudinales, & les autres diſpoſées en travers. On trouve cette plante ſur les bords de la mer, attachée ſur les pierres & les coquillages.

II. Ulve ombicale. *Ulva umbilicalis.* Lin. Sp. 1633.

Tremella marina, umbilicata. Dill. 45, t. VIII, f. 3.

Cette eſpèce forme une expanſion orbiculaire, plane ou légèrement concave, ſinuée, un peu coriace, gluante, & remarquable par des ondulations ou des plis qui partent de ſon centre en manière de rayons. On la trouve ſur le bord de la mer.

III. Ulve inteſtinale. *Ulva inteſtinalis.* Lin. Sp. 1632.

Tremella marina, tubuloſa, inteſtinorum figurâ. Dill. 47, t. IX, f. 7.

Fucus tubuloſus, inteſtinorum formâ. Tournef. 568.

Cette plante eſt formée par une membrane concave, tubulée, alongée, ridée, boſſelée ou pliſſée, d'un vert pâle, & reſſemble en quelque ſorte à un inteſtin. On la trouve ſur le bord de la mer & dans les ruiſſeaux.

1277. **IV.** Ulve large. *Ulva latissima.* Lin. Sp. 1632.

Fucus longissimo, latissimo, tenuique folio. Tournef. 567.

Cette espèce est formée par une membrane verte, mince, plane, ondulée, longue souvent de plus d'un pied, & large de quatre à six pouces. On la trouve sur le bord de la mer.

V. Ulve laitue. *Ulva lactuca.* Lin. Sp. 1632.

Fucus lactucæ folio. Tournef. 568.

Ses expansions forment des espèces de feuilles assez nombreuses, ramassées, minces, larges, membraneuses, d'un vert pâle, luisantes, ondulées, & sinuées ou laciniées à leur sommet. On trouve cette plante sur le bord de la mer, attachée sur les rochers.

VI. Ulve chicoracée. *Ulva intybacea.*

Fucus sive alga intybacea. Tournef. 568.
Ulva linza. Lin. Sp. 1633.

Ses expansions forment des espèces de feuilles minces, alongées, très-ondulées, & ridées ou bosselées. On trouve cette plante dans la mer & les étangs.

1278. Conferve. *Conferva.*

Les Conferves sont des plantes aquatiques, composées d'extensions filamenteuses, capillaires, assez longues & simples, ou articulées, ou rétiformes, ou enfin rameuses.

Espèces.

I. Conferve des ruisseaux. *Conferva rivularis.* Lin. Sp. 1633.

Alga viridis, capillaceo folio. Tournef. 569.

Ses filamens sont fort longs, très-simples, aussi menus que des cheveux, cylindriques, lisses & de couleur verte. Cette plante est commune dans les ruisseaux, les mares & les fossés aquatiques. On la dit bonne dans les contusions & les fractures.

1278.

II. Conferve bulleuse. *Conferva bullosa.* Lin. Sp. 1634.

Conferva palustris, bombycina. Dillen. 18, t. III, f. 11.

Ses filamens sont très-fins, rameux, & souvent entrelacés de manière qu'ils forment des floccons semblables à de la houatte, & dans lesquels s'arrêtent communément les bulles d'air qui s'élèvent du fond de l'eau. On trouve cette plante dans les mares & les étangs.

III. Conferve des rives. *Conferva littoralis.* Lin. Sp. 1634.

Conferva, marina, capillacea, longa, ramosissima. Dill. 23, t. IV, f. 19.

Ses filamens sont très-rameux, alongés & un peu rudes au toucher. On trouve cette plante sur les bords de la mer, attachée communément sur les rochers.

IV. Conferve réticulée. *Conferva reticulata.* Lin. Sp. 1635.

Conferva reticulata. Dill. 20, t. IV, f. 14. Raj. 4, app. 1852.

Ses filamens sont très-fins, & disposés en lames réticulaires, presque semblables à de la toile d'araignée, vertes, & souvent flottantes sur l'eau. On trouve cette plante dans les mares & sur le bord des ruisseaux.

V. Conferve gélatineuse. *Conferva gelatinosa.* Lin. Sp. 1635.

Corallina pinguis, ramosa, viridis. Vail. 40, t. VII, f. 6.
Conferva fontana, nodosa, spermatis ranarum instar lubrica, major & fusca. Dill. 36, t. VII, f. 42, etiam n.os 43, 44, 45.

Ses filamens sont rameux, & garnis dans toute leur longueur de globules gélatineux, verdâtres ou rougeâtres, fort rapprochés les uns des autres, & qui paroissent enfilés comme les grains d'un collier. On trouve cette plante dans les ruisseaux & les fontaines.

§278. **VI.** **Conferve pelotonnée.** *Conferva glomerata.* Lin. Sp. 1637.

Conferva minor, ramosa. Vail. Parif. 40.

Ses filamens font articulés, longs & très-rameux; leurs dernières ramifications font courtes, nombreufes & comme ramaffées par paquets. On trouve cette plante dans les ruiffeaux & les foffés aquatiques.

VII. **Conferve grillée.** *Conferva cancellata.* Lin. Sp. 1635.

Conferva marina, cancellata. Dill. 24, t. IV, f. 22.

Ses filamens font rameux, & garnis dans toute leur longueur, de filets très-courts, fafciculés & recourbés en-dedans, de manière qu'ils laiffent un jour entre eux & leur tige ou leur filet commun. On trouve cette plante fur les bords de la mer.

VIII. **Conferve à balais.** *Conferva fcoparia.* Lin. Sp. 1635.

Conferva marina, pennata. Dill. 24, t. IV, f. 23.
Fucus fcoparia, pennachio marinus. Bauh. pin. 366.

Ses filamens font rameux, & chargés de diftance en diftance, de filets plumeux & difpofés par faifceaux. Cette efpèce & la précédente, ont été obfervées par M. Guettard, fur les côtes du bas Poitou.

IX. **Conferve noueufe.** *Conferva nodofa.*

Conferva fluviatilis, nodofa, fucum æmulans. Dill. 39, t. VII, f. 48.
Corallina fluviatilis, non ramofa. Vail. 40, t. IV, f. 5.
β. *Conferva fluviatilis.* Lin. Sp. 1635.

Ses filamens font fimples, longs de fix pouces, articulés dans toute leur longueur, d'un vert pâle ou jaunâtre, caffans, & naiffent, en forme de faifceau, fur une petite plaque qui leur tient lieu de racine; leurs articulations reffemblent, felon Vaillant, à des bobines enfilées, ou à des phalanges creufées par les deux bouts. On trouve cette plante dans les rivières, attachée fur les pierres, au fond des eaux.

Bysse. *Byssus.*

279. Les Bysses ont beaucoup de rapport avec les Conferves ; mais ne font pas compofés de filamens auffi longs , & ne viennent pas communément dans l'eau. Ces plantes forment un duvet , ou quelquefois une efpèce de tiffu poudreux , ordinairement coloré.

Efpèces.

* Duvet filamenteux.

I. Byffe fleur d'eau. *Byffus flos aquæ.* Lin. Sp. 1637.

> *Byffus latiffima , papiri inftar fuper aquam expanfa.* Dillen. p. 2.

Ses filamens font courts , plumeux , extrêmement fins , & forment fur la furface de l'eau , une efpèce de croûte très-molle & verdâtre. On trouve cette plante dans les eaux tranquilles.

II. Byffe veloutée. *Byffus velutina.* Lin. Sp. 1638.

> *Byffus tenerrima , viridis , velutum referens.* Dill. t. I, f. 14?

On trouve cette efpèce fur la terre & fur les pierres , où elle forme un duvet très-fin , foyeux , court & de couleur verte ; fes filamens font rameux.

III. Byffe doré. *Byffus aurea* Lin. Sp. 1638.

> *Byffus petræa, crocea, glomerulis lanuginofis.* Dill. 8, t. I, f. 16?

Cette plante forme des glomérules , ou efpèces de couffinets laineux , convexes , ramaffés & d'un jaune-rouffâtre ou un peu rougeâtre. On la trouve fur les murs & fur les pierres.

IV. Byffe des caves. *Byffus cryptarum.*

> *Byffus latiffima , fpeluncis & cellis vinariis innafcens , feltrum vel pannum laneum fimulans, &c.* Mich. gen. 211, n.º 10. t. LXXXIX , f. 9.

Cette efpèce forme un tiffu très-mou , épais de deux ou trois lignes , fort làrge , léger , blanchâtre dans fa jeuneffe , & qui acquiert une couleur brune en vieilliffant ; ce tiffu reffemble en quelque forte à un morceau de drap ou de panne , ou à une pièce d'amadou. On la trouve dans les caves , fur les tonneaux , ou fur leur chantier.

** *Tissu presque poudreux.*

V. Bysse odorant. *Byssus odorata.*

> *Byssus germanica, minima, saxatilis, aurea, violæ martiæ odorem spirans.* Mich. 210, t. LXXXIX, f. 3.
> *Byssus jolithus.* Lin. Sp. 1638.

Cette plante forme une croûte large, presque poudreuse, très-rouge dans sa jeunesse, & qui devient d'une couleur pâle ou jaunâtre, à mesure qu'elle vieillit & qu'elle se sèche ; elle a une odeur de violette ou d'iris assez remarquable. On la trouve sur les pierres.

VI. Bysse bleu. *Byssus cærulea.*

Cette espèce forme une croûte mince, large, presque poudreuse ou finement veloutée, & d'un bleu admirable, tirant sur la couleur de l'indigo ; elle devient un peu grisâtre en se séchant ; elle m'a été communiquée par M. de Beauvois, qui l'a trouvée dans une remise, sur des planches à demi pourries.

VII. Bysse jaune. *Byssus flava.*

> *Byssus pulverulenta, flava lignis adnascens.* Dill. 3. t. I, f. 4.
> *Byssus candelaris.* Lin. Sp. 1639.

Cette plante forme une croûte veloutée, d'un jaune-roussâtre dans sa partie moyenne, & d'un blanc-ochreux ou d'un jaune-pâle en ses bords. On la trouve sur le bois des bâtimens, exposé au vent & à la pluie.

VIII. Bysse pourpre. *Byssus purpurea.*

> *Byssus pulverulenta, violacea, lignis adnascens.* Raj. syn. 56, n.° 3.

Cette espèce forme une croûte poudreuse très-étendue, & d'un pourpre foncé, noirâtre ou un peu violet. On la trouve au bas des murailles humides, & sur le bois à demi pourri.

IX. Bysse vert. *Byssus viridis.*

> *Byssus botryoides, saturate virens.* Raj. syn. 56, Dill. 3, t. I, f. 5.
> *Byssus botryoides.* Lin. Sp. 1639.

Cette espèce est très-commune, & ressemble à une poudre

1279. verte, répandue fur l'écorce des arbres , fur les pierres & fur la terre, dans les lieux obfcurs & un peu humides.

X. Byſſe lactée. *Byſſus lactea.* Lin. Sp. 1639.

Byſſus candidiſſima , calcis inſtar muſcos veſtiens. Dill. 2, t. I, f. 2.

J'ai trouvé cette eſpèce fur des pieds du Bry-à-balais ; elle formoit fur leur tige une croûte ſpongieuſe & de couleur blanche ; elle vient auſſi fur l'écorce des arbres.

1280.

Champignons.

Les Champignons font des plantes en apparence très-imparfaites, & dénuées de la plupart des organes qu'on obſerve dans preſque toutes les autres ; leur ſubſtance eſt communément ramaſſée ou élevée, rarement rampante , molle dans le plus grand nombre , & ſpongieuſe ou poreuſe, ou lamellée , ou enfin quelquefois filamenteuſe ; ces plantes végètent & croiſſent ſouvent avec une promptitude étonnante , mais toutes celles qui font dans ce cas , durent peu & ſe pourriſſent de bonne heure. On prend pour leur ſemence , une pouſſière qu'on remarque aſſez ordinairement , ſoit éparſe fur leur ſuperficie, ſoit contenue dans leur ſubſtance.

Genres ſelon M. Linné.

Champignon ayant un chapeau ou une eſpèce de chapiteau , ſoit ſeſſile , ſoit pédiculé.

Agaric. *Chapeau doublé de lames.* 1281

Bolet. *Chapeau doublé de pores ou tuyaux* 1282

Hydne. *Chapeau doublé de pointes , ou hériſſé en-deſſous.* 1283

Morille. *Chapeau liſſe en-deſſous & crevaſſé en-deſſus* 1284

1280.

Champignons n'ayant point de chapeau remarquable.

Clathre. *Expansion fongueuse, arrondie ou oblongue & grillée.* 1285

Helvelle. *Expansion fongueuse turbinée* 1286

Pesise. *Expansion fongueuse, campanulée ou en creuset* 1287

Clavaire. *Expansion fongueuse, lisse & alongée* 1228

Vesse-loup. *Expansion fongueuse, arrondie & pleine de poussière.* 1289

Moisissure. *Vésicules pédiculées.* 1290

1281.

Agaric. *Agaricus.*

Les Agarics sont la plupart connus vulgairement sous le nom de champignon ; leur chapeau est horizontal , pédiculé dans le plus grand nombre , & garni en-dessous de feuillets ou de lames qui vont du centre à la circonférence.

Espèces.

* *Pédicule nu, assez épais, & dont la longueur n'égale pas deux fois le diamètre du chapeau.*

I. Agaric poivré. *Agaricus piperatus.* Lin. Sp. 1641.

Fungus albus, acris. Bauh. pin. 371. Schœff. t. LXXXIII.
Fungus piperatus, albus, lacteo succo turgens. Tournef. 558.
Fungus lacteus, maximus, infundibuliforma. Vail. 61.

Il est assez blanc dans sa jeunesse, & acquiert en se développant une couleur un peu sale ou roussâtre ; son chapeau est large, plane ou un peu enfoncé dans son centre, & porté sur un pédicule court & épais : son suc est laiteux & fort âcre. On le trouve sur le bord des bois & dans les pâturages.

2281. **II. Agaric laiteux.** *Agaricus lactifluus.* Lin. Sp. 1641.

> *Fungus pileolo lato, puniceo, lacteum & dulcens succum fundens.* Tournef. 558.
> *Agaricus quintus.* Schœff. t. V.

Son chapeau est d'un rouge-brun, convexe ou aplati, & large de deux à quatre pouces ; ses lames sont blanches dans leur jeunesse, & acquièrent ensuite une couleur roussâtre : le pédicule est épais, plein, & d'un roux brun à sa base. On trouve cette espèce dans les bois ; son suc est doux & laiteux.

III. Agaric bronzé. *Agaricus ærugineus.*

> *Fungus lactescens, piperatus, rufus.* Vail. Paris. 61, n.° 10.

Son chapeau est large d'un ou deux pouces, plane ou un peu enfoncé dans son milieu, & d'un roux verdâtre, tirant sur la couleur du bronze ; ses lames sont blanches, & son pédicule est presque plein & bronzé, ou un peu verdâtre comme le chapeau : son suc est laiteux & légèrement âcre. J'ai observé cette espèce sur le bord des bois, dans les environs de Rouen.

IV. Agaric rougissant. *Agaricus rubescens.*

> *Fungus lactescens, prægnantissimus.* Vail. 61, n.° 9.
> *Agaricus deliciosus.* Lin. Sp. 1641. Schœff. t. XI.

Son chapeau est large, enfoncé dans son milieu, un peu roulé en-dessous en ses bords, légèrement tané en sa superficie, & d'une couleur de bois ou d'un roux-pâle ; ses lames sont roussâtres, & son pédicule est court, ferme & épais. Cette espèce est remarquable par sa substance qui rougit lorsqu'on la coupe, & répand un suc laiteux, rougeâtre & piquant. On la trouve dans les lieux couverts & montagneux.

V. Agaric des bois. *Agaricus sylvaticus.*

> *Fungus piperatus, non lactescens.* Vail. 62.
> *Fungus piperatus, non lactescens, coloris brasilici.* Vail. 65.
> *Agaricus.* Schœff. t. XV, XVI, LVIII, LXXV, XCII, XCIII, CCXIV.
> *Agaricus integer.* Lin. Sp. 1640.

Son chapeau est convexe, un peu aplati, quelquefois

1281. légèrement enfoncé dans son milieu, large de trois ou quatre pouces, & d'une couleur qui varie du rouge-brun à l'incarnat ou au rose-pâle : les lames dont il est doublé sont blanches & presque toutes d'égale longueur ; son pédicule est blanc, court & épais : il est commun dans les bois.

VI. Agaric châtain. *Agaricus fuscus.*

Fungus læte fusco colore. Vail. 64, n.º 22.

Fungus læte fusco colore, pediculo breviore. Vail. ibid. n.º 23.

Agaricus. Schœff. t. XIV & LXIV.

Son chapeau est d'un gris roussâtre, terreux ou d'une couleur fauve, convexe, un peu élevé en mamelon dans son milieu & drapé ; les lames sont grisâtres ou d'un blanc livide : le pédicule est plein, d'un blanc-cendré, cylindrique & un peu long. On le trouve dans les lieux incultes.

VII. Agaric paillet. *Agaricus stramineus.*

Fungus pileolo straminei coloris. Vail. 63, n.º 16.

Agaricus. Schœff. t. L. *An agaricus quinque partitus.* Lin.

Son chapeau est large d'un pouce & demi, d'un gris-blanc satiné, de couleur de paille ou roussâtre dans son milieu, & se fend communément en plusieurs parties, lorsqu'il est tout-à-fait ouvert ; les lames sont blanchâtres, & le pédicule est plein, assez court & de la couleur du chapeau. Il est commun sur les pelouses & le long des bois.

VIII. Agaric violet. *Agaricus violaceus.* Lin. Sp. 1641.

Fungus major, violaceus. Vail. 67, n.º 45. Schœff. t. III.

β. *Agaricus.* Schœff. t. XXXIV.

Fungus magnus, albus, pileolo lato, pronâ parte, sordide cæruleo. Vail. 67.

Son chapeau est large de trois à cinq pouces, convexe & d'un violet sale, brun ou roussâtre, ou quelquefois grisâtre ; les lames sont d'un beau violet dans leur jeunesse : le pédicule est plein, épais, bulbeux à sa base & assez court. Cette espèce est commune dans les lieux incultes & couvertts.

[1281.] **IX.** Agaric infundibuliforme. *Agaricus infundibuliformis.*

> *Fungus albibus, infundibuliformâ, paluſtris.* Vail. 62.
>
> *An amanita albus, oris repandis & laceris.* Hall. Hiſt. n.º *2340.*

Son chapeau eſt mince, un peu creuſé en entonnoir, d'un blanc-ſale, & ſouvent découpé en ſes bords ; les lames & le pédicule ſont de la couleur du chapeau : le pédicule eſt plein, & n'a qu'un ou deux pouces de longueur.

X. Agaric à zones. *Agaricus zonarius.*

> *Fungus lignoſus, faſciatus.* Vail. 61, t. XII, f. 7.
>
> *Agaricus.* Schœff. t. CCXXXV.

Son chapeau eſt plane, un peu enfoncé dans ſon milieu, roulé en-deſſous en ſes bords, roux en ſa ſuperficie, & remarquable par des cercles concentriques, blanchâtres ou d'une couleur pâle ; les lames ſont blanches, le pédicule eſt court, plein & épais, & ſon ſuc eſt laiteux & fort âcre.

OBS. Je ne connois pas de raiſon pour ranger cette plante parmi les *Boletus,* comme le font M.ʳˢ Linné, Gerard & Dalibard.

XI. Agaric chanterelle. *Agaricus cantharellus.* Lin. Sp. 1639.

> *Fungus anguloſus & veluti in lacinias diſſeĉtus.* Vail. 60, t. XI, f. 14, 15.
>
> *Fungus pileolo per maturitatem inſtar agarici laciniato.* Vail. ibid. tab. XI, f. 11, 12, 13.
>
> *Fungus minimus, flaveſcens, infundibuliformâ.* Ibid. t. IX, X.

Cette eſpèce eſt aſſez petite, & d'un roux pâle ; ſon chapeau ſe relève à meſure qu'il ſe développe, & forme preſque l'entonnoir : ſes bords, dans cet état, ſont ſouvent découpés, lobés & contournés ; ſes lames ſont étroites, lâches, rameuſes, & reſſemblent à des nervures. On la trouve dans les prés montagneux & les bois.

XII. Agaric blanchâtre. *Agaricus albellus.* Schœff. tab. LXXVIII.

> *Fungus pileolo rotundiori, mouceron dictus.* Tournef. 557.
> *Amanita albus, siccus, cute coriaceâ.* Hall. Hist. n.° 2344.

Son chapeau est convexe, globuleux dans sa jeunesse, & blanchâtre, ainsi que ses lames & son pédicule; sa substance est ferme, & sa peau coriace. On le trouve au printemps dans les lieux montagneux & incultes; il est très-employé dans la cuisine.

XIII. Agaric conique. *Agaricus conicus.* Schœff. t. XI.

> *Fungus aurantii coloris, capitulo in conum abeunte.* Tournef. 559.
> *Fungus aureus, capitulo in conum abeunte.* Vaill. 67, n.° 49.
> β. *Fungus glutinosus, colore aurantio.* Vaill. 72, t. XII, f. 8, 9.

Son chapeau est conique, lisse, visqueux, d'un jaune orangé, & presque pourpre à son sommet, sur-tout dans sa jeunesse; les lames sont couleur de soufre: le pédicule est long de deux pouces, un peu fistuleux & jaunâtre. Il est commun sur les pelouses & les prés secs, en automne.

XIV. Agaric écarlate. *Agaricus coccineus.* Schœff. t. CCCII.

> *Fungus parvus, coccineus.* Vaill. 66, n.° 38.

Cette espèce ressemble assez à la précédente, mais elle est beaucoup plus petite, & d'un rouge plus vif & plus abondant en toutes ses parties. On la trouve dans les mêmes lieux.

XV. Agaric visqueux. *Agaricus viscosus.* Schœff. t. XXXIX & CCLVI.

> *Fungus capite expanso, viscosus.* Vaill. 70, n.° 60.
> *An amanita albus, viscidus, laminis tenuissimis.* Hall. Hist. n.° 2341.
> β. *Fungus mediæ magnitudinis, totus, albus.* Vaill. 63, n.° 17.

Son chapeau est blanc-sale, couvert de viscosités, convexe dans sa jeunesse, s'étend par la suite, & devient presque plane; les lames sont blanches, & le pédicule est plein, ferme, un peu grêle, & long de deux ou trois pouces. On le

1281. trouve dans les bois. La variété β eſt d'un blanc-de-lait en toutes ſes parties ; elle eſt très-pernicieuſe.

XVI. Agaric livide. *Agaricus lividus.*

Fungus cono primùm obtuſo, poſtea plano, pileolo & pediculo glutine obducto. Vaill. 70, n.º 61. Schœff. t. CCCI.

Son chapeau eſt large de ſix à neuf lignes, viſqueux, d'un jaune rougeâtre mêlé de vert, conique dans ſa jeuneſſe, & aplati dans ſon entier développement ; les lames ſont d'abord blanches, & verdiſſent ou jauniſſent par la ſuite : le pédicule eſt un peu fiſtuleux, & vert dans le voiſinage de ſon inſertion. On le trouve dans les pâturages ſecs & montagneux.

** * Pédicule nu, un peu grêle, & dont la longueur égale au moins deux fois le diamètre du chapeau.*

XVII. Agaric cendré. *Agaricus cinereus.*

Fungus multiplex, ovatus, cinereus. Vail. 73, t. XII, f. 10, 11.

Agaricus. Schœff. t. LXXVII, LXXVIII. *An agaricus ſeparatus.* Lin.

Ses pédicules ſont cylindriques, fiſtuleux, longs de trois à cinq pouces, & naiſſent pluſieurs enſemble ; les chapeaux ſont ovales, campanulés, longs de deux ou trois pouces, ſtriés, d'une couleur cendrée, & un peu rouſſâtres à leur ſommet : les lames ſont griſâtres dans leur jeuneſſe, noirciſſent par degrés, & ſe fondent en eau noirâtre. On trouve cette eſpèce au pied des arbres ; elle dure très-peu de temps.

XVIII. Agaric rouſſâtre. *Agaricus rufeſcens.*

Fungus multiplex, ovatus, cinereus, minor. Vaill. 72.
Agaricus truncorum. Scop. carn. n.º 1482. Schœff. t. VI & XVII.

Cette eſpèce reſſemble fort à la précédente, mais elle eſt beaucoup plus petite ; les pédicules naiſſent un grand nombre enſemble, & portent chacun un chapeau ovale, campanulé, rouſſâtre dans ſa partie ſupérieure, ſtrié & poudreux : les

5281. lames noirciffent en peu de temps, & fe fondent en une liqueur noire qui tache les mains. On la trouve au pied des arbres.

XIX. Agaric pliffé. *Agaricus plicatus.*

Fungus multiplex, fordidé carneus. Vail. 68, n.° 36.
Agaricus. Schœff. t. XIII.

Il eft dans toutes fes parties d'un pourpre pâle ou d'un violet fale & rouffâtre ; les pédicules font longs, liffes, un peu fermes, fouvent courbés, prefque pleins, & naiffent communément plufieurs enfemble : leur chapeau eft affez petit, convexe, difforme, & comme pliffé en fes bords. On le trouve dans les bois & les lieux montagneux.

XX. Agaric marron. *Agaricus caftaneus.*

Fungus multiplex, campaniformis, colore caftaneo. Vail. 73, t. XII, f. 3.
Agaricus galericulatus. Scop. carn. n.° 1564. Schœff. t. LII, f. 1.

Les pédicules naiffent plufieurs enfemble, & portent des chapeaux campanulés-coniques, d'un rouge-brun, & doublés de lames blanchâtres. On le trouve fur le bois pourri ; il n'a qu'un pouce & demi de hauteur.

XXI. Agaric bouclier. *Agaricus clypeatus.* Lin. Sp. 1642.

Fungus clypeatus, in medio protuberans. Vaill. 68, n.° 53.
Agaricus. Schœff. t. LII, f. 7, 8, 9.

Son pédicule eft grêle, long de deux ou trois pouces, & porte un chapeau conique dans fa jeuneffe, qui s'étend enfuite, & forme un bouclier garni dans fon centre d'une éminence en manière de mamelon ; ce chapeau eft d'un gris rouffâtre, ftrié à fa circonférence & légèrement vifqueux : fes lames font blanches. On le trouve dans les bois & les prés.

128 1. **XXII.** Agaric jaunâtre. *Agaricus flavidus.* Schœff. t. XXXV.

> *Fungi plures ex uno pede e prunorum radicibus enati.* Vail.
> p. 68, *n.º* 5 1; & p. 71, *n.º* 5.
>
> β. *Amanita pileo flavo, oris striatis & lanuginosis, lamellis albis.*
> Hall. hist. *n.º* 2367. *Agaricus georgii.* Lin. Sp. 1642.

Les pédicules naissent plusieurs ensemble, sont fistuleux, tortus, d'un blanc-jaunâtre, un peu roussâtres à leur base, & portent des chapeaux hémisphériques dans leur jeunesse, & qui deviennent légèrement coniques à mesure qu'ils se développent ; ces chapeaux sont d'un jaune - rougeâtre dans leur milieu & d'un jaune-pâle en leur circonférence : leurs lames sont blanches ou de couleur de soufre. On le trouve au pied des arbres.

XXIII. Agaric tigré. *Agaricus maculatus.*

> *Fungus pileolo conico maculato.* Vail. 63, *n.º* 19.
>
> *Amanita petiolo gracili, farto, pileo squamoso murino, lamellis albis.* Hall. hist. *n.º* 2382.

Son pédicule est grêle, long de trois pouces, blanchâtre, légèrement fistuleux, & soutient un chapeau qui forme un cône très-ouvert ; ce chapeau est blanc & couvert de peaux brunes, qui le font paroître tigré : il est doublé de lames blanches. On trouve cette espèce dans les prés.

XXIV. Agaric campanulé. *Agaricus campanulatus.* Lin. Sp. 1643.

> *Fungus multiplex obtuse conicus, colore griseo murino.* Vail.
> 71, t. XII, f. 1.

Il en naît plusieurs ensemble ; les pédicules sont grêles, lisses, hauts d'un à deux pouces, & soutiennent des chapeaux campanulés-coniques, & d'un gris - de - souris. On le trouve au pied des arbres.

XXV. Agaric fragile. *Agaricus fragilis.* Lin. Sp. 1643.

> *Fungus pediculo croceo, splendoris participe.* Vaill. 69, t. XI,
> f. 16, 17, 18.
>
> *Agaricus.* Schœff. t. CCXXX. *Amanita.* Hall. hist.
> *n.º* 2425.

Cette espèce est fort petite ; son pédicule est très-grêle,
tendre,

1281. tendre, rouffâtre, haut d'environ un pouce & demi, & foutient un petit chapeau légèrement convexe & de couleur de tabac d'Efpagne. On la trouve dans les jardins & fur les peloufes.

XXVI. Agaric androface. *Agaricus androfaceus.* Lin. Sp. 1644.

Fungus pileo candicante, lamellis paucis, pediculo fufco, fplendente. Vaill. 69, t. XI, f. 21, 22, 23. Schœff. t. CCXXXIX.

Cette efpèce eft plus petite que la précédente; fon pédicule eft très-menu, plein, noirâtre, haut d'un pouce, & porte un très-petit chapeau blanchâtre, mince, ftrié & légèrement convexe : fes lames font fort courtes, blanches & un peu écartées entre elles. On la trouve fur le bois pourri & fur les feuilles mortes.

XXVII. Agaric délicat. *Agaricus tenellus.*

Fungus minimus, totus albus, pileolo hemifphærico, undique ftriato, lamellis rarioribus. Mich. p. 166, n.° 3, tab. LXXX, f. 11.

Agaricus umbelliferus. Lin. Sp. 1643.

Son pédicule eft long d'un pouce & demi, très - grêle, foible, tendre, blanchâtre, & chargé d'un très-petit chapeau blanc, convexe, ftrié & large de trois ou quatre lignes; ce chapeau eft doublé de lames blanches & un peu écartées entre elles. On trouve cette efpèce fur les feuilles pourries, & quelquefois fur les troncs d'arbres.

XXVIII. Agaric clou. *Agaricus clavus.* Lin. Sp. 1644.

Fungus minimus, aurantius, mamillaris. Vaill. 76, t. XI, f. 19, 20.

Amanita minimus, oris adtractis, flavus, infernè albus. Hall. hift. n.° 2370.

Son pédicule eft long de quatre à huit lignes, plein, menu, d'un blanc jaunâtre, & porte un petit chapeau convexe, d'un jaune orangé ou rouffâtre, & reffemblant à la tête d'un petit clou doré. On le trouve fur les feuilles mortes & fur les troncs d'arbres.

1281.

XXIX. Agaric grêle. *Agaricus gracilis.*

Fungus capitulo conico, palidè cinericio, centro fusco. Vail. 65.

Fungus epipterygios. Vail. 69. Schœff. t. XXXI & XXXII.

Son pédicule est très-grêle, long de deux à trois pouces, jaunâtre ou roussâtre, & soutient un chapeau conique, court, d'un roux brun ou de couleur jaune à son sommet, blanchâtre & strié en ses bords ; les lames sont de la couleur des bords du chapeau. On le trouve dans les bois parmi les mousses & sur les feuilles pourries.

** * * Pédicule garni d'un anneau ou d'une espèce de collier.*

XXX. Agaric moucheté. *Agaricus muscarius.* Lin. Sp. 1640.

Amanita petiolo anulato, sanguineo lamellis albis. Hal. hist. n.° 2373.

Fungus muscas interficiens. Tournef. 559.

Cette espèce est admirable par sa beauté ; son pédicule est épais, bulbeux à sa base, plein, blanc, haut de quatre à six pouces, & soutient un chapeau convexe dans sa jeunesse, & plane dans son développement parfait ; ce chapeau est large de six à neuf pouces & d'une belle couleur écarlate, plus foncé dans son milieu qu'à la circonférence où il est un peu aurore : il est ordinairement chargé de petites peaux blanches qui le rendent agréablement moucheté ; ses lames sont d'un blanc-delait ; cette plante est commune dans les bois ; on la dit pernicieuse & propre pour faire mourir les mouches & les punaises ; c'est vraisemblablement la même que M. Vaillant décrit *à la page 75, n.° 6 de son Botanicon*, mais le synonyme de Bauhin, qu'il y rapporte, ne convient qu'à l'Agaric laiteux de cet Ouvrage, *n.° II.*

XXXI. Agaric panaché. *Agaricus variegatus.*

Fungus pileolo lato, longissimo pediculo variegato. Vail. 74.

Amanita petiolo procero, &c. Hall. hist. n.° 2371. Sch. t. XXII & XXIII.

Son pédicule est bulbeux à sa base, haut presque d'un pied, fistuleux, panaché de blanc & de brun, va en diminuant vers son sommet & porte un chapeau ovoïde dans sa jeunesse ;

1281. mais qui s'étend ensuite , & forme un parasol fort ample & légèrement conique : ce chapeau est couvert de petites peaux d'un rouge-brun , séparées & parsemées comme des taches sur un fond blanc ; ses lames sont très - blanches. On le trouve dans les bois.

XXXII. Agaric écailleux. *Agaricus squamosus.*

> *Fungus pileolo lato, micis surfuraceis asperso.* Vail. 74, n.° 2
>
> *Agaricus.* Schœff. t. XX.

Son pédicule est bulbeux à sa base, haut de quatre à six pouces, roussâtre & pluché jusqu'à son anneau, & porte un chapeau hémisphérique , large de deux ou trois pouces, d'un roux-jaunâtre & couvert de petites peaux brunes & détachées, qui le font paroître écailleux : ses lames sont blanches, ainsi que la partie du pédicule comprise entre le chapeau & le collier qui se rabat quelquefois en manière de peignoir. J'ai observé cette espèce au pied d'un arbre, sur le bord d'un grand chemin auprès de Péronne.

XXXIII. Agaric des fumiers. *Agaricus fimetarius.* Lin. Sp. 1643.

> *Fungus albus , ovum referens.* Buxb. cent. 4 , p. 16, t. XXVII.
>
> *Agaricus.* Schœff. t. VII.
>
> β. *Fungus typhoides.* Vail. 72 , n.° 9. Schœf. t. VIII & XLVI.

Son chapeau, dans sa jeunesse, a la forme d'un œuf, couvre alors la plus grande partie du pédicule , & prend la figure d'une cloche , à mesure qu'il se développe : il est blanc, écailleux & pluché par étages : les lames dont il est doublé sont tendres, d'abord blanches, deviennent ensuite d'un noir de fumée & se fondent en une eau noire, d'une odeur cadavéreuse. La variété β a son chapeau fort long, cylindrique & roussâtre dans sa partie supérieure. On trouve cette espèce sur les fumiers, dans les cours & sur le bord des chemins.

1281. **XXXIV.** Agaric verdâtre. *Agaricus viridulus.* Sch. t. I.

Fungus parvus, pileolo cucullato viscido, intense viridi & quasi vernice oblito, inferne lamellis & pediculo albis. Mich. p. 152.

Son pédicule est presque plein, d'un gris verdâtre ou bleuâtre, & porte un chapeau convexe, un peu conique, d'un vert foncé tirant sur le bleu, vers ses bords, légèrement jaunâtre à son sommet, & couvert d'une viscosité luisante; ses lames sont d'un blanc sale. J'ai observé cette espèce sur le bord des bois dans les environs de Rouen.

XXXV. Agaric bulbeux. *Agaricus bulbosus.*

Fungus phalloides, annulatus, sordide virescens & patulus. Vail. 74, n.° 3. *Agaricus.* Schœff. t. LXXXV & LXXXVI.

β. *Fungus phalloides.* Vail. 74, n.° 4. Schœff. t. CCXLI.

γ. *Fungus pediculo in bulbi formam excrescente.* Vail. 75, n.° 5.

Son pédicule naît d'une espèce de bulbe qui s'ouvre supérieurement en plusieurs parties, coriaces & persistantes; il est cylindrique, fistuleux, blanchâtre & porte un chapeau convexe, d'un blanc verdâtre & un peu roux dans son milieu. La variété β a son pédicule presque plein & son chapeau grisâtre; le chapeau de la variété γ est d'une couleur de noisette, avec de petites verrues blanchâtres. On le trouve dans les bois & les prés couverts.

XXXVI. Agaric pustuleux. *Agaricus pustulatus.*

Fungus colore candido, tuberculis flavo-fuscis, elegantissime variegato. Vaill. 75, n.° 9.

Son pédicule est plein, blanchâtre dans sa partie supérieure, & soutient un chapeau convexe, couvert de petites verrues d'un jaune brun, parsemées sur un fond blanc. On le trouve dans les haies, les charmilles des jardins. J'en ai observé une variété dont le chapeau étoit gris de fer, & chargé de petites peaux brunes ou noirâtres.

δ281. **XXXVII.** Agaric mamelonné. *Agaricus mammosus.*

Fungus centro mammoso, rufo, circulo sordide albo circumdato.
Vail. 76, n.° 10. *Agaricus.* Schœff. t. LXXX.

Son pédicule eft velu & jaunàtre dans fa moitié inférieure,
& porte un chapeau un peu aplati , garni d'un mamelon
dans fon milieu , & couvert de petites peaux déchirées qui le
font paroître velu ; le mamelon eft d'un roux brun foncé ,
& le refte du chapeau eft d'un roux très - pâle : les lames
tirent fur la couleur de bois. On le trouve au pied des arbres :
il en naît plufieurs enfemble.

XXXVIII. Agaric comeftible. *Agaricus edulis.*

Fungus pileolo lato & rotundo. Tournef. 556.
Agaricus campeftris. Lin. Sp. 1641.
β. *Fungus totus albus, edulis.* Vail. 75 , n.° 8.

Son pédicule eft épais , plein , court , blanc , & porte un
chapeau hémifphérique dans fa jeuneffe , qui s'étend enfuite ,
s'aplatit & devient quelquefois fort large ; ce chapeau eft
couvert d'une peau blanche qui s'enlève facilement : les lames
dont il eft doublé font couleur de rofe , & deviennent noires en
vieilliffant ; ces lames font blanches dans la variété β. On
trouve cette efpèce en automne dans les prés fecs , & fur le
bord des chemins , & on la fait venir en tout temps dans
les jardins , fur des couches compofées de fumier de cheval ;
elle a un goût affez agréable : on en fait ufage dans les
ragoûts.

**** *Parafites; chapeaux feffiles, difformes*
ou femi - orbiculaires.

XXXIX. Agaric de chêne. *Agaricus quercinus.* Lin. Sp.
1644.

Agaricus dædalæis finubus excavatus. Tournef. 562.
Agaricus de S.t Clou. Vail. 3, t. I, f. 1 & 2. Hall. hift.
n.° 2330.

Sa fubftance eft ferme , dure , prefque ligneufe , légère ,
d'un blanc-jaunâtre ou ventre de biche , douce au toucher ,
& comme veloutée ; fes lames font fermes , irrégulières ,

Y iij

1281. adhèrent les unes aux autres par de petites cloisons tranf-
versales , & forment des excavations difformes & finueufes.
On le trouve fur le bois prefque pourri : il eft propre à
faire de l'amadou.

XL. Agaric d'aulne. *Agaricus alneus.* Lin. Sp. 1645.

> *Agaricus acaulis, fquamofus, lobatus & villofus, lamellis*
> *diffectis.* Ger. prov. 21 , n.° 20. Schœff. t. CCXLVI.
>
> ß. *Fungus parvus, lamellatus, pectunculi forma, alno adnafcens.*
> Vaïl. 70 , n.° 63 , t. X, f. 7.

Cette efpèce eft petite, d'une forme femi-orbiculaire, légèrement lobée en fes bords , un peu velue en fa fuperficie qui eft
médiocrement convexe, & garnie en-deffous de lames bifides
& pulvérulentes ; ces lames font d'une couleur cendrée ou
rouffâtre , ou quelquefois rougeâtre. On la trouve fur le
tronc des vieux arbres.

XLI. Agaric cotonneux. *Agaricus tomentofus.*

An Agaricus betulinus. Lin. Sp. 1645.

Sa fubftance eft folide, coriace, & forme un chapeau feffile,
fémi-elliptique , prefque plane en fa fuperficie , velu, cotonneux, blanchâtre ou d'une couleur pâle & remarquable par
des zones concentriques ; ce chapeau eft doublé de lames
minces, coriaces, d'inégale longueur, & prefque toutes libres
& point adhérentes , ni anaftomofées entr'elles. On trouve
cette efpèce fur le bois à demi-pourri.

1282. Bolet. *Boletus.*

Les Bolets diffèrent des Agarics par leur chapeau non
doublé de lames, mais garni en-deffous de pores ou de
petits trous extrêmement nombreux, & qui ne paroiffent que
comme des points.

Efpèces.

* Chapeaux feffiles.

I. Bolet couleur-de-feu. *Boletus igniarius.* Lin. Sp.
1645.

> *Agaricus pedis equini facie.* Tournef. 562.
>
> ß. *Agaricus five fungus laricis.* Ibid.

Ses chapeaux font feffiles, attachés par le côté, arrondis

282. en sabot de cheval, légèrement convexes en-dessus, & remarquables par des zones de différentes couleurs ; dont les principales sont brunes & rougeâtres ; leur surface inférieure est garnie de pores très-menus, & d'une couleur pâle ou jaunâtre : sa chair est rougeâtre intérieurement. On le trouve sur les troncs d'arbres ; il est amer, âcre, astringent, & utile dans les hémorragies ; il sert à faire l'amadou : on l'emploie aussi dans la teinture.

II. Bolet bigarré. *Boletus versicolor.* Lin. Sp. 1645.

Agaricus varii coloris, squamosus. Tournef. 562.

Boletus. Schœff. t. CCLXVIII & CCLXIX.

Sa substance est ferme, blanche intérieurement, & forme des chapeaux sessiles, semi-elliptiques, festonnés, veloutés en-dessus, & remarquables par des zones de diverses couleurs ; ses pores sont blancs, très-petits & inégaux. On le trouve sur le tronc des vieux arbres & sur le bois demi-pourri.

* * *Chapeaux pédiculés.*

III. Bolet rameux. *Boletus ramosissimus.* Schœff. t. CXI.

Fungus cespitosus, ramosus, umbellatus, major & minor. Barr. ic. 1269 & 1270. *Agaricus intybaceus.* Tournef. 562.

β. *Agaricus esculentus.* Tournef. ibid. Schœff. t. CXXVIII & CXXIX.

Substance fongueuse, charnue, poreuse, très-ramifiée, & disposée en un paquet ou une espèce de gazon très-dense & d'une grandeur quelquefois fort considérable ; ses ramifications sont plus ou moins comprimées, & terminées par des chapeaux assez petits, d'un gris brun ou d'un brun jaunâtre, glabres, & garnis de pores blancs en-dessous : ces chapeaux sont très-nombreux, ramassés & inclinés de manière dans la variété β, qu'ils paroissent embriqués, & ressemblent à des écailles foliacées. On trouve cette espèce sur les troncs des vieux chênes, en Alsace.

IV. Bolet coriace. *Boletus coriaceus.* Schœff. t. CXXV.

An Boletus perennis. Lin. Sp. 1646.

Cette espèce est vivace, & composée d'une substance coriace & presque ligneuse ; son chapeau est aplati, un peu enfoncé dans son milieu, d'un brun roussâtre, & remarquable par des zones ou des lignes concentriques d'une couleur

1182. moins foncée : sa superficie est comme velue. On trouve cette plante dans les bois, sur les troncs pourris des arbres abattus & abandonnés ; elle n'est point laiteuse, ni lamellée sous son chapeau, comme celle dont parle M. Vaillant, *p. 61, n.° 7.*

V. **Bolet épais.** *Boletus crassus.*

> *Fungus porosus, crassus.* Tournef. 558.
>
> α. *Boletus luteus.*
>
> *Boletus stipitatus, pileo pulvinato subviscido, poris rotundatis, convexis, flavissimis, stipite albido.* Lin. Sp. 1646.
>
> β. *Boletus bovinus.*
>
> *Boletus stipitatus, pileo glabro, pulvinato, marginato, poris compositis, acutis, porulis angulatis, brevioribus.* Lin. Sp. 1646.

Sa substance est épaisse, spongieuse, & change ordinairement de couleur lorsqu'on l'entame ; son pédicule est épais renflé ou tubéreux à sa base, cylindrique, plein, blanchâtre ou jaunâtre vers son sommet, & soutient un chapeau orbiculaire fort épais, plus ou moins large & légèrement convexe ou quelquefois aplati, & ressemblant à une sphère tronquée : le dessus de ce chapeau est communément d'un brun rougeâtre ; sa surface inférieure est garnie de pores jaunâtres, ou verdâtres, ou d'une couleur sale. On trouve cette plante dans les bois.

1283.
Hydne. *Hydnum.*

Les Hydnes ont beaucoup de rapport avec les Bolets ; mais ils s'en distinguent par leur chapeau hérissé en-dessous de petites pointes ou papilles très-nombreuses.

Espèces.

I. **Hydne sinué.** *Hydnum repandum.* Lin. Sp. 1647.

> *Fungus erinaceus.* Vail. Paris. 58. Schœff. t. CCCXVIII.

Son pédicule est court, plein, d'un blanc jaunâtre, & porte un chapeau convexe ou un peu aplati, large de deux ou trois pouces, sinué ou inégalement découpé, & d'un jaune pâle tirant sur le ventre de biche. On le trouve dans les bois.

1283. **II. Hydne cure-oreille.** *Hydnum aurifcalpium.* Lin. Sp. 1648.

> *Echinus petiolo gracili laterali, pileolo plano, obfcuro.* Hall. hift. *n.° 2321.*

Son pédicule eft grêle, haut de deux pouces, & s'insère fur le côté du chapeau, ou dans l'efpèce d'échancrure de fon bord : ce chapeau eft petit, fémi - orbiculaire, légèrement convexe & d'une couleur brune ou noirâtre. On le trouve en Provence, dans les bois.

1284. Morille. *Phallus.*

Les Morilles ont leur chapeau ovale - conique, crevaffé, réticulé & calleux en fa furface fupérieure, & tellement refferré contre le pédicule, que fa furface inférieure qui eft liffe, eft prefque entièrement cachée.

Efpèces.

I. **Morille comeftible.** *Phallus efculentus.* Lin. Sp. 1648.

> *Boletus efculentus, rugofus, albicans, quafi fuligine infeftus.* Tournef. 561.
>
> *Boletus efculentus, rugofus fulvus.* Tournef. Ibid.

Son pédicule eft creux, blanchâtre, & foutient un chapeau ou une efpèce de tête ovale-conique, toute crévaffée, blanchâtre ou d'une couleur fauve, & quelquefois noirâtre. On la trouve au printemps dans les bois & les prés.

II. **Morille fétide.** *Phallus fœtidus.*

> *Boletus phalloides.* Tournef. 561.
>
> *Phallus impudicus.* Lin. Sp. 1648. Schœff. **t. CXCVIII.**

Son pédicule eft long de quatre à fix pouces, creux, caverneux, d'un blanc fale ou verdâtre, va en diminuant vers fon fommet, & naît d'une gaine ovale qui renferme toute la plante dans fa jeuneffe; fon chapeau forme une efpèce de tête affez petite, ovale-conique, celluleufe, ombiliquée à fon fommet, livide & un peu verdâtre. On trouve cette efpèce dans les bois en automne : elle répand au loin, dans fon développement parfait, une odeur fétide & infupportable.

1285.

Clathre. *Clathrus.*

Les Clathres font des fongofités ordinairement arrondies, creufes, réticulées, grillées & percées à jour de toutes parts.

Efpèces.

I. Clathre grillé. *Clathrus cancellatus.* Lin. Sp. 1648.

> *Boletus cancellatus purpureus.* Tournef. 561.
>
> β. *Boletus cancellatus, flavefcens.* Tournef. Ibid.

Cette efpèce eft feffile, arrondie, rougeâtre, grillée, ponctuée ou poreufe, & garnie à fa bafe d'une enveloppe blanchâtre en-dehors & un peu coriace; fous cette enveloppe, on obferve une racine affez longue, de la confiftance & de la couleur de l'enveloppe. On trouve cette plante en Provence.

II. Clathre nu. *Clathrus nudus.* Lin. Sp. 1649.

> *Clathroidaftrum obfcurum, majus & minus.* Mich. 215, t. XCIV.
>
> *Trichia petiolata, capitulo cylindrico, axi perforato.* Hall. hift. n.° 2165.

Cette fongofité eft très-petite & d'une forme fingulière; fa bafe eft une petite plaque mince, fur laquelle font fitués un affez grand nombre de pédicules noirâtres, droites, capillaires & hautes de cinq ou fix lignes, ces pédicules foutiennent chacun une tête cylindrique, longue de trois ou quatre lignes, & entourée d'une peau d'un pourpre brun; cette peau tombe de bonne heure, & chaque tête n'eft alors compofée que d'un tiffu très-fin, réticulé, tranfparent, de couleur brune, & traverfé par le pédicule dans toute fa longueur, en forme d'axe. On trouve cette plante fur le bois pourri; elle m'a été communiquée par M. de Beauvois.

1286.

Helvelle. *Helvella.*

Les Helvelles font des fongofités un peu irrégulières, rétrécies en pétiole vers leur bafe, & qui forment à leur fommet, une efpèce de baffin ou un entonnoir communément difforme; elles ne font qu'imparfaitement diftinguées des Péfifes.

Efpèces.

1286.

I. Helvelle en mitre. *Helvella mitra.* Lin. Sp. 1649.

Boletus capitulo explanato, laciniato. Hall. hift. *n.º 2246.*

Sa bafe eft un pédicule haut d'un à deux pouces, épais, anguleux, ridé, blanchâtre, & qui foutient une tête ou une efpèce de chapeau difforme, lobé & plié fouvent en manière de mitre. On trouve cette plante en Provence, dans les prés & les bois.

II. Helvelle en trompette. *Helvella tubæformis.* Schœff. t. CLVII.

Fungus gelatinus, flavus. Vail. 58, tab. XIII, f. 7, 8, 9.

Il en naît fouvent plufieurs enfemble, difpofés en manière de faifceau; fon pédicule eft jaunâtre, fillonné, long, prefque d'un pouce & demi, grêle à fa bafe, & va en groffiffant vers fon fommet où il fe termine par une efpèce de chapeau rouffâtre, orbiculaire, enfoncé dans fon milieu, légèrement lobé, roulé en-deffous en fes bords, & enduit de vifcofité. On trouve cette efpèce en automne, dans les lieux couverts & les bois.

1287.

Péfife. *Peziza.*

Les Péfifes font des fongofités droites, feffiles ou prefque feffiles, rétrécies à leur bafe, concaves en-deffus, campanulées, & femblables à des vafes ou des creufets de Chimifte.

Efpèces.

I. Péfife à lentilles. *Peziza lentifera.* Lin. Sp. 1649.

Fungoides infundibuli formâ, femine fœtum. Tournef. 560. Vail. t. XI, f. 6, 7.

β. *Fungoides infundibuli formâ, femine fœtum, internè ftriatum, externè hirfutum.* Vail. 56, t. XI, f. 4, 5. Schœff. t. CLXXVIII.

Cette efpèce forme de petits creufets hauts de cinq ou fix lignes, feffiles, coriaces, bruns ou grifâtres & velus en-dehors, glabres & très-liffes en-dedans; au fond de ces creufets, on trouve plufieurs corpufcules lenticulaires & féminiformes.

1287. La variété ß a la surface interne de ses creusets, lisse, luisante, striée, & plombée ou argentée. On trouve cette plante dans les bois, sur la terre & sur les arbres morts.

II. Pésise corne d'abondance. *Peziza cornucopioides.* Lin. Sp. 1650.

> *Fungoides nigricans, majus, cornucopiæ formâ.* Vail. t. XIII, f. 2, 3.
> *Elvela.* Schœff. t. CLXV & CLXVI.

Cette fongosité est membraneuse, un peu coriace, va en s'élargissant vers son sommet, & ressemble à un entonnoir; elle est creusée dans presque toute sa longueur, brune ou jaunâtre intérieurement, & repliée en ses bords, qui sont sinués ou lobés. On la trouve dans les bois au pied des arbres.

III. Pésise en ciboire. *Peziza acetabulum.* Lin. Sp. 1650.

> *Fungoides fuscum acetabuli formâ, externé ramificatum.* Vail. 57, t. XIII, f. 1.

Cette fongosité ressemble en quelque sorte à un ciboire, de couleur brune, garnie en-dehors de nervures rameuses, & plissée à sa base, qui est rétrécie & alongée en pédicule. On la trouve dans les bois.

IV. Pésise en cupule. *Peziza cupularis.* Lin. Sp. 1651.

> *Fungoides glandis cupulam referens, margine dentato.* Vail. 57, t. XI, f. 1, 2, 3.

Cette espèce est d'un blanc roussâtre, & ressemble à un calice de gland, dont les bords sont dentés ou frangés. On la trouve dans les bois.

V. Pésise en écusson. *Peziza scutellata.* Lin. Sp. 1651.

> *Fungoides, qui fungus minimus, scutellatus, coloris aurantii.* Vail. 57, tab. XIII, f. 13, 14.

Cette espèce est fort petite, sessile, d'un blanc jaunâtre ou rougeâtre, & ressemble à un petit écusson ou à un chaton de bague, velu en ses bords. On la trouve sur la terre, dans les bois & sur les murs.

1287. VI. Péſiſe en coquille. *Peziza cochleata.* Lin. Sp. 1651.

Fungoides auriculam judæ referens, intùs rufeſcens, extùs candicans, & quaſi farinoſum. Vail. 57, t. XI, f. 8.

Cette eſpèce eſt turbinée ou en coquille un peu irrégulière, tendre, tranſparente, rouſſâtre en-dedans, blanchâtre, & comme farineuſe en-dehors. On la trouve dans les bois.

1288. Clavaire. *Clavaria.*

Les Clavaires ſont des fongoſités communément liſſes, alongées, droites, & ſimples ou rameuſes.

Eſpèces.

** Fongoſités ſimples.

I. Clavaire en pilon. *Clavaria piſtillaris.* Lin. Sp. 1651.

Clavaria alba, piſtilli formâ. Vail. 39, t. VII, f. 5. Mich. t. LXXXVII, f. 1.

Sa ſubſtance eſt ſpongieuſe, & forme un corps ſimple, élargi & obtus à ſon ſommet, reſſemblant à un pilon, & d'un blanc jaunâtre ou rouſſâtre. On la trouve dans les bois.

II. Clavaire écailleuſe. *Clavaria ſquamoſa.*

Clavaria militaris, crocea. Vail. 39, t. VII, f. 4.
Clavaria militaris. Lin. Sp. 1652.

Je crois que cette plante n'eſt qu'une variété de celle qui précède ; elle forme une maſſue un peu grêle, d'une couleur rouſſâtre ou ſafranée, & dont la tête eſt écailleuſe ou chagrinée. On la trouve dans les bois.

III. Clavaire noire. *Clavaria nigra.*

Clavaria ophiogloſſoides, nigra. Vail. 39, t. VII, f. 3.
Clavaria ophiogloſſoides. Lin. Sp. 1652. Schœff. tab. CCCXXVII.

Cette eſpèce forme une maſſue haute d'un pouce ou un

1288. peu plus, noire, grêle à sa base, & comprimée dans sa partie supérieure. On la trouve dans les bois.

IV. Clavaire jaune. *Clavaria lutea.*

> *Clavaria lutea, minima.* Mich. gen. 208, t. LXXXVII, f. 5.

Cette fongosité est un corps simple, long de six à huit lignes, fistuleux, pointu à son sommet, courbé en manière de corne, lisse, tendre & d'un jaune doré. J'ai trouvé cette espèce sur les côtes sèches de Celloville, dans les environs de Rouen.

** *Fongosités rameuses.*

V. Clavaire digitée. *Clavaria digitata.* Lin. Sp. 1652.

> *Agaricus digitatus, niger,* [*& apicibus albidis*]. Tournef. 562.

> β. *Corallo-fungus candidissimus.* Vail. t. VIII, f. 2.

Cette fongosité est composée d'un paquet ou d'un faisceau de massues noires dans leur plus grande partie, blanchâtres à leur sommet, réunies & cohérentes à leur base, fragiles & d'une consistance presque ligneuse. La variété β est moins composée & presque tout-à-fait blanche. On trouve cette plante dans les lieux couverts.

VI. Clavaire cornue. *Clavaria cornuta.*

> *Clavaria hypoxylon.* Lin. Sp. 1652. Mich. t. LV, f. 1.
> *Coralloides ramosa, nigra, compressa, apicibus. albidis.* Tournef. 565.

Cette fongosité est ligneuse, simple, noire & quelquefois velue dans sa partie inférieure, divisée, comprimée & blanchâtre vers son sommet : ses divisions ressemblent, en quelque sorte à des cornes, & sont souvent tronquées à leur extrémité. On la trouve sur le bois, dans des lieux humides.

1288.   VII. Clavaire coralloïde. *Clavaria coralloides.* Lin. Sp. 1652.

>*Corallo-fungus flavus.* Vail. 41, t. VIII, f. 4.
>
>*Coralloides flava.* Tournef. 565, t. CCCXXXII, f. B. Sch. t. CLXXV.
>
>β. *Coralloides albida.* Tournef. 565. Sch. t. CLXX.
>
>γ. *Coralloides diluté purpurascens.* Tournef. Ibid.

Cette espèce est molle, charnue, très-ramifiée, & forme une espèce de gazon jaunâtre, ou blanchâtre, ou rougeâtre ; ses ramifications sont courtes & comme dentées à leur sommet. On la trouve dans les bois.

1289.   Vesse-loup. *Lycoperdon.*

Les Vesse-loups sont des fongosités très-simples, communément arrondies, & qui contiennent la plupart dans leur développement parfait, une poussière abondante & comme farineuse ; elles s'ouvrent ordinairement à leur sommet.

Espèces.

* *Substance solide, cachée sous la terre.*

I. Vesse-loup truffe. *Lycoperdon tuber.* Lin. Sp. 1653.

>*Tubera matth.* Tournef. 565.
>
>β. *Tubera testiculorum forma.* Ibid.

Cette fongosité est une substance charnue, arrondie, noirâtre, dépourvue de racines, rude & comme hérissée en sa superficie, veinée, odorante, & cachée sous la terre. On la trouve dans les lieux sablonneux : les friants en font beaucoup de cas.

** *Substance pulvérulente, disposée sur la terre.*

II. Vesse-loup commune. *Lycopedon vulgare.* Tournef. 563.

>*Fungus orbicularis.* Dod. pempt. 484. Schœff. t. CXCI.
>
>β. *Lycoperdon verucosum.* Vail. t. XVI, f. 4, 5, 7 & 8 ; & t. XII, f. 15, 16.
>
>*Lycoperdon bovista.* Lin. Sp. 1653 [α. β.].

Cette espèce fournit un grand nombre de variétés que l'on trouve détaillées dans les Auteurs, mais qu'il seroit trop long de citer ici. En général, cette fongosité est arrondie ou

1289. turbinée, presque sessile, blanchâtre ou cendrée, glabre ou chargée de verrues plus ou moins saillantes & calleuses, convexe ou aplatie à son sommet, rétrécie & comme plissée à sa base, qui s'alonge quelquefois en pédicule ; sa substance est un peu solide & blanchâtre dans sa jeunesse, mais elle s'amollit par la suite, & se change en une poussière d'un roux-noirâtre, qui paroît alors renfermée comme dans un sac ou une bourse membraneuse, formée par la peau de cette plante : cette bourse s'ouvre à son sommet, & laisse échapper, sur-tout lorsqu'on la presse, la poussière qu'elle contient, & qui sort en manière de fumée. On trouve cette plante dans les prés secs & sur les pelouses & les bords des bois.

III. Vesse - loup orangée. *Lycoperdon aurantium*. Lin. Sp. 1653.

Lycoperdon aurantii coloris, ad basin rugosum. Vail. 123. t. XVI ; f. 9, 10.

Cette espèce est arrondie, glabre, ridée ou froncée à sa base, légèrement pédiculée, & d'une couleur-orangée obscure, ou tirant sur le brun ; elle s'ouvre à son sommet par des déchirures assez grandes & échancrées. On la trouve sur les couches des jardins.

IV. Vesse - loup étoilée. *Lycoperdon stellatum*. Lin. Sp. 1653.

Lycoperdon vesicarium, stellatum. Tournef. 564.

L'enveloppe extérieure de cette espèce est une membrane épaisse, coriace, qui se fend en cinq à dix parties pointues & ouvertes en étoile : l'intérieure est un globule sphérique, glabre & remarquable par une petite ouverture à son sommet, formée par des déchirures courtes & pointues. On la trouve dans les bois.

V. Vesse - loup pédunculée. *Lycoperdon pedunculatum*. Lin. Sp. 1654.

Lycoperdon parisiense, minimum, pediculo donatum. Tournef. 563, tab. CCCXXI, f. E. F.

Son pédicule est grêle, haut presque d'un pouce, & porte une tête globuleuse, petite & blanchâtre ; l'ouverture de cette tête est un peu cylindrique & très-entière en ses bords. On trouve cette espèce dans les champs.

Moisissure.

Moisissure. *Mucor.*

Les Moisissures sont des vésicules ovales ou sphériques, cellulaires, poudreuses, communément pédiculées, & qui s'ouvrent de différentes manières.

Espèces.

* *Moisissures persistantes ou vivaces.*

I. Moisissure à tête ronde. *Mucor spærocephalus.* Lin. Sp. 1655.

> *Trichia petiolata nigra, capitulo sphærico, villo ochroleuco.* Hall. hist. n.º 2161.

Son pédicule est noirâtre, haut d'une à deux lignes, & soutient une tête globuleuse, cendrée, & qui contient beaucoup de poils roussâtres ou noirâtres. On en trouve en quantité sur le bois pourri, sur les vieilles planches & dans les crevasses des écorces d'arbres.

II. Moisissure verte. *Mucor viridis.*

> *An mucor furfuraceus.* Lin. Sp. 1655.

Cette espèce forme sur la terre & sur l'écorce des arbres une sorte de poussière verte, sur laquelle sont épars des pédicules assez nombreux, hauts d'une ligne & demie, très-menus, verdâtres, & chargés chacun d'un globule sphérique très-petit.

* * *Moisissures très-passagères.*

III. Moisissure grisâtre. *Mucor cinereus.*

> *Mucor vulgaris, capitulo lucido per maturitatem nigro, pediculo griseo.* Mich. 215, t. XCV, f. 1.
> *Mucor mucedo.* Lin. Sp. 1655.

Cette moisissure forme sur le pain, les fruits & la plupart des corps qui se pourrissent, une espèce de barbe grisâtre, composée de filamens nombreux, assez longs, très-fins, & terminés chacun par un globule sphérique, lisse & très-simple.

1290. **IV.** Moisissure glauque. *Mucor glaucus.* Lin. Sp. 1656.

Aspergillus capitatus, capitulo glauco, seminibus rotundis. Mich. 212, t. XCI, f. 1.

Ses pédicules sont des filamens chargés à leur sommet d'une tête sphérique, composée de globules nombreux & ramassés. On trouve cette espèce sur les pommes, les oranges, les melons, & autres fruits semblables qui commencent à se pourrir.

V. Moisissure crustacée. *Mucor crustaceus.* Lin. Sp. 1656.

Botrys non ramosa, alba, seminibus rotundis. Mich. 212, t. XCI, f. 3.

Cette espèce forme une barbe blanche, composée de filamens digités à leur sommet ; chaque digitation est chargée de globules disposés en épi. On la trouve sur les fruits qui se pourrissent.

VI. Moisissure rameuse. *Mucor ramosus.*

Aspergillus terrestris, cespitosus ac ramosus, albus. Mich. 213, t. XCI, f. 4.

Mucor cespitosus. Lin. Sp. 1656.

Cette moisissure forme une barbe blanche, serrée, & composée de filamens rameux ; les rameaux de ses filamens sont terminés par des épis globulifères, digités & ternés. On la trouve dans les jardins sur les feuilles & les autres corps qui se pourrissent.

Fin de la Cryptogamie.

ADDITION

A la page xxj *du Difcours préliminaire, après ces mots* [& de les indiquer fans erreur], *ajoutez ce qui fuit.*

Quand je dis qu'il ne faut pas avoir égard aux rapports des Plantes dans la formation des genres, qui felon moi ne peuvent être qu'artificiels ; je ne prétends pas pour cela donner comme genres, des affortimens bizarres, où la loi des rapports naturels fe trouveroit entièrement violée ; je veux dire feulement que les caractères à l'aide defquels on tracera les limites qui détermineront les genres, ne doivent être gênés par aucune des confidérations qui entrent dans la formation d'un rapprochement de rapports, c'eft-à-dire d'un ordre naturel ; mais bien loin que les efpèces qui compoferont un même genre foient difparates, le caractère artificiel qui les unira, fera choifi de manière à leur conferver les unes à l'égard des autres, le rang même qu'elles occuperont dans la férie naturelle des Plantes.

Ainfi, après avoir formé cette férie d'après les principes qui feront expofés dans la dernière partie de ce Difcours, il faudra tirer de diftance en diftance des limites artificielles, qui détacheront autant de petits grouppes, dont les Plantes feront liées à l'aide d'un caractère fimple, ou de deux caractères combinés, que l'on obtiendra d'une ou deux parties quelconques, & non pas excluſivement des parties de la fructification.

Ces grouppes feront les genres dont j'ai parlé, genres qui ſe rapprocheront de la Nature, autant que le peut l'ouvrage de l'Art.

Il n'eſt pas difficile de ſentir l'avantage que ces mêmes genres auront à tous égards ſur ceux qu'ont adoptés la plupart des Botaniſtes qui pour ſe rapprocher de la Nature, les ont aſſujettis à des exceptions nombreuſes par la préférence excluſive qu'ils ont donnée aux parties de la fructification.

De pareils genres, &c. *Suivez à la même page.*

Avis *concernant les Planches.*

Les N.ᵒˢ qui ſe trouvent ſous les figures, renvoyent aux N.ᵒˢ correſpondans des Principes.

TABLE

TABLE DES MATIÈRES

Contenues dans ce Volume.

Les chiffres romains indiquent les pages du Difcours préliminaire. Les caractéres arabes renvoient aux numéros des Principes.

A

TABLE

TABLE DES TERMES LATINS

Usités en Botanique.

Les chiffres renvoient aux numéros des Principes.

A

D

Debilis (caulis) 56.
Decidua (folia) 278.
Deciduæ (stipulæ) 370.
Deciduæ (bracteæ) 378.
Declinatus (caulis) 60.
Decomposita (folia) 291.
Decumbens (caulis) 64.
Decurrens (petiolus) 316.
Decurrentia (folia) 174.
Decussata (folia) 148.
Deflexi (rami) 125.
Deltoidea (folia) 199.
Demersa (folia) 165.
Dentata (folia) 219.
Denticulata (folia) *ibid.*
Dependentia (folia) 162.
Depressa (folia) 271.
Dichotomus (caulis) 106.
Diffusa (panicula) 566.
Diffusus (caulis) 62.
Digitata (folia) 187.
Dimidiatum (capitulum) 571.
Dioïcæ (plantæ) 425.
Dipetala (corolla) 483.
Diphyllus (calix) 498.
Disperma (bacca) 626.
Dissecta (folia) 216.
Dissepimentum, 615.
Disticha (folia) 139.
Distici (rami) 117.
Distinctæ (antheræ) 434.
Divaricati (rami) 124.

Divaricatus (caulis) 113.
Divergentes (rami) 123.
Dodrantalis (caulis) 52.
Dolabriformia (folia) 277.
Drupa, 621.
Duplex (calix) 501.
Duplex (flos) 582.

E

Echinatum (semen) 595.
Echinatus (caulis) 92.
Effoliatio, 658.
Elliptica (folia) 182.
Emarginata (folia) 227.
Emarginatum (stigma) 462.
Enervia (folia) 239.
Enodis (caulis) 102.
Ensiformia (folia) 275.
Erecta (folia) 151.
Erectus (caulis) 55.
Erectus (flos) 539.
Erectus (pedunculus) 340.
Erectus (petiolus) 320.
Erectus (ramus) 121.
Erosa (folia) 225.
Extrafoliaceæ (stipulæ) 367.
Extrafoliaceus (pedunculus) 332.

F

Fasciculata (folia) 142.
Fasciculata (radix) 13.
Fasciculati (flores) 572.
Fastigiati (flores) 559.

b iij

H

I

L

Oblonga (folia) 183.
Oblongæ (antheræ) 431.
Obtufa (folia) 226.
Obverfa (folia) 164.
Oppofita (folia) 147.
Oppofiti (pedunculi) 333.
Oppofiti (rami) 116.
Oppofitifolius (pedunculus) 332.
Orbiculata (folia) 178.
Orbiculatum (ftigma) 462.
Orgyalis (caulis) 54.
Ovata (capfula) 605.
Ovata (folia) 181.
Ovata (legumina) 619.

P

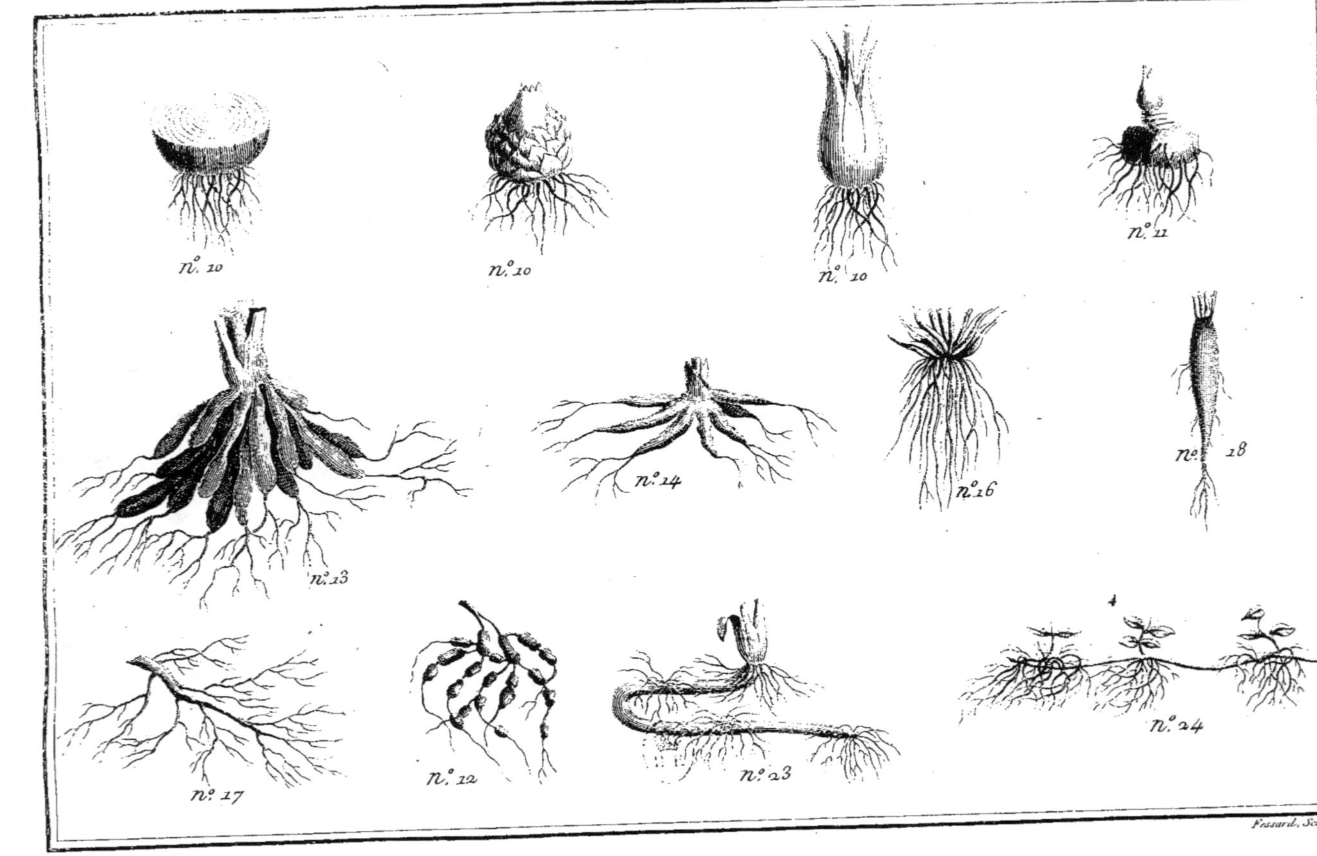

n.° 10
n.° 10
n.° 10
n.° 11
n.° 13
n.° 14
n.° 16
n.° 18
n.° 17
n.° 12
n.° 23
n.° 24
Fessard, Sculp

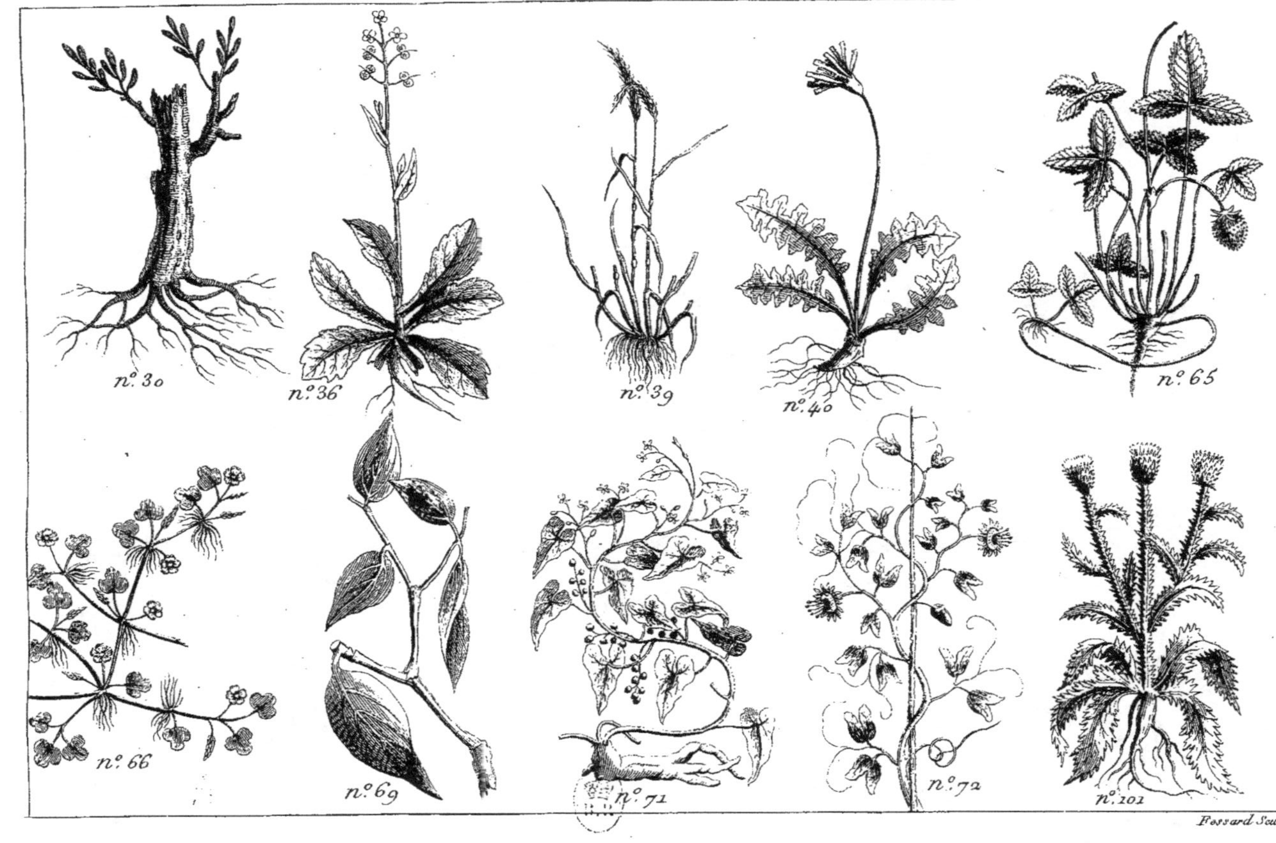

Fossard Sculp.

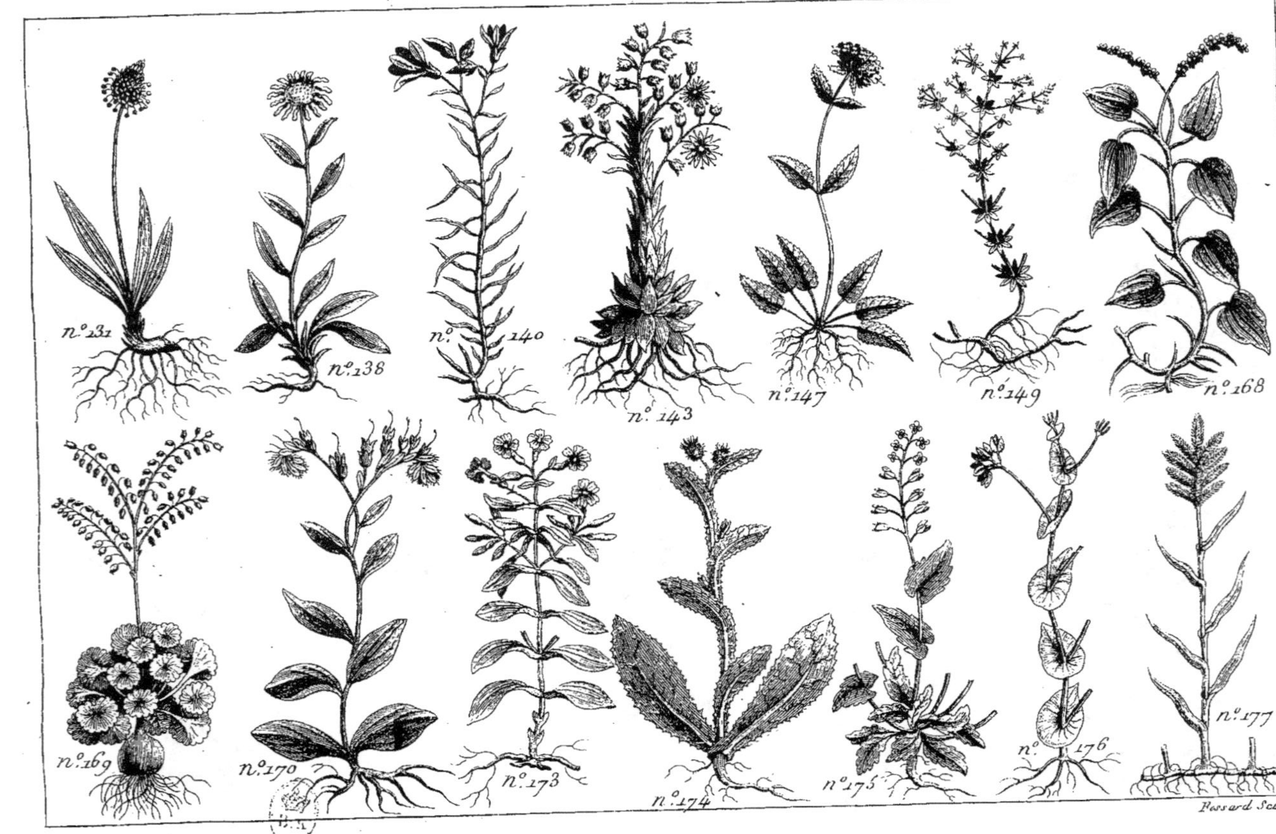

n.º 231
n.º 138
n.º 140
n.º 143
n.º 147
n.º 149
n.º 168
n.º 169
n.º 170
n.º 173
n.º 174
n.º 175
n.º 176
n.º 177
Passard Sculp.

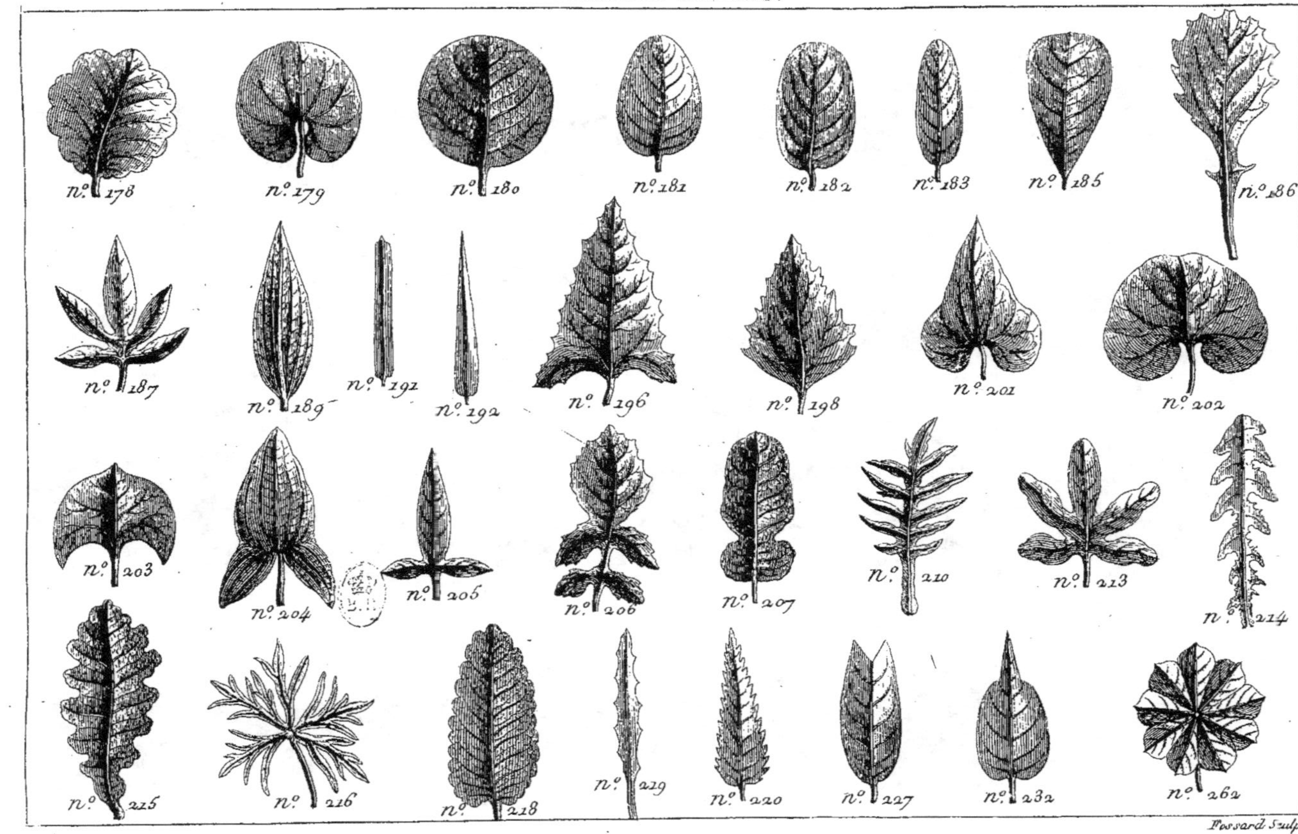

Fossard Sculp.

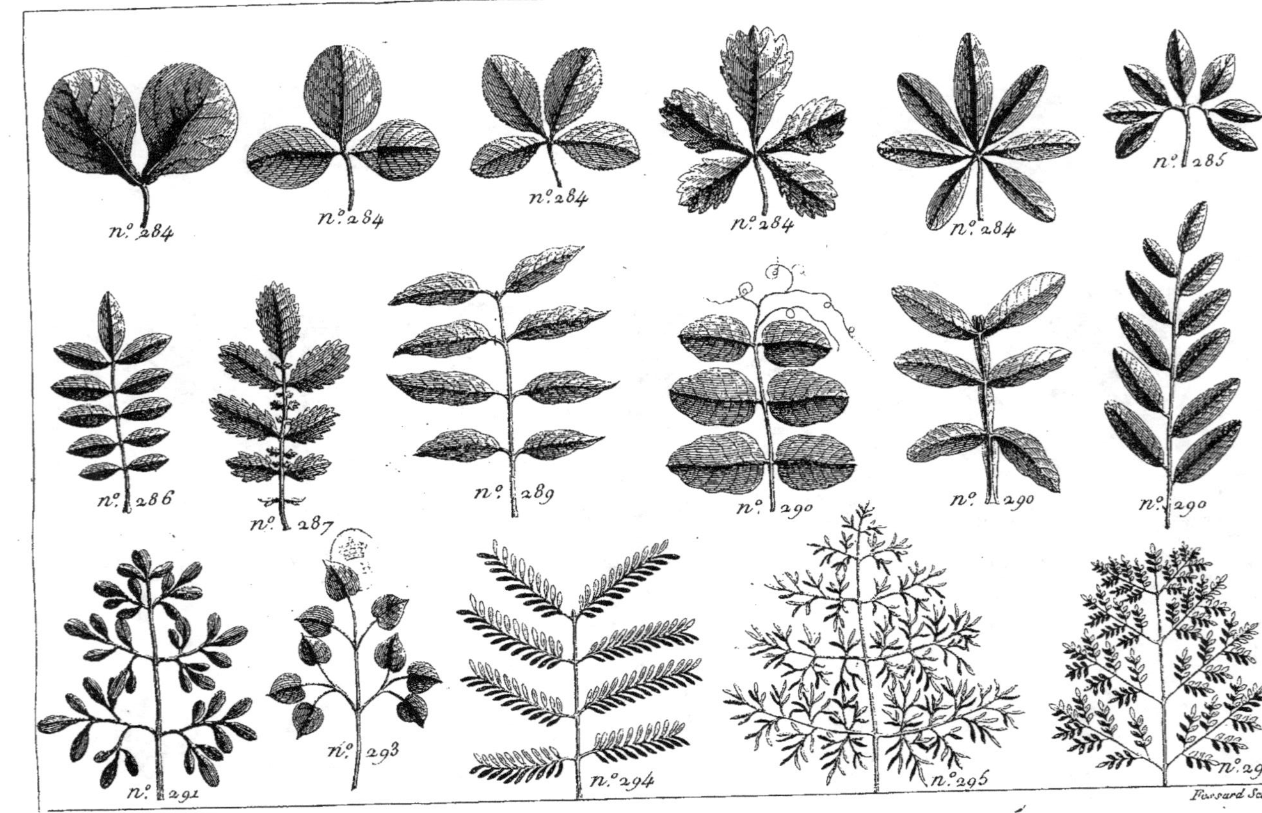

n.° 284
n.° 284
n.° 284
n.° 284
n.° 284
n.° 285
n.° 286
n.° 287
n.° 289
n.° 290
n.° 290
n.° 290
n.° 291
n.° 293
n.° 294
n.° 295
n.° 298
Passard Sculp.

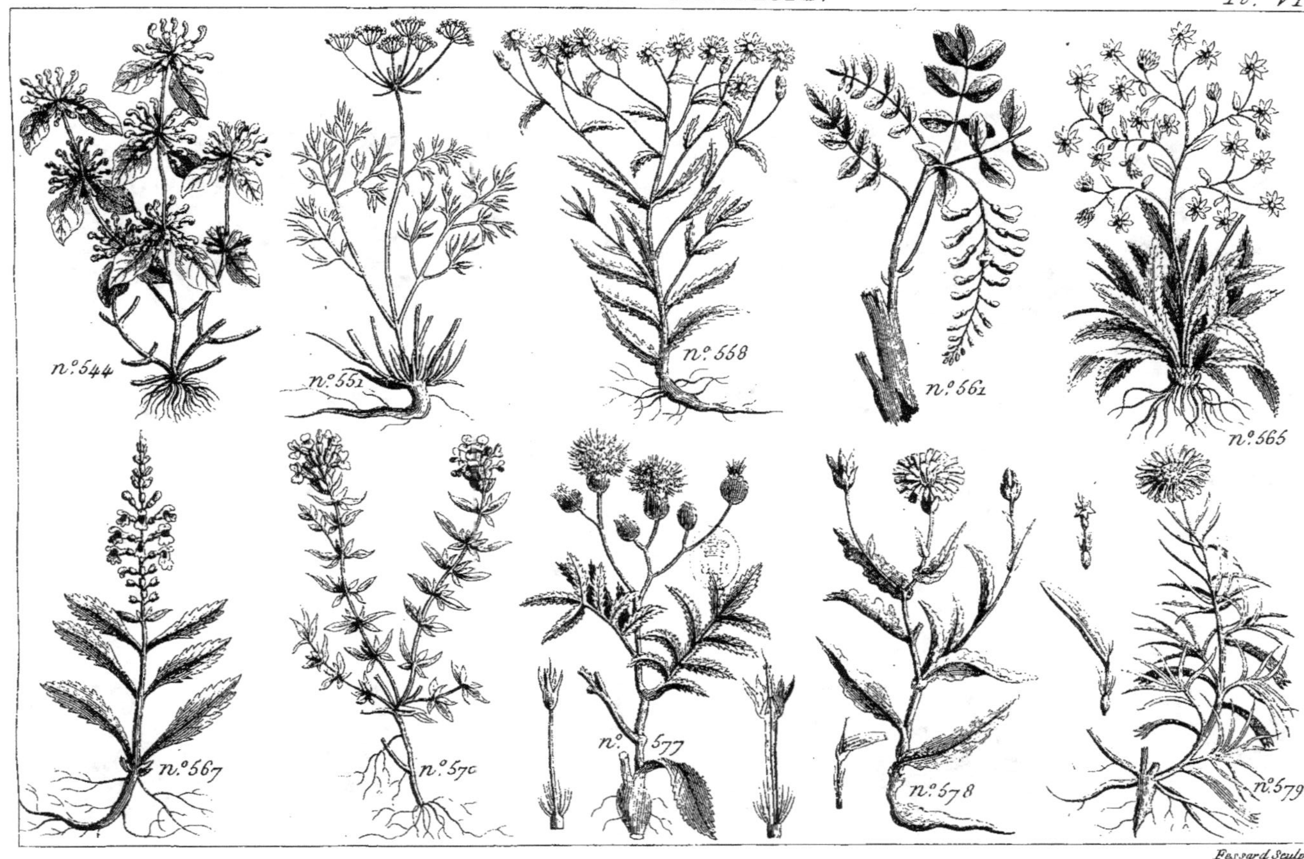

n.º 544
n.º 551
n.º 558
n.º 561
n.º 565
n.º 567
n.º 570
n.º 577
n.º 578
n.º 579

n.° 410
n.° 411
n.° 412
n.° 416
n.° 466
n.° 467
n.° 469
n.° 475
n.° 477
n.° 478
n.° 479
n.° 480
n.° 481
n.° 482
484
487
486
485
n.° 508
n.° 511
513
514
n.° 512
n.° 522
Fessard Sculp.

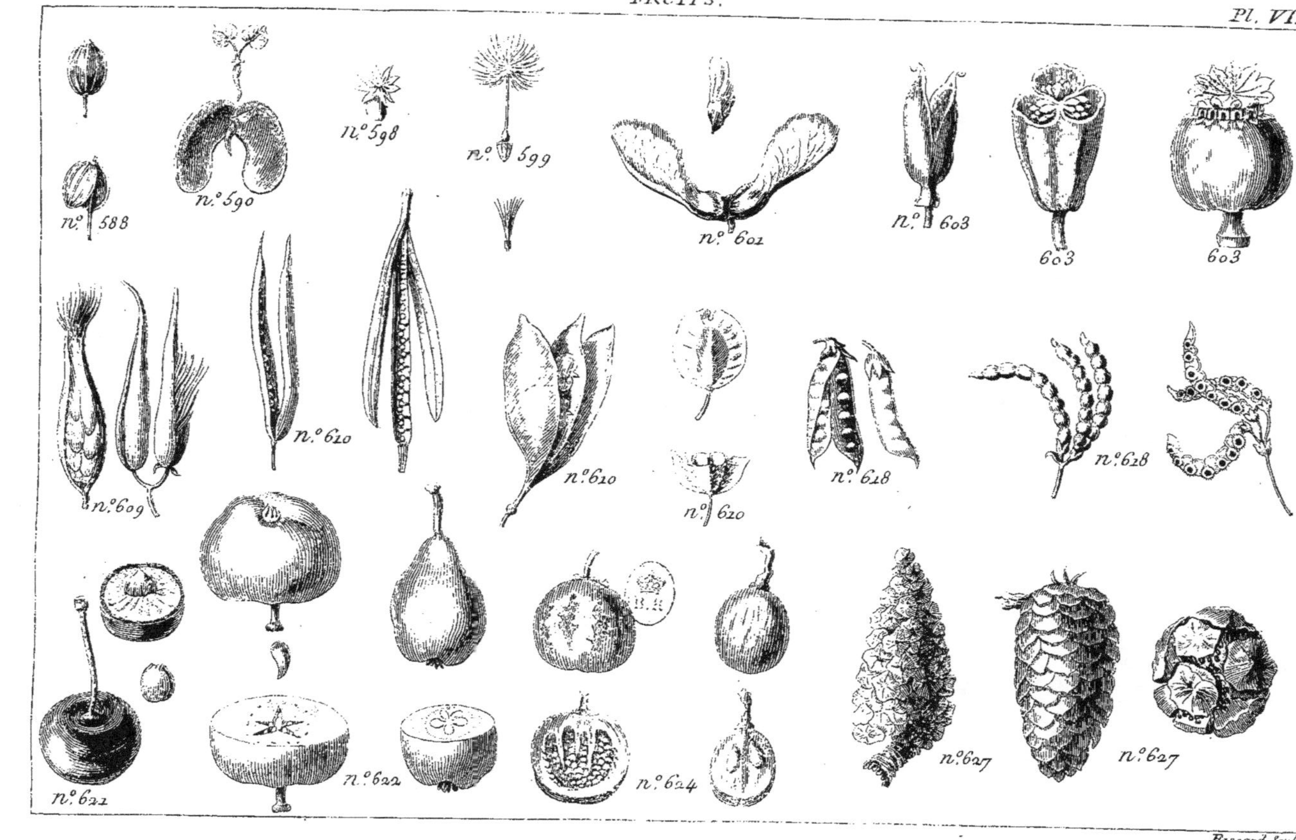

n.° 588
n.° 590
n.° 598
n.° 599
n.° 602
n.° 603
603
603
n.° 609
n.° 620
n.° 620
n.° 620
n.° 628
n.° 628
n.° 622
n.° 622
n.° 624
n.° 627
n.° 627